HEIFER INTERNACIONAL es una organización humanitaria sin fines de lucro dedicada a poner fin al hambre en el mundo y cuidar a la Tierra. Heifer se esfuerza por lograr esta misión proporcionando animales, árboles, capacitación y otros recursos para ayudar a las familias que luchan por subsistir a avanzar hacia mayor autonomía y construir futuros sostenibles. El regalo de Heifer en forma de "préstamos vivos" ofrece leche, huevos, carne, fibra, animales de tiro y otros beneficios que se convierten en mejor nutrición, salud, educación e ingresos para las familias con pocos recursos.

Heifer se asocia con los grupos para crear un plan de desarrollo con objetivos específicos en base a los valores de su comunidad. Las contrapartes aprenden a cuidar a los animales y cultivos de maneras que podrán sostenerse para las generaciones futuras. Heifer agrega la expertica en salud y crianza animales, calidad de agua, equidad de género, agroecología y desarrollo comunitario.

En el transcurso de los años, Heifer ha desarrollado un conjunto de principios rectores llamado los Fundamentos para el Desarrollo Justo y Sostenible. Los Fundamentos se resumen en el "pase de cadena"; en sus varias formas, esta norma de compartir recursos es un elemento esencial de nuestro enfoque sostenible. Es un requisito con Heifer que las personas que reciben animales los compartan – haciendo el "pase en cadena" de la cría de sus animales y de la capacitación en agropecuaria ambientalmente saludable. De esta manera, se pone en movimiento un ciclo interminable de transformación, porque quienes reciben apoyo se convierten en socios, en igualdad de condiciones, para poner fin a la pobreza y el hambre. Desde el año 1944, este enfoque pragmático hacia el desarrollo sostenible ha hecho que Heifer sea socio con millones de familias en más de 125 países para mejorar su calidad de vida.

ÍNDICE DE CONTENIDOS

Sobre Heifer Internacional iii
Índice de Contenidos .... iv-viii
12 Fundamentos para el Desarrollo Justo y Sostenible de Heifer Internacional ix
Presentación x
Agradecimientos .... xi-xii
Introducción xiii
Cómo Usar Este Libro .... xiv-xvii
Historia de Camboya: La Producción Caprina Mitiga el Impacto
de la Pobreza .... xviii-xix

Capítulo 1 – Introducción al Cuidado y Manejo de las Cabras
Guía de Aprendizaje 1
Lección 5
    Los Beneficios de Tener Cabras 7
    Los Desafíos de Tener Cabras 8
    Partes del Cuerpo de la Cabra 8
    El Sistema Digestivo de un Animal Rumiante 8
    Determinar la Edad de las Cabras 10
    Cómo Estimar el Peso Corporal de las Cabras 11
    Características Deseadas 13
    Condición Corporal (Puntaje) 15
    Recorte de las Pezuñas 18
    Identificación de las Cabras 19
Historia de Camerún: Las mujeres se empoderan, criando cabras 20

Capítulo 2 – Sistemas de Crianza, Corrales, Alimentación y Equipos
Guía de Aprendizaje 21
Lección 23
    Producción Casera 23
    Sistemas de Manejo 23
        ■ Estabulado 23
        ■ Sistemas Semi-Intensivos 24
        ■ Producción Extensiva 24
    Albergues y Corrales 25
    Pesebres y Otros Equipos para la Alimentación 26
    Cercas, Sogas y Pastoreo 27
Historia de Guatemala: El éxito mediante el liderazgo y el compartir 30

Capítulo 3—Nutrición y Alimentación

Guía de Aprendizaje 31
Lección 35
   Nutrientes Requeridos en la Dieta de una Cabra 35
   Ejemplos de Raciones Alimenticias 38
   Comparación del valor nutritivo de diferentes alimentos 39
   Alimentar a las cabras durante los tiempos húmedos, secos y fríos 40
   Alimentar a recién nacidos, huérfanos y cabritos tiernos 40
      ■ Leche para la familia cuando los cabritos también están lactando 42
      ■ Forrajes y Concentrado para los Cabritos 42
      ■ Alimentar manualmente a las crías 42
   Programa para prevenir la EAC (Encefalitis Artrítica Caprina) 43
   Alimentación de cabras maduras 44
   Ejemplos de raciones alimenticias en base a avena y afrecho de trigo 46
Historia de Nepal: Las Cabras Dan Carne, Ingresos y Auto-Estima 47

Capítulo 4—Producción de forraje, Pastizales y Gestión Ambiental

Guía de Aprendizaje 49
Lección 51
   Introducción a los Forrajes 51
   Las cabras y la Gestión Ambiental 52
      ■ Manejo del Pastoreo 53
      ■ Manejo del Forraje 54
   Manejo de las plantas y mejoramiento del suelo 54
   Control de parásitos mediante el manejo del forraje 55
      ■ Plantas tóxicas 56
   Cortar y guardar el forraje 57
   Una muestra de plantas comunes de forraje para las cabras 58
      ■ Gramíneas 58
      ■ Leguminosas, incluyendo árboles fijadores de nitrógeno 60
      ■ Una selección de otros forrajes 63
Historia de Kosovo: Las cabras cambiaron la vida para la familia de Vehbi 64

Capítulo 5—Reproducción

Guía de Aprendizaje 65
Lección 67
   Reproducción y selección 67
      ■ Raza pura 68
      ■ Cruce de razas 68
      ■ Cruce entre animales emparentados 68
      ■ Endogamia 68
   Desarrollar un programa para manejar la reproducción 69

El macho reproductor 70
La hembra reproductora 71
- Señales del Estro (Celo) 72
- Estimular el celo en la hembra 72
- Reproducción natural 72
- Comportamiento reproductivo (Ilustración) 73
- Inseminación artificial 74
- Cuadro de gestación 76

Cuidados para la hembra preñada 76
Infertilidad en caprinos 77
Castración de los machos 78

Historia de Tanzania: Thecla Marca la Diferencia 80

Capítulo 6—Parto

Guía de Aprendizaje 81
Lección 85

Introducción 85
Equipo de parto 85
Preparativos para el parto en sistemas intensivos 85
Preparativos para el parto en sistemas extensivos 86
Señales del parto 86
Posiciones normales de parto 87
Posiciones anormales de parto 88
Cómo ayudar con un parto difícil 89
Buenas reglas generales 90
El proceso del parto 91
Cuidados para los cabritos recién nacidos 92
Cuidados para los cabritos que están creciendo 92
Descornar a los chivitos 92
Cómo construir y usar una caja de descorne 93
Cuidado posnatal a la hembra 95
Ciclo de lactancia y secar a la cabra 96

Historia de China: Ganar Más que Sólo Dinero 97

Capítulo 7—Ordeño

Guía de Aprendizaje 99
Lección 101

Equipos y suministros de ordeño 101
Procedimientos correctos de ordeño 102
Cómo cuidar la leche 104
Hoja de registro diario de producción lechera 105

Historia de Rumania: Creando Oportunidades 106

Capítulo 8— Cómo cuidar la salud de sus cabras

Guía de Aprendizaje **107**
Lección **109**
    Prácticas para una buena atención a la salud 109
    Señales de una cabra saludable 109
    Medidas fisiológicas normales de una cabra saludable 110
    Señales de enfermedad en caprinos maduros 110
    Señales comunes de enfermedades en los chivitos 110
    Programa de salud preventiva..111
        ■ Crías 111
        ■ Cabras preñadas y secas 112
        ■ Machos 113
    Diagnóstico y Tratamiento 113
    Tomarle la temperatura a una cabra 113
    Uso de medicamentos, antibióticos y desparasitantes 114
    Remedios naturales con plantas 115
    Cómo darle medicina líquida a una cabra 115
    Cómo introducir una sonda a la panza 115
    Cómo administrar medicina en forma de bolus 116
    Cómo dar una inyección 116
    Prevención y tratamiento de parásitos internos 118
        ■ Cuadro de tratamientos para los parásitos Internos 119
        ■ Ciclo de vida del típico parásito estomacal (gráfico) 120
        ■ Ciclo de vida de un tremátodo típico del hígado (gráfico) 120
    Prevención y tratamiento de parásitos externos 120
        ■ Ciclo de vida de una garrapata de un solo hospedero (gráfico) ..121
        ■ Insecticidas selectos para tratar a cabras con
           parásitos externos 122
        ■ Insecticidas de plantas medicinales 122
    Hoja de Observación 123
    Guía para el diagnóstico y tratamiento de las enfermedades 124
Historia de los Estados Unidos de Norteamérica: Las Cabras dan Vida a una Pequeña Finca en el Nordeste..145

Capítulo 9—Personas, Economía y Mercadeo

Guía de Aprendizaje **147**
Lección **151**
    Introducción 151
    Economía y presupuestos 151
    Perfil de actividades y trabajos 152
    Cuadro de acceso y decisiones 153
    Presupuestos 154

La cadena de valor 154
- Insumos 156
- Servicios de soporte 156
- Procesamiento, producción minorista y mercadeo 156
- Ambiente 157

Su propia cadena de valor 158

Historia de Marruecos: Mujeres y Cabras en Marruecos 159

Capítulo 10— Transporte y faenamiento humanitarios de caprinos

Guía de Aprendizaje 161
Lección 163

Introducción 163
Selección de caprinos para el faenamiento 163
Transportar a los animales 163
Manejo de los caprinos antes de faenarlos 164
- *Equipos* *164*

Proceso de faenamiento 165
Preservar la piel (cuero) de un caprino 168

Historia de Sudáfrica: Recuperó la Dignidad y Juventud 169

Repaso y Celebración / Certificado 170
Glosario 171
Anexo A – Un surtido de razas caprinas 177
Anexo B – Hoja de registro – cabra lechera 185
  – Hoja de registro diario de leche **187**
  – Hoja de registro – Cabra para carne **189**
  – Hoja de registro del macho **191**
Anexo C – Presupuesto 193
Anexo D – Tablas de Conversiones 195
Anexo E – Organizaciones caprinas y afines 197
Anexo F – Recetas de cocina 199
Referencias 211
Sitios en Internet 213

FUNDAMENTOS PARA EL DESARROLLO JUSTO Y SOSTENIBLE DE HEIFER INTERNACIONAL

COMPARTIR RECURSOS
El "pase de cadena" es el corazón de la filosofía de Heifer Internacional para el desarrollo comunitario sostenible. Cada familia que recibe un animal firma un contrato de entregar una o más crías de su animal a otra familia necesitada, conjuntamente con la capacitación y destrezas que han adquirido. Este enfoque único crea un efecto multiplicador que transforma las vidas y las comunidades.

ADMINISTRACIÓN RESPONSABLE
Heifer proporciona lineamientos para planificar los proyectos, seleccionar a sus beneficiarios/as, hacer el monitoreo del avance y realizar auto-evaluaciones. Los grupos definen sus propias necesidades, definen objetivos y planifican estrategias apropiadas para lograrlos. También se responsabilizan de entregar informes de monitoreo semestrales a Heifer Internacional.

COMPARTIR Y CUIDAR
Heifer considera que los problemas del mundo podrán resolverse si todas las personas se comprometen con compartir lo que tienen y preocuparse por las demás personas. Uno de nuestros Fundamentos más importantes, Compartir y Cuidar es parte integral de nuestra visión de un mundo justo.

SUSTENTABILIDAD Y AUTONOMÍA
Heifer financia los proyectos por un tiempo limitado, de modo que los grupos participantes deben diseñar estrategias para lograr su continuidad. En nuestra experiencia, la autonomía es más fácil de lograr cuando un grupo tenga actividades variadas y genere apoyo de varias fuentes.

MEJOR MANEJO ANIMAL
El alimento, el agua, el albergue, la eficiencia reproductiva y la salud son ingredientes esenciales en el manejo ganadero exitoso. El animal debe ser de una especie y raza apropiada para el área y debe ser una parte vital de las actividades de la finca, sin crear una carga adicional para la familia o sus recursos.

NUTRICIÓN E INGRESOS
Los animales contribuyen directamente a la nutrición humana, proporcionando proteína de buena calidad. Indirectamente, proporcionan fuerza de tracción para cultivar la tierra y para transporte, así como estiércol para mejorar la fertilidad del suelo. El ganado proporciona ingresos para apoyar la educación, salud y vivienda, sirve como cuenta de ahorro viviente, y crea estabilidad económica a largo plazo.

GÉNERO Y ENFOQUE EN LA FAMILIA
El género se refiere a los roles socialmente definidos de las mujeres y los hombres en cada cultura. Heifer alienta a las mujeres y los hombres para compartir la toma de decisiones, la propiedad de los animales, el trabajo y los beneficios. Heifer tiene una iniciativa de género, así como su programa de Mujeres en el Desarrollo Ganadero (WiLD).

NECESIDAD GENUINA Y JUSTICIA
Heifer es un aliado de las personas necesitadas que podrán mejorar su calidad de vida si reciben un apoyo modesto. Se da la prioridad a los grupos marginados. Las personas más pobres de la comunidad deben incluirse como prioritarias para recibir apoyo. Las familias son elegibles independiente a sus creencias o sus orígenes étnicos.

MEJORAR EL AMBIENTE
La introducción de los proyectos de Heifer Internacional debe lograr un impacto positivo sobre uno o más de los siguientes sectores: erosión del suelo, fertilidad del suelo, saneamiento ambiental, reforestación, biodiversidad, contaminación ambiental, vida silvestre y condiciones de las cuencas hidrográficas.

PLENA PARTICIPACIÓN
Los miembros del grupo sienten al proyecto como "propio" y ejercen su control sobre todas las decisiones esenciales. Heifer se compromete a lograr que todos los miembros participen en las decisiones, y a trabajar con los grupos de base para fortalecer su liderazgo y organización.

CAPACITACIÓN Y EDUCACIÓN
Los grupos determinan sus propias necesidades en materia de capacitación, y se aprovecha a las personas de la localidad que puedan servir como capacitadoras. La capacitación incluye sesiones formales así como visitas informales a fincas y demostraciones. Además de la capacitación en la crianza animal y la conservación ambiental, los grupos han solicitado capacitación en el procesamiento de los alimentos, el mercadeo y la nutrición humana.

ESPIRITUALIDAD
La espiritualidad es común a todas las personas, independiente a su religión o creencias. Se expresa en sus valores, su sentido de vinculación con la Tierra y su visión compartida del futuro. A menudo la espiritualidad crea un lazo fuerte entre los miembros de un grupo, dándoles fe, esperanza y un sentido de responsabilidad para colaborar por lograr un mejor futuro.

PRESENTACIÓN

Amable lector/a:

Heifer Internacional se complace en presentar esta edición nueva y revisada de La Crianza de Cabras para Leche y Carne. Desde que se publicó por primera vez en 1984, han salido literalmente cientos de buenos textos, materiales didácticos y libros sobre la capricultura. Nuestro objetivo en el 1984 fue, y todavía sigue siendo, publicar un manual completo para la persona que se inicia en la cría de cabras. Con este fin, la edición del 2010 incluye Guías de Aprendizaje al comienzo de cada capítulo, una sección actualizada sobre la salud, e información adicional sobre el mercadeo, la cría de caprinos para la carne y cómo cuidar a la Tierra. Esta versión también incluye historias para ilustrar cómo las cabras han contribuido a la superación de familias campesinas en todo el mundo.

Tengo la gran suerte de haber trabajado con Heifer Internacional durante más de 40 años, cumpliendo muchas funciones, incluyendo las de Directora Regional, Directora de Desarrollo y Oficial de Donaciones Institucionales. Durante los años 1970 y 1980, como Directora Regional tuve la responsabilidad de adquirir y enviar animales a los programas de Heifer alrededor del mundo. En aquellos "días idos", manejaba las adquisiciones, el cuidado cotidiano a los animales que esperaban su embarque, preparándolos para el viaje, realizando los exámenes de salud y los detalles del transporte aéreo. En aquella época, la mayoría de las especies que enviamos eran cabras, y me inspiraron un ávido interés.

Este interés intenso llevó a una experiencia práctica invalorable durante mi año sabático en el 1979 cuando trabajé con la Finca La Fiesta en Paso Robles, California, una propiedad de Judy Patrick. Durante ese año, tatiana Stanton* fue la responsable del rebaño y tuve la oportunidad de trabajar con 75 cabras lecheras y numerosos cabritos. En 1980 y 1981, di cursos sobre la cría de cabras lecheras en Camerún, África Occidental. A mi llegada, me topé con limitaciones en los materiales didácticos que tuvieran información básica y sugerencias sencillas sobre la capricultura. Entonces, comencé a armar una guía didáctica para las sesiones en Camerún, la que evolucionó hasta convertirse en un pequeño manual de capacitación. Cuando inicié un programa de Maestría en Zootecnia con la Universidad de Connecticut, para mi tesis de grado elaboré La Crianza de Cabras para Leche y Carne. Desde 1984 hasta 1989, di cursos de capricultura en la Universidad de Connecticut y amplié mis actividades caprícolas sirviendo como Secretaria-Tesorera de la Asociación Caprina Internacional (1993-2000).

Mi co-autor, **Paul Rudenberg, DVM,** ha servido como voluntario para Heifer Internacional desde 1983. Como Director Nacional de Heifer Internacional en Haití del 1999 hasta el 2005, ayudó a iniciar proyectos enfocados en la cría de ganado bovino y rumiantes menores, conservación del suelo, reforestación, alfabetización y capacitación participativa. El Dr. Rudenberg se graduó de la Universidad de Middlebury y de la Facultad de Medicina Veterinaria de la Universidad de Cornell. Ha vivido 17 años en Haití, donde también ha trabajado con el Instituto Interamericano para la Cooperación en la Agricultura (IICA), el Church World Service, la Misión Veterinaria Cristiana (CVM), Oxfam-UK, y la Escuela Agropecuaria SEED. Paul vive con su familia en Merci, Haití.

Barbara Carter comenzó a dibujar en su infancia. Hija de Shirley Carter, conocida pintora de acuarelas y educadora, Barbara retrató animales en su arte desde una tierna edad. En los años 1970, la Sra. Carter vivió y trabajó en una finca caprícola, propiedad de su hermana, Anne Bossi, quien durante 20 años fue la representante de campo para los programas de Heifer Internacional en el Nordeste de los Estados Unidos. La Sra. Carter vive en una pequeña finca en Randolph, Vermont y continúa su pasión por el arte, nacida en su niñez, como artista comercial. También es la ilustradora de la publicación de Heifer Internacional: *El Modelo Heifer: Fundamentos y Desarrollo en Base a los Valores.*

*tatiana escribe su nombre sin mayúscula.

AGRADECIMIENTOS

Queremos reconocer al grupo central de especialistas en zootecnia que contribuyeron extensamente a la redacción, revisión y corrección de este libro.

Terry Wollen, DVM, es Director de Bienestar Animal y Veterinario de Planta con Heifer Internacional. Trabaja con el personal de Heifer y sus socios alrededor del mundo para aumentar el nivel de excelencia en salud y bienestar de los animales y movilizar aportes para continuar la capacitación para Mejorar el Manejo Animal. La experiencia del Dr. Wollen abarca la medicina y producción de los animales criados como fuente alimenticia. Después de dos años en el Cuerpo Veterinario del Ejército, manejó (con tres colegas) un servicio veterinario del ganado equino y del bovino de leche y carne, en el Estado de Idaho, seguido por 20 años en investigación y desarrollo con la División de Salud Animal de la Corporación Bayer. Comprometido con el desarrollo internacional, trabajó cuatro años con el Comité Unido Metodista para el Desarrollo en Armenia y durante tres años con Heifer Internacional en Asia antes de unirse al equipo de Heifer Internacional en Little Rock, Arkansas en 2004.

Beth A. Miller, DVM, es Presidenta de la empresa Miller Agricultural Consulting e Instructora de Anatomía y Fisiología en el Instituto Superior Técnico Pulaski en el Little Rock Norte, Arkansas. Su experticia incluye la salud animal, con una especialización en rumiantes menores y el desarrollo campesino sostenible. Sirvió como Directora del Programa de Heifer Internacional para la Equidad de Género durante 10 años, y ejerció su profesión a nivel particular durante ocho años. Ella fue Secretaria-Tesorera de la Asociación Caprina (2000-2002). En la década del 1980, la Dra. Miller y su esposo, Paul Yoder, manejaron una pequeña empresa láctea caprina (Bloom Dairy) en Baton Rouge, Louisiana, que producía leche de cabra, quesos y helados. La Dra. Miller se graduó de la Facultad de Medicina Veterinaria de la Universidad Estatal de Louisiana.

An Peischel, PhD, es la fundadora de Goats Unlimited, Ashland City, Tennessee. Ha venido utilizando a chivos para carne en la rehabilitación de terrenos y riberas de ríos, adquisiciones de tierras, reducción de la carga combustible para prevenir incendios, y restauración ribereña durante los últimos 22 años. Goats Unlimited, empresa que fundó en el año 1985, cría cabras de raza Kiko y practica la agropecuaria integral, manejando pastizales y zonas de ramoneo, con la agricultura alternativa sostenible. La Dra. Peischel ha enseñado la Producción de Rumiantes Menores en la Universidad de Hawai en Hilo, la Universidad de California en Chico, y actualmente es la Especialista en Rumiantes Menores para la Universidad Estatal de Tennessee y la Universidad de Tennessee.

tatiana Luisa Stanton, PhD, es Especialista en Extensión Caprícola para la Universidad de Cornell. Opera un pequeño hato de chivos para carne, alimentados por pasto, con 35 cabras reproductoras en Trumansburg, Nueva York. De 1976 a 1983, tatiana trabajó en el Caribe como especialista en rumiantes menores, por intermedio del Cuerpo de Paz, para Heifer Internacional. Fue la responsable del hato para la Finca Caprícola Lechera La Fiesta en Paso Robles, California y para el Centro Internacional de Investigación Caprícola Lechera en Prairie View, Texas. Actualmente, la Dra. Stanton realiza talleres sobre cómo evaluar los caprinos para determinar que están listos para el mercado, el manejo integrado de parásitos de los rumiantes menores, y el manejo de pastizales para caprinos. Trabaja con los productores/as para evaluar la eficacia de las prácticas de manejo como la reproducción fuera de época, el pastoreo por zonas progresivas, la sobrealimentación para aumentar la fecundidad, y el uso de granos integrales y subproductos disponibles localmente para las raciones alimenticias caprinas. La Dra. Stanton tiene su doctorado (PhD) en Zootecnia de la Universidad de Cornell y su maestría en Ingeniería Agrícola de la Universidad de San Luis Obispo, con énfasis en la ciencia de la producción láctica y la edafología de los suelos tropicales.

AGRADECIMIENTOS

ANN WELLS, DVM se graduó de la Facultad de Medicina Veterinaria de la Universidad Estatal de Oklahoma y tiene más de 20 años de experiencia en la producción ganadera, incluyendo la producción y comercialización de la carne de borrego y la carne de res en base al pastoreo natural. En ejercicio profesional particular durante 11 años y habiendo trabajado nueve años para una organización de agricultura sostenible, la Dra. Wells ahora tiene su propia empresa, el centro Springpond Holistic Animal Health, en Prairie Grove, Arkansas, donde desarrolla planes para el bienestar animal sostenible y capacita a productores/as y educadores/as. Ha producido ganado con técnicas orgánicas en su propia finca y colaborando con otros productores orgánicos/as durante 15 años. La Dra. Wells actualmente asesora al personal del Rancho Heifer en Perryville, Arkansas, investigando las estrategias para el manejo de los parásitos para reducir la necesidad de medicinas antihelmínticas. También colabora con proyectos de Heifer en los EE.UU. para mejorar su producción ganadera, con un enfoque de Bienestar Animal.

Dilip P. Bhandari, BVSc y AH, MVM, se unió al equipo de Heifer Internacional como Oficial de Programa para el Bienestar Animal en septiembre 2006. El Dr. Bhandari recibió sus títulos de Ciencias Veterinarias y Salud Animal del Instituto de Agricultura y Zootécnica de la Universidad de Tribhuven, Nepal en 1999 y su Maestría en Medicina Veterinaria de la Universidad Nacional de Seúl Nacional en Seúl, Corea del Sur en 2006. Ha trabajado con una ONG nacional, el Servicio de Capacitación y Consultoría en Salud Animal (AHTCS) en Nepal, capacitando a promotores paraveterinarios comunitarios/as. Tiene experiencia en el campo de Promotores Comunitarios/as de Salud Animal y capacitación popular relacionada con la salud y el manejo del ganado. El Dr. Bhandari también sirvió como oficial de capacitación en el programa de Heifer Internacional en Nepal durante dos años.

Marie McCabe, DVM, se unió a Heifer Internacional en junio 2006 como Directora de Educación Comunitaria. La Dra. McCabe recibió su título veterinario de la Universidad Estatal de Ohio en 1982. Sirvió como Directora del Programa de Tecnología Veterinaria en el Instituto Superior Comunitario Estatal de Columbus y como veterinaria extensionista con el Centro para las Relaciones Animal-Humanas con la Universidad Regional de Virginia y Maryland para la Medicina Veterinaria. Fue Presidenta de la Asociación Norteamericana de Veterinarios Especializados/as en el Vínculo entre Animales y Humanos, y sirve en el Consejo de la Sociedad Internacional para la Antrozoología. La Dra. McCabe sirvió como Oficial Médica Veterinaria con el Equipo de Asistencia Médica Veterinaria del Sistema Nacional para Medicina en Desastres del Centro de Comercio Mundial.

Un agradecimiento especial para el **Dr. David M. Sherman, DVM, MS, Diplomado, ACVIM,** por revisar las lecciones sobre la salud caprina.

Además, quisiéramos expresar nuestro reconocimiento por los aportes de los siguientes individuos que han sido activos en los campos de la capricultura, el desarrollo sostenible y la capacitación.

Adel M. Aboul Naga	Joseph Howell	Ann Starbard
Anne Bossi	Long Housheng	Susan Stewart
C. Devendra	Gan Jiyun	Elsa Swenson
James De Vries	Erwin Kinsey	Ron Tempest
George F. W. Haenlein	Wallace Roby	Ellen Zepp
Gordon Hatcher	William H. Rose, III	

INTRODUCCIÓN

Las cabras están entre los animales más beneficiosos del mundo: proporcionan carne, leche, fibra, fertilizante, y fuerza motriz, además de ser socios en la rehabilitación de los terrenos. Conocidas como "la vaca del pobre", las cabras tienen muchas ventajas sobre los otros animales que no siempre son reconocidas. Se adaptan fácilmente a climas tropicales, fríos, secos o húmedos. Dado su porte más pequeño que otras especies de ganado, pueden criarse en terrenos grandes o pequeños. Y aproximadamente dos tercios de la energía alimenticia utilizada para criar estos animales proviene de sustancias indeseables, indigeribles e incomibles para los seres humanos.

No es de admirarse que las cabras estuvieron entre los primeros animales que se domesticaron. Los registros históricos de cabras domésticas datan desde hace 10.000 años en el Valle de los Ríos Tigris y Eufrates. Esto se puede explicar por el temperamento tranquilo de los chivos, lo que hace que sean los animales ideales para criarlos en familia. Cuando el costo de la ganadería bovina sea prohibitivo, las cabras son una buena opción, porque cuestan muy poco, son ideales para producir leche y carne para la familia, y fácilmente se pueden vender para generar ingresos. La leche y carne producidas por una cabra logran el equilibrio perfecto: son suficientes para satisfacer los requisitos nutricionales de los niños/as, pero no plantean los problemas de almacenamiento asociados con las vacas, que producen más leche y carne de la que puede consumir una familia. En los climas cálidos, si no es posible la refrigeración, la familia podrá consumir la carne de un chivo antes de que se dañe. Habiendo pocos tabúes religiosos relacionados con el consumo de la carne de chivo y leche de cabra, es fácil vender la carne de chivo, los productos lácteos o las crías para generar ingresos oportunos.

Tradicionalmente criadas para su leche y carne, las cabras son la fuente de carne más ampliamente consumida en el mundo. Es una fuente excelente de proteína. Es baja en grasa y colesterol y alta en vitaminas y minerales. Asimismo, la leche de cabra se consume más ampliamente en el mundo que la de vaca y es más fácil de digerir para muchas personas. Su sabor rico y complejo y sus cualidades nutricionales han ayudado a que el queso de cabra ocupe un importante microsegmento de mercado en Europa y los Estados Unidos. Hay mucha demanda de los productos caprinos en los países desarrollados.

En 2005, se estimó la población caprina mundial en aproximadamente 800 millones, según la Organización de las Naciones Unidas para la Agricultura y la Alimentación (FAO). Al menos el 80 por ciento de los caprinos del mundo se encuentran en los países en vías de desarrollo, los que también producen un 75 por ciento de la oferta mundial de pieles de cabra. Durante muchos siglos, se han utilizado los cueros de chivo para hacer tambores, ropa, pergamino y como recipientes de agua y leche. En tiempos modernos, estos cueros y fibras se usan para producir artículos finos de cuero, y de fibra cachemira y angora que se venden como lujos en todo el mundo.

Desde su domesticación hace más de 10.000 años, las cabras han ocupado un lugar en los corazones y culturas de muchos pueblos. Con sus múltiples beneficios, está claro que las cabras continuarán cumpliendo un rol importante en el desarrollo agropecuario sostenible y la producción alimentaria alrededor del mundo.

CÓMO USAR ESTE LIBRO

Aunque este libro será útil para la consulta de un capricultor/a individual, está diseñado principalmente como **herramienta para un facilitador/a** que capacita a un grupo de productores/as que tienen interés en iniciar o mejorar su producción caprina. El libro está organizado en capítulos y cada capítulo tiene dos partes: La Guía de Aprendizaje y la Lección. La manera de organizar la capacitación depende de la experiencia y las necesidades del grupo.

El facilitador/a querrá saber todo lo posible sobre el grupo. Si hay capricultores interesados/as pero no se organizan todavía en un "grupo de productores/as", formar ese grupo debe ser prioritario. Hay muchos recursos del gobierno y ONGs que pueden ayudar a los grupos campesinos a fijar sus objetivos, elegir a sus oficiales y organizar sus finanzas. De hecho, el interés en las cabras es una de las mejores maneras de establecer un grupo campesino. A medida que sus miembros colaboren y refuercen su confianza mutua, podrán aprender y ayudarse entre sí.

MÉTODOS PARTICIPATIVOS

Heifer Internacional ha encontrado que la Capacitación Participativa es el método más eficaz para introducir una nueva tecnología pecuaria a un grupo de personas adultas. A diferencia de los formatos tradicionales de clases magistrales dictadas, en los cuales el profesor tiene los conocimientos y se exige que sus estudiantes los memoricen, el método participativo coloca a la persona adulta que quiere aprender en el puesto de la dirección, e invita al facilitador/a a aprender también. Los facilitadores/as colaboran **con las/los** participantes para establecer los objetivos y agendas, antes que decirles lo que tienen que hacer.

ANTECEDENTES DEL GRUPO

Si usted está trabajando con un grupo existente, querrá saber el número de miembros, sus edades, niveles de ingresos y géneros, sus actividades anteriores, el número actual de cabras y sus prácticas de manejo, así como sus cadenas de suministro y mercadeo. Averigüe su nivel de alfabetización, y las preferencias del grupo en cuanto al idioma.

DESAFÍOS, TEMAS, LAS COSAS QUE LA GENTE CONVERSA

Antes de planificar la capacitación, asegúrese de visitar las fincas locales y escuchar las conversaciones entre campesinos/as que tratan sobre las situaciones ganaderas y comunitarias. Cuando se reúnen, ¿de qué conversan? ¿Cómo se relaciona esto con la producción caprina? ¿Están bajos los precios de la leche o los animales? ¿Qué impactos tiene el mercado o los intermediarios? ¿Hay situaciones relacionadas con la propiedad de la tierra o la disminución de su productividad? ¿Hay problemas porque el ganado destruye los cultivos? Descubra estas situaciones e inclúyalas en el diseño de su capacitación, como espacios para estimular el debate y la resolución de problemas sobre los desafíos que efectivamente enfrentan las/los participantes.

REPASO DE LA PLANIFICACIÓN PARA UNA BUENA SESIÓN DE CAPACITACIÓN

Los siete pasos de planificación para cualquier evento de capacitación participativa son: Quién(es), Por qué, Dónde, Cuándo, Qué, Para qué y Cómo. (Vella, Jane. Training Through Dialogue [Capacitación a través del diálogo]).

- **Quién**(es) es el más importante: Cuando se ofrece la capacitación pecuaria, a menudo asiste el dueño de los animales, aunque no sea quien efectivamente los cuida cotidianamente. Hay que motivar a que asistan tanto el propietario/a como la persona que cuida, si no son la misma persona. En los países en vías de desarrollo, el jefe de familia suele ser dueño de los animales, especialmente de las vacas, pero las mujeres y niños/as de la familia o trabajadores/as contratados hacen el trabajo. En el caso de

CÓMO USAR ESTE LIBRO

las cabras, es común que las mujeres reciban los ingresos al vender la leche o las crías. Siempre será más eficaz capacitar a la persona que trabaje con los animales, para que no se pierda la información, y puedan hacer preguntas pertinentes. Por lo tanto, es importante invitar a las mujeres, niños/as o trabajadores/as y que los dueños apoyen esta participación. Esto puede requerir trabajos preliminares antes de iniciar la capacitación técnica.

Comenzamos nuestra planificación determinando quiénes asistirán, porque esto debe definir la agenda para la capacitación. ¿Qué quieren aprender las/los participantes? ¿Cuáles son los temas que enfrentan las/los participantes en la cría del ganado, en su aldea y región? ¿Qué es importante para ellos/as? La capacitación tradicional comienza con el profesor y lo que él o ella quiere enseñar, o considera que sus estudiantes deberán saber. La capacitación participativa se centra en las/los estudiantes, y comienzan con lo que quieran aprender y puedan aplicar inmediatamente.

El lenguaje, tanto hablado como escrito, debe ser apropiado para las/los participantes. Las mujeres y hombres con poca educación formal pueden dominar sus idiomas locales pero no el idioma nacional. Su experiencia y experticia criando las cabras es muy importante, de modo que es crucial asegurar su participación. Reemplazar la información escrita con dibujos bien hechos o fotografías puede ser más apropiado para las/los participantes que no utilicen el idioma escrito o cuando haya múltiples idiomas en el grupo. Asegure la traducción cuando sea necesaria. Evite el vocabulario técnico al conversar con personas campesinas. **¡El valor de la capacitación es lo que las personas hagan al llegar a casa!**

- **¿Por qué** las/los participantes quieren la capacitación? ¿Cómo la utilizarán? ¿Por qué invierten su valioso tiempo para asistir al curso? Esto debe influir en el contenido de la capacitación. Por ejemplo, si las/los participantes asisten porque quieren tratar las enfermedades en sus cabras, no estarán satisfechos si toda la capacitación trata sobre la nutrición y los pastizales (aunque sepan que la buena nutrición prevendrá la enfermedad). ¿Qué esperan conseguir las/los participantes? ¿Están motivados/as para cambiar su manejo, o están contentos/as con sus condiciones actuales? ¿Es obligación asistir para recibir una cabra gratuita? Mientras más decisiones tome el grupo sobre el propósito, lugar y contenido de la capacitación, más exitosa será.

- **Dónde** quiere decir el lugar en donde se realizará la capacitación. En general, es mejor aprovechar las fincas de los miembros del grupo, para que los aprendizajes puedan aplicarse inmediatamente a una situación real. La finca no necesita ser un "modelo' – de hecho, mientras más necesidades tengan, ¡mejor! El grupo puede analizar las mejoras que necesita, e incluso ayudar a la familia dueña a realizarlas. Si un espacio comunitario existente es más cómodo por su ubicación céntrica, asegúrese de incluir actividades prácticas con animales vivos, alimentos reales, etc. Si no habrá suficientes cabras para que todos los participantes hagan prácticas, consideren la opción de buscar un lugar diferente en donde haya suficientes cabras para las sesiones de práctica. Asegure que el lugar sea cómodo para las/los agricultores y facilitadores. Algunas personas participantes vivirán lejos de la capacitación de modo que será importante organizarles transporte. La agenda debe incluir un orden claro de eventos y amplio tiempo para conocer la finca y hacer preguntas. Ubique los baños y aclare los planes para las comidas al comienzo de cada sesión.

- **Cuándo** significa la época del año o la temporada, la hora del día para la capacitación y el tiempo requerido. ¡La hora debe ser cómoda para las/los participantes y no sólo para el/la facilitador! Además, los hombres y las mujeres pueden estar ocupados a diferentes horas del día, de modo que puede ser necesario ofrecer la capacitación a diferentes horas. La agricultura tiene cargas de trabajo estacionales, las que pueden exigir que la capacitación se suspenda durante el tiempo de siembra o cosecha, para retomarla durante la temporada "baja". A menudo la época de lluvia es cuando la gente campesina tiene más tiempo, pero puede ser más difícil el acceso a las comunidades. La planificación cuidadosa de la

CÓMO USAR ESTE LIBRO

capacitación es muy importante para que se haga cuando los/las participantes estén libres y las cabras estén disponibles.

La mayoría de estas lecciones pueden adaptarse para diferentes tiempos, de dos a cuatro horas. Si se ofrece un curso de varios días, con alojamiento, averigüe si los hombres y mujeres del grupo prefieren dos días, tres días o dos semanas. Necesitan organizarse con suficiente anticipación el costo del transporte, la alimentación y el alojamiento.

- **Qué** tema tendrá la lección – por ejemplo, la nutrición o la reproducción en las cabras. Elija temas que sean pertinentes y que las/los participantes podrán aplicar en seguida. Por ejemplo, no traten la siembra de pastizales y árboles durante la temporada de lluvias cuando ya es tarde para sembrar, o la necesidad de un pozo de agua cuando serán varios meses más hasta que se pueda comenzar a cavarlo. Elija temas que sean imprescindibles saberlos, no sólo cositas interesantes. Averigüe los niveles actuales de conocimientos y prácticas, antes de la sesión o al comienzo. Si hay diferentes niveles de experiencia, posiblemente usted quiera dividir al grupo, o diseñar las sesiones para que los productores más experimentados/as tengan muchas oportunidades de compartir de maneras muy prácticas. Asegúrese de adaptar la lección a las capacidades del grupo, tanto económica como educativa. Siempre comience en el punto donde están las personas – no donde usted considera que deberían estar. Si completan una capacitación simplificada, y mejoran su producción ligeramente, usted siempre podrá ofrecerles capacitación más avanzada en un futuro.

- **Para qué** hace referencia a los objetivos de aprendizaje. Es muy útil en la planificación, formular claramente lo que las/los participantes harán CONCRETAMENTE hasta el final de la sesión. Esto ayuda a las/los facilitadores a abstenerse de formular los objetivos diciendo que las/los participantes "aprenderán / comprenderán / sabrán" un material. ¿Cómo sabemos que sí sabemos algo? ¡Sólo cuando lo hagamos! Entonces, diga lo que sus participantes harán en la sesión. Por ejemplo: "Para el final de la sesión, las/los participantes habrán diseñado y construido una maqueta de un corral para cabras." Si las/los participantes no harán nada activo en su sesión, usted podrá preguntarse cómo cambiar el diseño para hacerlo activo y participativo. Esto aclara el proceso de planificación y es muy útil. Al comienzo puede ser un desafío hacerlo así, pero al final ayudará a aumentar los beneficios de la capacitación. Las/los participantes deben saber, al comienzo del taller o sesión, lo que harán durante la sesión. Así podrán decidir cuánto querrán participar y cuán útil será la sesión para ellos/as.

- **Cómo** significa cuál es su plan de lección actual, y qué materiales necesitará preparar con anticipación. Sus planes de lección deben indicar los tiempos específicos para las actividades o conversaciones, pero también hay que ser flexible. No pierda la oportunidad de que el grupo comprenda algo importante, sólo porque tiene una lista ordenada de antemano. Reúna marcadores y rotafolios para hacer listas, o dibujos, con la suficiente anticipación. Puede iniciar un debate sobre los desafíos y problemas o las prácticas actuales: si el ganado o los incendios están dañando los cultivos o los desafíos de la alimentación, reproducción o comercialización. La dramatización puede ser divertida y una manera eficaz de aprender. Lleve los materiales necesarios para que los grupos pequeños puedan dramatizar las situaciones típicas, conduciendo a un debate sobre las diferentes soluciones. Asegúrese de intervenir si ciertos individuos dominantes tratan de hacerlo todo, o si los hombres "ayudan" a las mujeres y no les dejan aprender a dar una inyección o castrar un chivito. Piense sobre cómo organizar los grupos pequeños para las sesiones de práctica y análisis, para que las mujeres o jóvenes tengan voz, y los hombres no dominen las sesiones. Descubra la terminología local para las partes del cuerpo, las enfermedades, y las medicinas locales, y utilice esos términos. En el caso de las enfermedades que sean prevenibles por

CÓMO USAR ESTE LIBRO

la vacunación, descubra el nombre local y enseñe el nombre apropiado para que el/la participante pueda comprar la vacuna correcta.

Asegúrese de planificar con suficiente tiempo en las sesiones para que sus participantes puedan reflexionar sobre lo que aprendieron y practicaron. Por ejemplo, si practican las inyecciones, programe un rato al final de la práctica no sólo para repasar lo aprendido sino también para reflexionar sobre sus aprendizajes. ¿Qué les agarró de sorpresa? ¿Qué fue útil? ¿Qué saben que sea diferente a lo que sabían antes? ¿Qué cosas podrán poner en práctica apenas lleguen a casa? ¿Qué será difícil para ellos aplicarlo, y cómo superarán las dificultades? Estas clases de preguntas para la reflexión en grupo permitirán que cada individuo consolide su experiencia práctica y piense sobre cómo aplicarla con sus propios animales. Esto creará una experiencia muy intensa de aprendizaje, más intensa que solamente con la práctica.

Comience la sesión de capacitación preguntando sobre sus expectativas y sus actuales creencias o prácticas. Es útil revisar los puntos importantes de las sesiones anteriores, y mostrar cómo se relacionan con el tema actual. Trate de usar menos teoría y terminología científica y más orientación práctica, como la cantidad de concentrado que deben dar a la cabra por cada litro de leche que produce. No obstante, recuerde que es bueno desafiar a sus participantes para que consideren el contexto más amplio, sobre cómo quieren que sean sus vidas, y los pasos prácticos que podrán lograr los cambios deseados.

Crianza de Cabras para Leche y Carne proporciona un modelo de capacitación basado en la experiencia, sobre los elementos básicos del cuidado y manejo de las cabras lecheras y de la carne. Aunque es importante la información exacta para una capacitación exitosa, el propio proceso de la capacitación es crucial. Las personas aprenden mejor cuando el tema es de valor práctico inmediato, y puedan compartir sus experiencias y destrezas con otras personas.

El diseño necesita ser culturalmente apropiado para las/los participantes, y consistente con sus recursos actuales. Cuando los grupos sean de diferentes clases, culturas o sexos, esto puede determinar cómo abordaremos sus sesiones de capacitación. El grupo puede ayudar a determinar las normas aceptadas de comportamiento. No se confíen de la opinión de una sola persona que diga "lo que cree todo campesino del pueblo Maasai" o "lo que piensan todas las mujeres," especialmente si no pertenecen a ese grupo.

El curso también podrá estudiarse a nivel individual, utilizando la asesoría y apoyo de otros capricultores/as, extensionistas y veterinarios/as locales.

> Recuerde que este manual es una introducción, y no sustituye a la experticia local, ni a los recursos más avanzados que se enumeran al final del libro. La Guía de Aprendizaje al comienzo de cada capítulo ofrece sugerencias, pero el grupo y el facilitador/a deberán determinar las actividades más eficaces para el grupo.

HISTORIA DE CAMBOYA

La Producción Caprina Mitiga el Impacto de la Pobreza

▲ *Duch Sakhorn (segundo desde la izquierda) con su familia.*

Comenzando a principios del 2005, la Producción Caprina Familiar, proyecto apoyado por Heifer Internacional Camboya y la Asociación de Capricultores/as en la aldea de Prek Ta Ong, comuna de Peam Ok Nha Ong, distrito de Lvea Em, provincia de Kandal, dio apoyo directo a 16 familias pobres. Recibieron capacitación sobre el modelo de los Fundamentos de Heifer Internacional y sobre la capricultura. Los objetivos del proyecto fueron de ayudar a las familias: a mejorar su nutrición, su mercadeo de productos caprinos, y generar ingresos.

Aunque las familias campesinas musulmanas han criado cabras, no eran la especie de ganado tradicional para la comida entre la mayoría de agricultores/as de Camboya, que tenían vacas y carabaos. Sin embargo, el proyecto ha tenido éxito ayudando a familias pobres a criar cabras para su alimentación y demostrando la adaptabilidad de la producción caprina para las fincas campesinas.

Cada familia recibió dos reproductoras hembras y un micro-crédito para preparar el corral de las cabras. Antes de recibir sus cabras, las/los participantes del proyecto recibieron una serie de capacitaciones sobre la alimentación, las enfermedades más comunes, el manejo, el sistema estabulado y el desarrollado del compostaje con el abono de las cabras. El proyecto promueve el ensilaje cuidadoso de hojas de yuca y árboles de forraje, incluyendo Ceiba y Leucaena. Sembraron Tamari de Manila y mora en su terreno para que las hojas sirvieran como fuente de proteína. Para asegurar la salud de los caprinos, se seleccionó un vecino/a clave de la comunidad para capacitarse como promotor/a de salud animal.

Durante los últimos dos años, la Asociación de Capricultores/as ha demostrado los impactos significativos y el incremento directo de los ingresos familiares por las ventas de la carne de chivo. Las familias que originalmente recibieron los primeros animales han hecho el "pase de cadena" de crías a otras familias de la comunidad mientras que las crías restantes se han vendido. Estos ingresos han aportado a satisfacer las necesidades de sus familias, incluyendo los costos educativos para sus hijos/as. Padres e hijos/as comparten el trabajo doméstico y

Continúa en página xix

el cuidado de las cabras. Los niños/as quieren mucho a sus cabras y ayudan a darles de comer después de sus estudios. Combinando la ganadería con la agricultura, las/los participantes del proyecto están usando el estiércol de sus cabras para hacer compostaje para mantener la productividad de su suelo. Cultivan camotes, maíz, frijoles y arroz.

▲ *Khim Sonem con su cabra.*

El Sr. Duch Sakhorn, su esposa y cinco hijos/as son una familia pobre que vive en la aldea de Prek Taong. Se unieron al proyecto y recibieron dos cabras reproductoras y capacitación. Sus dos cabras originales produjeron ocho crías, y compartieron cuatro a otras familias pobres de su comunidad. El año pasado, la familia Sakhorn vendió una cabra por el dinero que necesitaron para los estudios de sus cinco hijos/as. "No tengo ningún problema con el cuidado de las cabras," dijo el Sr. Duch Sakhorn, "porque mis hijos/as ayudan con el trabajo. También hacemos fertilizante, compostando el estiércol de las cabras para abonar nuestro huerto de media hectárea."

Cuando le preguntaron cuál de los 12 Fundamentos le parecía más importante para el bienestar de su familia, el Sr. Duch Sakhorn dijo: "Me inspira el Fundamento de 'Género y Enfoque Familiar' porque todos los miembros de mi familia siempre compartimos los quehaceres domésticos y recibimos los beneficios en forma equitativa."

La Sra. Khim Sonem, una madre soltera pobre con dos hijos, es otra beneficiaria. Su familia se gana la vida cultivando plátano, frijoles, y maíz. Con sus hijos, tienen tres cabras, 13 pollos y dos cerdos. Ella conserva el estiércol de las cabras y cerdos para abonar sus cultivos, lo que le ahorra el gasto de tener que comprar fertilizante químico. Desde que inició su participación en el proyecto, ella ha vendido tres cabras para poder comprar otros suministros para su familia. "Ha mejorado la condición de mi vida ahora que tenemos ingresos adicionales por la venta de cabras", dijo la Sra. Kim Sonem. Ella aspira a agregar dos cabras más a su rebaño el próximo año.

Aunque la producción caprina está avanzando en la comunidad, es limitado el mercado de productos caprinos. La carne y leche de chivo no son comunes en los mercados locales de Camboya, pero la Asociación de Capricultores/as está compartiendo maneras en que las cabras pueden ayudar a familias pobres con limitado terreno. Alientan el consumo de la carne de chivo para mejorar la nutrición familiar, que es deficiente en proteína. La Asociación de Capricultores/as de la comuna de Lvea Em colabora para estimular el consumo de la carne de chivo. La Asociación ofrece platos de carne de chivo para las ceremonias o celebraciones en la comunidad, y comparten información sobre cómo las cabras pueden ayudar a una familia a tener una ventaja competitiva y generar ingresos adicionales para cubrir sus necesidades.

La hija de la Sra. Khim Sonem está encantada con su cabra preñada y espera que pronto tendrá más chivos. ◆

GUÍA DE APRENDIZAJE

INTRODUCCIÓN AL CUIDADO Y MANEJO DE LAS CABRAS

OBJETIVOS DE APRENDIZAJE

Para el final de la sesión, las/los participantes podrán:
- Conocerse mejor entre todos/as
- Comunicar su objetivo personal para asistir a la capacitación
- Identificar las diferencias entre los caprinos de leche y caprinos de carne
- Demostrar cómo determinar la edad de un caprino por sus dientes
- Demostrar cómo determinar el peso de un caprino
- Palpar al animal para determinar su Condición Corporal (como puntaje)
- Comprender cómo funciona la panza de un animal rumiante

TÉRMINOS QUE ES BUENO CONOCER
- Cabrito
- Condición Corporal (Puntaje)
- Palpar
- Rumen
- Rumiar

MATERIALES
- Escarapelas con los nombres – Si puede hacer escarapelas grandes, haga un modelo y luego una identificación para cada persona. También se puede usar papel o cartulina.
- Lápices de colores o crayolas
- Una pizarra o rotafolio
- Tres sogas o correas para soguear a los "chivos" en el sainete
- Cabras lecheras y de carne para la primera actividad
- Por lo menos tres caprinos de diferentes edades para la segunda actividad
- Una cinta métrica para cada participante
- La panza de un animal rumiante del matadero (si hay la disponibilidad)
- Hoja, con copias suficientes para todos/as, del cuadro de Condición Corporal (Puntaje)

TAREA INICIAL
- Seleccione a dos miembros de la clase para analizar el sainete y presentarlo al grupo. Deles una copia del libreto de muestra para leerlo.
- Que dos miembros de la clase lean el texto sobre el Sistema Digestivo del Rumiante y estén listos para presentarlo a la clase, usando los términos técnicos y también los locales. Pueden usar dibujos o una panza de rumiante del matadero.
- Prepare premios para las/los participantes que identifiquen correctamente la edad de la cabra (opcional).

TIEMPO (Puede variar según el grupo.)	ACTIVIDADES
30 minutos	**Introducción** Comience dando la bienvenida a todos/as. Presente a las/los facilitadores que ya habrán preparado sus escarapelas con el nombre. Cada persona diseñará su propia escarapela con su nombre y el dibujo de una cabra. Conózcanse, contando sobre su escarapela, algo sobre su familia y finca. (Dos minutos cada persona).
20 minutos	**Todo el grupo piensa y conversa sobre el sainete** Vean el modelo de libreto al final de esta Guía de Aprendizaje para hacer un drama sobre cómo comenzar a criar cabras. En el sainete, puede ser que las personas hagan el papel de cabras, o se pueden imaginar las cabras. Las/los actores inventan sus intervenciones una vez que conozcan cómo va el argumento del sainete. Agregue o cambie la conversación para analizar los desafíos de criar cabras en la comunidad.
20 minutos	**Compartan lo que entendieron del sainete** ■ ¿Qué pasó en esta conversación? ¿De qué conversaron Carmen y María? ¿Qué les pareció el plan de Carmen – ella está preparada para criar cabras? ¿Qué consejos daría usted a Carmen para prepararse antes de criar cabras? ¿Qué preparativos debe hacer antes de comprar su rebaño? ■ (Esto puede llevar a algunas de las siguientes actividades.) ■ Y ¿qué diremos de esta clase? ¿Quiénes somos y por qué estamos en la clase? ¿Cuáles son nuestras expectativas? ■ ¿Por qué usted quiere criar cabras? (Enumeren los beneficios y desafíos.) ¿Qué diferencias hay entre la realidad y lo que piensa Carmen sobre la crianza de cabras? ¿Cómo ha cambiado la cría de cabras, en comparación del pasado?
20 minutos	**Diferencias entre los caprinos de leche y de carne** Tengan una cabra lechera y una de carne delante de la clase. Pidan a varios individuos que compartan sus observaciones de las diferencias.
20 minutos	**Cómo determinar la edad de un caprino** ■ Conversen sobre lo que pasa cuando se compre una cabra sin saber su edad. ■ Practiquen para identificar la edad de las cabras según su dentadura. Las/los participantes abordan a las cabras en equipos de dos ó tres personas e identifican la edad. Se pueden dar pequeños premios para quienes acierten.
30 minutos	**Comprendamos la panza del animal rumiante** Dos miembros de la clase presentan la información sobre la panza rumiante. Conversen sobre estas preguntas: ¿Cómo la panza de una cabra es diferente al estómago humano? ¿Cómo esto influye en lo que come cada una de las dos especies? (caprinos y humanos)

30 minutos	**Determinar el Peso Corporal de las Cabras**
	■ Pida a todo el mundo que anote lo que estiman que pesa cada cabra.
	■ Averigüen la manera local de medir y pesar las cabras.
	■ Revisen y demuestren la fórmula
	    ● identifiquen la circunferencia torácica
	    ● divídanse en grupos, determinen el peso de las cabras y comparen las respuestas
	■ Reflexionen: ¿Cuáles son los beneficios de pesar las cabras de esta manera?
	■ ¿Cuándo usarán esta información?

60 minutos	**Condición Corporal (Puntaje)** ■ Revisen el cuadro de la Condición Corporal ■ Divídanse en equipos de dos personas, con otro equipo observando ■ Examinen y palpen a la cabra y anoten el puntaje ■ Cambien de posición los equipos y repitan ■ Reúnan a los equipos ■ Comparen las respuestas ■ Conversen sobre estas interrogantes: ¿Cómo es útil saber la condición corporal? ■ ¿Cuál es el mejor puntaje? ¿Cuándo usarán este método y esta información?

REPASO - 20 MINUTOS

- ¿Qué fue útil en esta lección?
- ¿Qué cosas le parecieron novedosas?
- ¿Qué no funcionó tan bien?
- ¿Qué cosas sabe ahora que no sabía antes?
- ¿Qué cosas podrá poner en práctica cuando llegue a casa?
- ¿Cuáles prácticas serán difíciles de hacer en casa?

MODELO DE LIBRETO PARA EL SAINETE SOBRE LA CRIANZA DE CABRAS

Capítulo 1 – Introducción al Cuidado y Manejo de las Cabras

Siéntanse libres de modificarlo según su contexto (cambiando los nombres, etc.)

Carmen se encuentra con María, quien viene por la calle con tres cabras.

María: "Hola, Carmen – ¿Será por la edad que esas cabras tienen tantas hinchazones? ¡No sabía que tú tenías cabras! ¿Adónde vas, al veterinario?"

Carmen se ve molesta: "Nada de veterinarios, me acaban de dar una ganga en el mercado de animales – éstas son el comienzo de mi nuevo rebaño. Decidí ayer que quiero criar cabras lecheras para poder enviar a mi hija a la escuela en unos meses."

María: "¿Tú crees que son una ganga? Mira cómo cojea ese macho viejito, y todos los bultos que le hinchan los hombros de la hembra viejita."

Carmen: "¡No son viejos! La señora que me los vendió dijo que ésta tiene sólo tres años, y es una reproductora magnífica."

María: (Mirando los dientes de la cabra) – "Ella te engañó – estos dos animales tienen por lo menos siete años, y a él le faltan dientes – por eso será que está tan flaco."

Carmen: ¿Cómo tú sabes? ¿Acaso eres dentista? Son tres cuartos de raza pura, me dijo que son raza Criollina."

María: "¿Criollina? De todos modos, Carmen, ¿no dijiste que querías criar cabras lecheras?" María palpa los músculos sobre el lomo de uno de los animales. "Hmmm, le daría un 2. ¿Por qué compraste estas cabras flacas y bajas, de raza para carne, en lugar de unas Nubias altas con ubres grandes, como las que vende Sonia? Y Carmen, ¿con qué les vas a alimentar?"

Carmen: "Las cabras de Sonia comen demasiado. Pienso pedirle al Sr. Julio si puedo pastarle en esa pradera verde al lado del pantano al frente. Nadie usa ese pasto. Mi Pablo puede llevarlas allá cada mañana antes de ir a la escuela."

María: "¿Pablo? ¡Si él tiene apenas siete años! Y no es pasto allá, sólo totoras – y llenas de caracoles. ¡Se van a infectar de tremátodos del hígado! Además, no hay cerramiento, y si se meten al huerto de Don Julio, ¡él estará queriendo meter tus cabras a la sopa! A propósito, nunca te he visto en la clase sobre cabras que nos dan el servicio de extensión pecuaria."

Carmen: "Pienso que voy a tomar el curso la próxima vez que lo den. Sabes, ya hemos criado cerdos."

María: "Más bien, te conviene enseñarles a tus chivos vetustos a comprar abarrotes en la tienda, porque no creo que esa cabra te dé leche."

FIN. Las cabras y las señoras hacen venias al público que les aplaude.

LECCIÓN

INTRODUCCIÓN AL CUIDADO Y MANEJO DE LAS CABRAS

LOS BENEFICIOS DE TENER CABRAS

Nutrición Humana

La carne de chivo, la leche de cabra y sus derivados ofrecen importantes componentes nutricionales de la dieta humana. Por ejemplo, la carne de chivo es baja en grasa, y rica en hierro y proteína. El Departamento de Agricultura de los Estados Unidos ha reportado que la carne de chivo cocinada tiene un 40 por ciento menos grasa saturada que el pollo sin la piel, y además está baja en colesterol. La carne de chivo tiene un 50 a 65 por ciento menos grasa que la carne de res preparada de la misma manera, pero su contenido de proteína es comparable. La proteína en nuestra dieta fortalece los huesos, dientes, pelo, músculos y los anticuerpos que nos defienden de las infecciones. También se requiere para el crecimiento y reparación del tejido humano. Muchas personas en los países en vías de desarrollo tienen dietas deficientes en proteína.

Los chivos proporcionan más del 60 por ciento de la carne roja consumida en el mundo. Un 50 por ciento de la carne consumida por las personas en los países en vías de desarrollo es de chivo. Apenas 50 gramos de carne de chivo por día proporciona:
- Toda la proteína requerida para niños de 1 a 10 años de edad
- Toda la proteína requerida para adolescentes y adultos/as
- Importantes vitaminas y minerales
- Un 50 por ciento más hierro que el pollo

La leche de cabra y sus productos lácteos también son una fuente importante de proteína y de calcio en la dieta humana. Al tener su grasa en partículas más pequeñas, la leche de cabra es más fácil de digerir que la leche de vaca, para infantes, niños/as y adultos/as. El calcio es un mineral importante que fortalece los huesos y dientes. Un litro de leche de cabra al día proporciona:
- Toda la proteína que necesita un niño/a hasta los 6 años
- El 60 por ciento de la proteína que necesita un niño/a hasta los 14 años
- La mitad de la proteína que necesita un/a joven de 14 a 20 años
- Todo el calcio que necesita un niño/a hasta los 10 años
- Casi todo el calcio que necesitan las/los niños y jóvenes de 10 a 18 años
- Todo el calcio que necesitan las personas mayores

> La leche de cabra tiene menos ácido fólico que la leche de vaca o la humana. Por lo tanto, para darles a infantes, siempre hay que suplementar a la leche de cabra con ácido fólico. El ácido fólico funciona con las vitaminas B, para ayudar al cuerpo a utilizar proteína, y previene la anemia, el crecimiento deficiente y los defectos congénitos; también fortalece al sistema inmunológico.

El queso y el suero (que sale del proceso de elaborar queso) también son ricas fuentes de proteína y calcio. El suero también contiene magnesio, fósforo y potasio. Lo puede usar en la cocina para aumentar las vitaminas y minerales en otros alimentos. El queso es una manera eficaz de preservar y usar la leche excedente.

Beneficios Económicos

Si recibe la atención apropiada, una cabra puede ser fuente de ingresos, con la venta de leche o carne. A continuación, algunos ejemplos de los productos que se pueden vender o consumir.

- Uno a cuatro litros de leche cada día
- Queso y otros productos lácteos
- Crías para venderlas
- Crías para aumentar el número de animales en su hato
- Carne rica en proteína y hierro, fácil de vender en el mercado o a los vecinos/as
- Pieles de cabra

Mejorar el Ambiente

El estiércol y la orina de las cabras puede recogerse y usarse para mejorar el suelo, para que crezca mejor el huerto. Ambos pueden ponerse directamente en las plantas del huerto (en las partes que no se comen) o pueden mezclarse en el suelo. NO ponga el estiércol directamente sobre las porciones de las plantas que se comen, porque podrían contaminarse las plantas con parásitos y enfermedades. También se puede poner el estiércol en un balde con agua hasta el día siguiente, para hacer un "té" que puede usarse como abono en el suelo alrededor de las plantas. La mezcla puede restaurar la calidad del suelo y aumentar sus rendimientos, pero no hay que ponerla en el follaje en crecimiento.

Otra valiosa fuente de fertilizante es el suero de hacer queso, el que también puede usarse como alimento para los cerdos, pollos o las propias cabras. Además del calcio, magnesio y fósforo, el suero contiene potasio, azúcares y proteína. Así como el estiércol, el suero es un fertilizante completo y puede aplicarse a los mismos cultivos.

Se pueden usar los chivos para ramonear en el terreno, eliminando las plantas no deseadas. Son útiles para remediación de los terrenos y para mejorar las riberas de los ríos, porque depositan su estiércol y orina en estas áreas, los que ayudan a surgir a nuevas plantas. Al consumir los desechos de alimentos que se botan al lado de las carreteras, las cabras ayudan a limpiar el ambiente. Pero hay que tener cuidado de que las cabras no destruyan los cultivos y huertos.

DESAFÍOS DE TENER CABRAS

Criar cabras para leche y carne implica tener desafíos, especialmente para dar lo que cada cabra necesita en alimentación, agua, albergue, y atención para la salud.

- Hay que darles bastante forraje por lo menos dos veces al día, o llevarlos a ramonear en pastizales o al lado de las carreteras.
- Hay que darles sal, minerales y vitaminas.
- Las cabras necesitan 6 a 8 litros de agua limpia cada día.
- Se ordeñan las cabras lecheras dos veces al día, mañana y noche, para lograr el máximo de producción.
- Hay que revisarles todos los días para detectar alguna enfermedad. Hay que estar preparados para comunicarse con un promotor/a de salud animal y dar varios tipos de tratamiento y cuidados personales cuando sean necesarios.
- Las cabras requieren un encierro seguro para protegerles contra los predadores y también evitar que hagan daños en cultivos o huertos.
- Cuando estén amarrados, hay que cambiarles de puesto varias veces al día.
- A partir de los dos meses de edad, hay que tenerles aparte a los machos de las hembras para evitar que se apareen antes de tiempo o sin planificación.

Pese a los desafíos de su crianza, hay muchos beneficios por un manejo tecnificado. El siguiente cuadro ilustra las diferencias entre el manejo de una cabra local y una de raza mejorada.

CABRAS CRIOLLAS	CABRAS MEJORADAS
Su costo inicial es menor	Es mayor la inversión
Busca comida libremente	Se le lleva la comida al animal
Selecciona su dieta ramoneando	Selecciona su dieta ramoneando o su dueño/a determina la dieta, que podrá incluir concentrados y otros insumos comprados
Bloque de sales y minerales, en el pastizal	Bloque de sales y minerales, en el pastizal, o en el corral para el manejo estabulado
Se refugia en los árboles, toma sombra por las rocas, etc.	Se refugia en los árboles y las rocas, o se le construye un corral y patios.
Sólo produce suficiente leche para sus crías	Produce leche para sus crías y también para la familia
Son limitados los productos que se pueden vender	Venta de la leche y los productos lácteos y también de chivos vivos
Cuerpo más pequeño	Consume más forraje y suplementos
Puede destruir los cultivos y huertos	Hay que manejarlo para poder mejorar el terreno
Resistente a las condiciones adversas y puede tener inmunidad a ciertas enfermedades	Los programas de salud y mayor riesgo de enfermedad significan más costos veterinarios si los animales no se adaptan a las condiciones locales.

PARTES DEL CUERPO DE LA CABRA

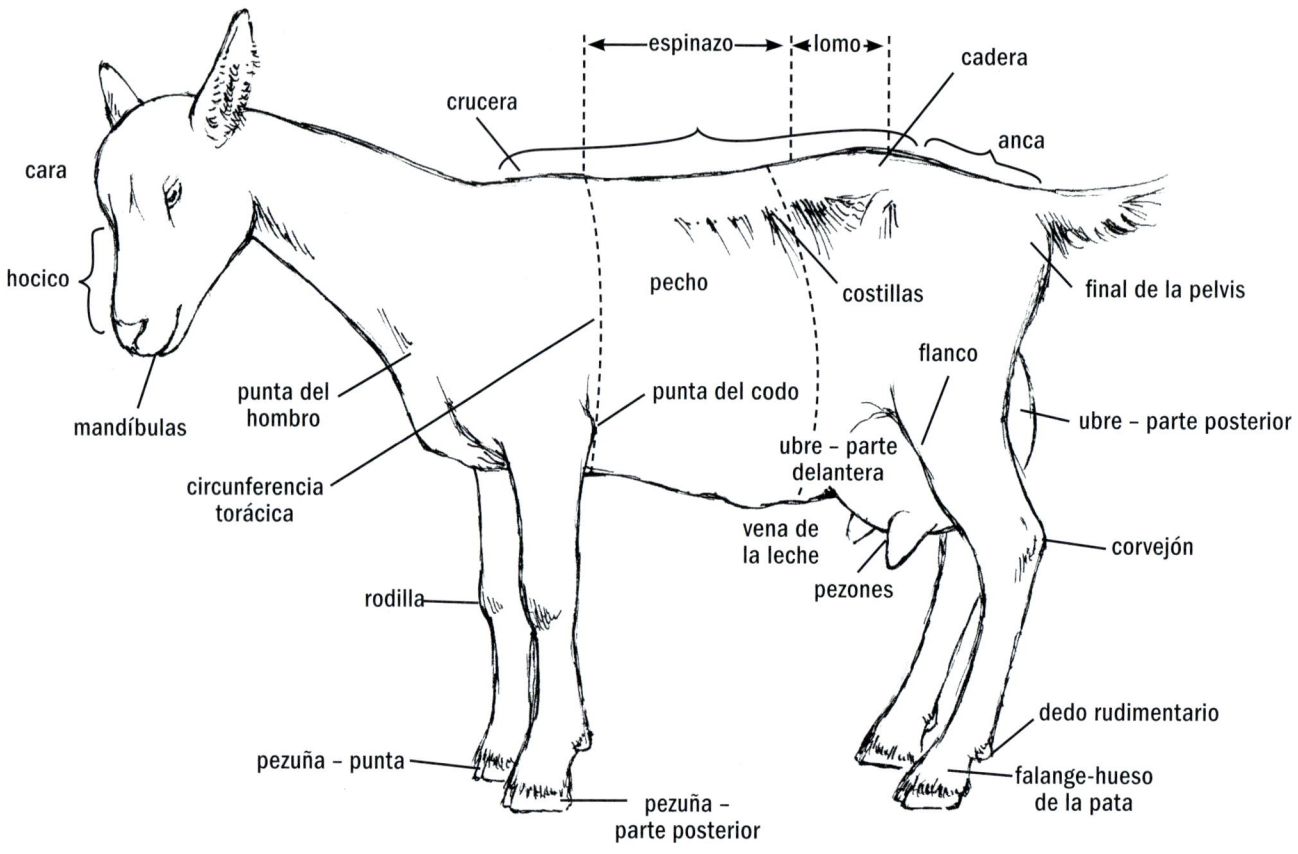

EL SISTEMA DIGESTIVO DE UN ANIMAL RUMIANTE

Las cabras, al igual que las vacas y ovejas, son animales rumiantes, que tienen panzas de cuatro compartimientos que les permiten digerir fibra como pasto, heno y ensilaje. En las panzas de los rumiantes, estos forrajes, tallos de maíz, hojas de plátano y subproductos agrícolas que no son digeribles para los animales con un sólo estómago, se transforman en nutrición para la cabra. Los animales de un sólo estómago (monogástricos) incluyen los humanos, cerdos y pollos.

La panza del chivo tiene cuatro cámaras: 1) el rumen, 2) el retículo, 3) el omaso y 4) el abomaso. El porte relativo de las cuatro cámaras cambia a medida que madure el animal. Los chivos agarran el pasto o forraje entre el paladar de su mandíbula superior y los dientes de la mandíbula inferior, y lo arrancan con un movimiento brusco de la cabeza. Entonces, lo traga entero, y pasa al primer compartimiento de la panza – el rumen. El rumen, que es el compartimiento más grande, contiene muchos microorganismos que producen las enzimas que permiten descomponer la fibra. Se puede llamar el recipiente de fermentación. Los diminutos organismos del rumen ayudan a crear proteínas en base al forraje, y fabrican todas las vitaminas B que necesita la cabra. La vitamina K también se produce en el rumen.

Cuando la cabra adulta consume fibra, la mastica, mezclándola con la saliva, y se la traga. Pasa al rumen, donde se descompone o digiere por acción de los microorganismos. Luego de que la fibra se descomponga, el pasto o forraje pasa por el retículo-rumen y regresa a la boca, para masticarse de nuevo durante más tiempo. Esto de volver a masticar se llama "rumiar". Todo el proceso también se llama rumia o rumiadura.

Las partículas de alimento pasan entonces al segundo compartimiento, el retículo, que está separado apenas por una pared parcial. Ubicado debajo de la entrada desde el esófago a la panza, el interior del retículo parece panal de abeja y sirve para canalizar el alimento pero atrapando los materiales extraños que podrían perjudicar al animal.

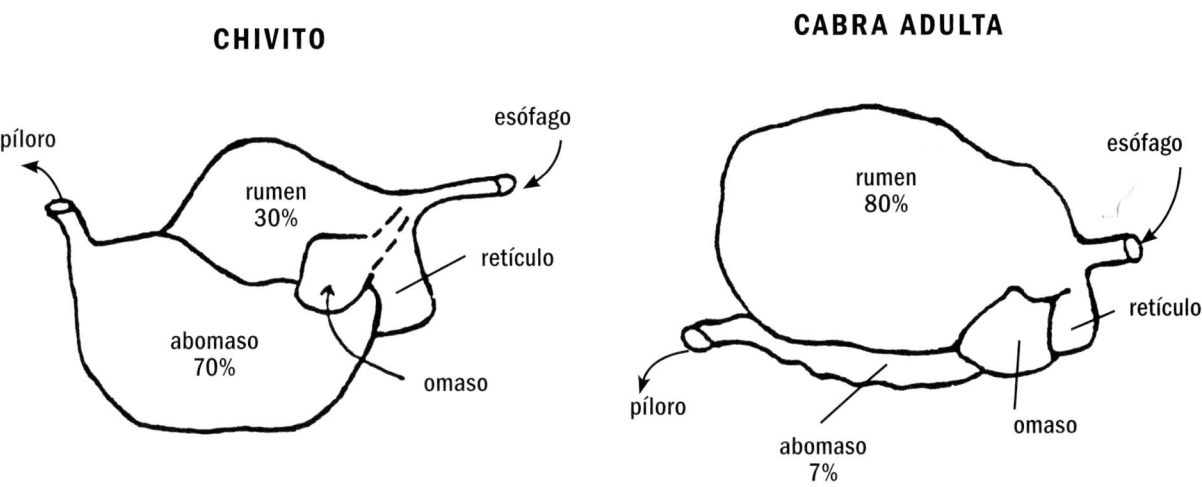

Luego de pasar al retículo, el alimento continúa al omaso, que consta de capas de tejido suspensas que tienen múltiples pliegos. La gran superficie de estos pliegos permite absorber la humedad del alimento y también absorbe más nutrientes llamados ácidos grasos volátiles que ayudan a dar energía al animal. Entonces, las partículas pasan al cuarto compartimiento de la panza, el abomaso. Este cuarto compartimiento se considera el verdadero estómago. Contiene ácido clorhídrico y enzimas que descomponen los alimentos en compuestos sencillos que pueden ser absorbidos por las paredes estomacales e intestinales.

Durante unas seis semanas después de nacer, las crías consumen en su mayoría leche que pasa directamente al abomaso. A medida que las fibras gradualmente se hacen parte de su dieta, el rumen se agranda para descomponer la celulosa y comienza el proceso de digestión rumiante.

DETERMINAR LA EDAD DE LAS CABRAS

Cuando seleccione un caprino, es conveniente saber su edad. Esto puede evitar que le den información engañosa sobre una cabra en el mercado. Se pueden usar los dientes de la cabra para determinar su edad. Los caprinos no tienen dientes delanteros en su mandíbula superior y tienen ocho delanteros en su mandíbula inferior. Más atrás, tienen muelas grandes, los molares, para masticar el pasto.

Los chivitos menores a un año tienen dientes delanteros pequeños y filudos. Al año, se cae el par de dientes en el centro, y los reemplazan dos dientes permanentes grandes. A los dos años aproximadamente, aparecen dos dientes delanteros grandes, uno a cada lado de los primeros dos dientes grandes que salieron al año. El animal de tres a cuatro años tiene seis dientes permanentes. A los cuatro a cinco años, se completan todos los ocho dientes permanentes delanteros.

Asegúrese de revisar la dentadura de un animal antes de comprarlo. Para los que tengan cinco años y más, puede determinarse la edad aproximada examinando el deterioro de los dientes delanteros. Con los años, se separan estos dientes y finalmente se aflojan y algunos se caen. En esta edad, el animal se hace menos útil como animal que se alimenta pastando. Se le puede tener, alimentándole con concentrados especiales, si todavía es capaz de reproducirse. Cuando el animal ya no ofrece utilidad, puede eliminarse, vendiéndolo para carne. Con el producto de la venta, se puede comprar reemplazos más jóvenes o crías de un año.

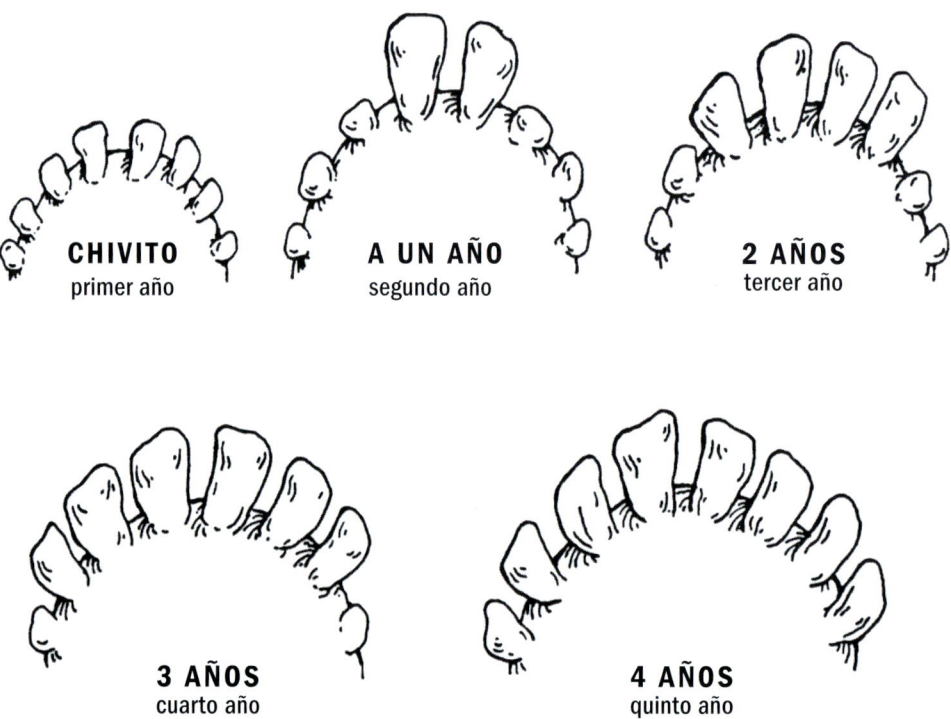

▲ Colby, Byron. Dairy Goats: Breeding/Feeding/Management [Cabras lecheras: reproducción, alimentación, manejo]

10   Capítulo 1-Lección

CÓMO ESTIMAR EL PESO CORPORAL DE LAS CABRAS

Para determinar el peso de una cabra, mídala alrededor de su caja torácica, a la altura de su corazón. Ajuste la cinta métrica firmemente.

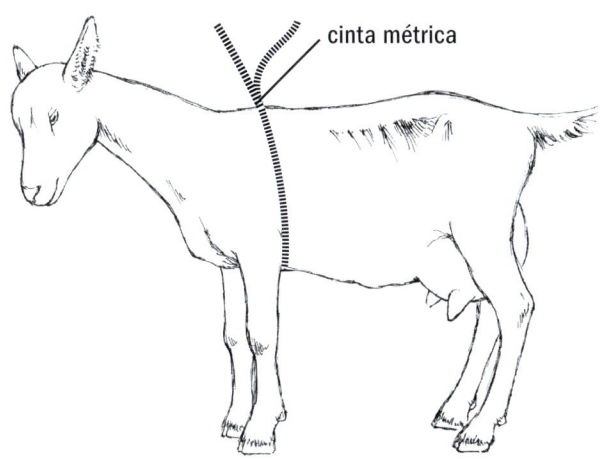

cinta métrica

CENTÍMETROS (cm)		PULGADAS (")	→	KILOGRAMOS (kg)		LIBRAS (lb)
27	=	10 ¾	→	2,3	=	5
29	=	11 ¼	→	2,5	=	5 ½
30	=	11 ¾	→	2,7	=	6
31	=	12 ¼	→	3,0	=	6 ½
32	=	12 ¾	→	3,2	=	7
34	=	13 ¼	→	3,6	=	8
35	=	13 ¾	→	4,1	=	9
36	=	14 ¼	→	4,5	=	10
38	=	14 ¾	→	5,0	=	11
39	=	15 ¼	→	5,4	=	12
40	=	15 ¾	→	5,9	=	13
41	=	16 ¼	→	6,8	=	15
43	=	16 ¾	→	7,7	=	17
44	=	17 ¼	→	8,6	=	19
45	=	17 ¾	→	9,5	=	21
46	=	18 ¼	→	10,4	=	23
48	=	18 ¾	→	11,3	=	25
49	=	19 ¼	→	12,2	=	27
50	=	19 ¾	→	13,2	=	29
51	=	20 ¼	→	14,1	=	31
53	=	20 ¾	→	15,0	=	33
54	=	21 ¼	→	15,9	=	35
55	=	21 ¾	→	16,8	=	37

Introducción al Cuidado y Manejo de las Cabras

CENTÍMETROS (cm)		PULGADAS (")	→	KILOGRAMOS (kg)		LIBRAS (lb)
57	=	22 ¼	→	17,7	=	39
58	=	22 ¾	→	19,1	=	42
59	=	23 ¼	→	20,4	=	45
60	=	23 ¾	→	21,8	=	48
62	=	24 ¼	→	23,1	=	51
63	=	24 ¾	→	24,5	=	54
64	=	25 ¼	→	25,9	=	57
66	=	25 ¾	→	27,2	=	60
67	=	26 ¼	→	28,6	=	63
68	=	26 ¾	→	29,9	=	66
69	=	27 ¼	→	31,3	=	69
71	=	27 ¾	→	32,7	=	72
72	=	28 ¼	→	34,0	=	75
73	=	28 ¾	→	35,4	=	78
74	=	29 ¼	→	36,7	=	81
76	=	29 ¾	→	38,1	=	84
77	=	30 ¼	→	39,5	=	87
78	=	30 ¾	→	40,8	=	90
79	=	31 ¼	→	42,2	=	93
81	=	31 ¾	→	44,0	=	97
82	=	32 ¼	→	45,8	=	101
83	=	32 ¾	→	47,6	=	105
85	=	33 ¼	→	49,9	=	110
86	=	33 ¾	→	52,2	=	115
87	=	34 ¼	→	54,4	=	120
88	=	34 ¾	→	56,7	=	125
90	=	35 ¼	→	59,0	=	130
91	=	35 ¾	→	61,2	=	135
92	=	36 ¼	→	63,5	=	140
93	=	36 ¾	→	65,8	=	145
95	=	37 ¼	→	68,1	=	150
96	=	37 ¾	→	70,3	=	155
97	=	38 ¼	→	72,6	=	160
98	=	38 ¾	→	74,8	=	165
100	=	39 ¼	→	77,1	=	170
101	=	39 ¾	→	79,4	=	175
102	=	40 ¼	→	81,6	=	180
104	=	40 ¾	→	83,9	=	185
105	=	41 ¼	→	86,2	=	190
106	=	41 ¾	→	88,4	=	195

CARACTERÍSTICAS DESEADAS

Cabra lechera - Hembra

Una cabra lechera debe tener:
- El pelaje brilloso, liso, suelto y flexible
- Ojos alertas y brillantes con la mucosa rosada
- Ninguna descarga de los ojos ni la nariz
- Características femeninas, incluyendo facciones finas
- Una línea recta en su columna, y la cruceta puntona. Uno debe poder sentir las vértebras individuales de su columna vertebral.
- El trasero que no sea demasiado empinado ni demasiado recto
- Una caja torácica ancha
- Mucha capacidad para la comida y sus crías; costillas con buena capacidad
- Una gran circunferencia torácica
- Piernas rectas, con una cadera prominente y los extremos de la cadera puntones
- Un hocico fuerte, con la mandíbula inferior igual que la posterior, ni más larga ni más corta
- Buenos dientes que no estén flojos, rotos ni faltantes
- Camina firmemente sin cojear en lo más mínimo
- La ubre se une fluidamente con el cuerpo y se sostiene con seguridad por toda su superficie superior, con dos pezones. La ubre debe estar hacia adelante, con una curva gradual hacia arriba. La inserción posterior de la ubre debe estar alta, ancha, firme, fuerte y bien conectada a una base amplia.

Aquí tenemos dos ejemplos de ubres saludables:

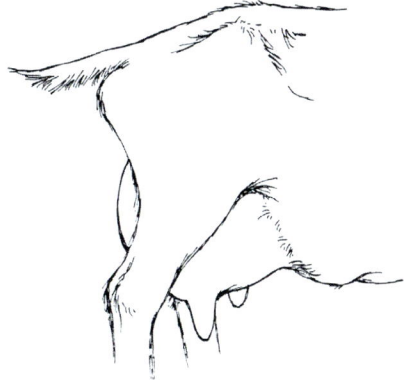 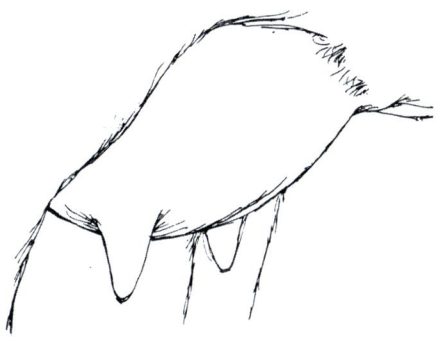

Aquí tenemos ejemplos de ubres malas o poco saludables:

Cabra lechera - Macho

El macho reproductor aporta la mitad de su rebaño. Por lo tanto, es importante buscar un semental que refuerce los puntos fuertes genéticos de la hembra, y que no comparta ninguno de sus principales defectos genéticos. A continuación, unas indicaciones de un macho reproductor idóneo:

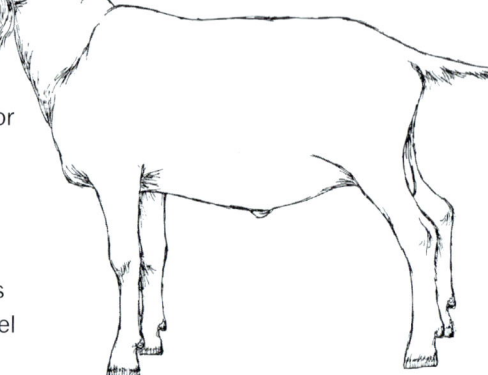

- Excelente salud y sexualmente varonil
- Cuerpo masculino, con cabeza de longitud mediana
- Hocico fuerte y ancho con ternillas grandes y abiertas
- Ojos brillantes con la mucosa rosada
- La mandíbula inferior no es más larga ni más corta que la superior
- Lomo fuerte, recto y liso
- Trasero largo, ancho y casi a nivel
- Piernas fuertes y robustas, bien separadas y firmes
- Patas sólidas
- Escroto en forma de pera con dos testículos de tamaño igual. Los testículos deben tener una circunferencia al menos de 29 cm en el semental maduro.
- Una gran circunferencia torácica con el pecho ancho

Chivos de carne

Además de características similares a las cabras lecheras, un animal para producir carne debe tener:

- Estructura correcta, pero con énfasis en el volumen muscular. Músculos definidos (visibles) en el antebrazo, cuarto trasero y dentro de las piernas posteriores. Músculos evidentes en un muslo grueso y la ingle. (Se observa el área debajo del ano, hasta donde se dividen las piernas. Si esta área es profunda, quiere decir que hay más músculo en las piernas.)
- Una espalda fuerte, ancha y plana, con el trasero y lomo robustos y anchos. El ancho y largo del lomo se correlacionan con el volumen de carne en el canal.
- El trasero debe ser largo, con una ligera inclinación desde los huesos salientes de la cadera por arriba y por atrás, pero no demasiado inclinado. Un ángulo de cinco a siete grados es ideal.
- Las cabras de carne deben ser más grandes de lo usual en la longitud total de sus cuerpos y el tamaño general.
- Por adelante, al igual que en las cabras lecheras, deben ser anchos y lisos, con buen espacio entre las piernas delanteras y un pecho ancho y profundo.
- El hueso metacarpal debe ser adecuadamente largo desde la rodilla hasta la pata. Un cuerpo largo es deseable con buena proporción entre la longitud de los huesos y el diámetro en este hueso debajo de la rodilla donde se puede apreciar.
- Son esenciales las piernas y patas fuertes. Las piernas traseras deben ser rectas y bien separadas. Las falanges (la última sección de la pierna) idealmente deben ser fuertes.
- Dedos anchos darán facilidad para treparse y caminar sobre las laderas y rocas.

Cabra de Carne - Hembra

- Hombros curvos que se unen fluidamente con el pescuezo y las costillas (no puntones, como en las cabras lecheras)
- Planas sobre la cruceta
- El cuerpo debe tener volumen y capacidad, lo que demuestra la productividad para reproducirse, gestar y parir las crías en una situación de pastoreo extensivo. El cuerpo

debe tener suficiente porte para su raza y edad.
- Las hembras deben tener buenas costillas y cuerpos profundos; esto indica el volumen
- Idealmente la ubre debe ser redonda, simétrica y situada bien por encima de los corvejones. La ubre debe tener buena suspensión (no péndula) y dos pezones que permitirán que la cría recién parida mame con facilidad.
- Debe tener músculos adecuados en las piernas posteriores, sin perder su feminidad

Chivo de Carne – Macho
- Los machos para carne deben tener aspecto masculino y adecuados músculos.
- La cabeza debe tener un hocico ancho y fuerte, con los cachos bien separados.
- El cuerpo debe tener el perfil masculino, con un pecho y parte delantera más fuertes y los hombros fuertes por la testosterona.
- Los testículos deben ser del mismo porte, lisos, sin protuberancias, y entre 29 cm y 32 cm en circunferencia.
- El macho debe tener sólo dos pezones rudimentarios.

CONDICIÓN CORPORAL (PUNTAJE)

La calificación de la Condición Corporal es una herramienta importante para el monitoreo. La calificación da un punto de partida para evaluar y manejar los caprinos para mejorar su desempeño, limitar los problemas de salud asociados con la desnutrición, y aumentar las ganancias. La Condición Corporal es una medida de las reservas de energía y permite estimar los cambios en el balance energético que llevan a subir o bajar de peso. Esto es especialmente importante en los programas reproductivos. Una mayor calificación en la época del parto e inicios de la lactancia mejorará el éxito del siguiente ciclo de partos, al incrementar el índice de ovulación y concepción. Además, si hay reservas adecuadas de energía para el parto, esto asegura una mayor producción de leche durante un tiempo más largo. Las hembras flacas (baja calificación de Condición Corporal) suelen parir más tarde, con mayor probabilidad de abortos, menos crías o crías más débiles, y menor producción de leche.

El peso corporal se compone de una serie de factores, los que incluyen: raza, conformación corporal, tamaño estructural y porte en edad adulta, etapa de gestación y etapa de la lactancia. En edad adulta, la estructura ósea permanecerá constante, pero el peso cambiará según la deposición de grasa y músculo. La cantidad de grasa y músculo dependerá del estado nutricional y fisiológico del animal. No hay que incluir al feto ni sus líquidos asociados al evaluar los cambios de peso. Hay que tener cuidado, si escogemos a animales para darles de baja a la edad del destete en base a su Condición Corporal, porque la apariencia puede engañar. Es especialmente importante palpar al animal para evaluar su Condición Corporal. Una hembra preñada puede tener la apariencia de reservas grasas adecuadas por el feto, pero en realidad estará con peso insuficiente. Use la cinta métrica y el cuadro para estimar el peso corporal. Los momentos más importantes para hacer una evaluación de la Condición Corporal son las últimas tres semanas de la gestación, a las seis semanas de la lactancia, al destete (con cuidado) y antes de la cubrición. No olvide palpar al animal físicamente para calificar su Condición Corporal. No es suficiente simplemente observarlo. Los mejores puntos para palpar son las costillas y a los lados de la columna vertebral.

▲ *Palpando una cabra.*

Introducción al Cuidado y Manejo de las Cabras **15**

Lo mejor es que las cabras tengan una Condición Corporal entre cuatro y seis (moderada). Estos animales tendrán una producción consistentemente óptima. Una caída en la condición corporal debe ser gradual y debe recuperarse rápidamente. Este grupo debe sobrealimentarse al estar en cinco para que tenga un seis para aparearse y un cinco ó seis para el parto. No debe caer debajo de un cuatro hasta el final de la lactancia, lo que podrá mantenerse mediante una nutrición adecuada. Se requieren cuatro a seis semanas con un suplemento (o cambiar a un forraje de mayor calidad) para que una cabra con Condición Corporal de tres se recupere hasta un puntaje de cuatro.

Las cabras delgadas (con un puntaje de uno a tres) tienen: poco éxito reproductivo, menor índice de parir mellizos, menor supervivencia hasta el destete de sus crías, y mayor probabilidad de parásitos internos y letargo. Si la nutrición de la hembra se restringe severamente, esto deprimirá grandemente el peso de sus crías cuando se destetan. Por lo tanto, bajo condiciones ambientales adversas y mal manejo, se puede mejorar el desempeño de las crías aumentando su nivel nutricional por separado de la madre. Cuando se reduce el puntaje de Condición Corporal, es hora de aumentar la cantidad de alimento o trasladar al animal a un lugar con forraje de mayor calidad.

Las cabras gordas (puntaje de siete a nueve) serán más propensas a la toxemia durante su preñez, síndrome de hígado graso, dificultades para parir, menor índice de concepción, impedimento de la respuesta inmunológica, menos energía para ramonear y alimentarse, y renuencia a viajar largas distancias por una topografía accidentada. Si están gordas, esto indica que usted está desperdiciando el alimento (y por ende el dinero) dándoles demasiado.

RESUMEN – CONDICIÓN CORPORAL

Cuadro para Calificación de la Condición Corporal Objetivos
- Monitoreo del programa de nutrición
- Minimizar el problema de parásitos internos (a más de exámenes fecales)

Áreas que deben examinarse
- Base de la cola
- Costillas
- Extremos inferiores del pelvis
- Extremos superiores del pelvis
- Borde del lomo
- Hombro
- Columna vertebral – apófisis transversas y espinosas de las vértebras
- Músculo longissimus dorsi
- Esternón

Escala de Evaluación
- Delgado: 1 a 3
- Moderado: 4 a 6
- Gordo: 7 a 9

Condición Corporal Apropiada
- Final de la gestión: 5 a 6
- Comienzo del período reproductivo: 5 a 6

Recomendaciones
- Los animales nunca deben tener una condición corporal menor a 4.
- Las hembras preñadas no deben tener una Condición Corporal de 7 ó más al final de la preñez por el riesgo de la toxemia. Un puntaje de 5 a 6 en el parto no debe decaer demasiado rápidamente.
- Mantener una Condición Corporal moderada en todo momento: 4 a 6

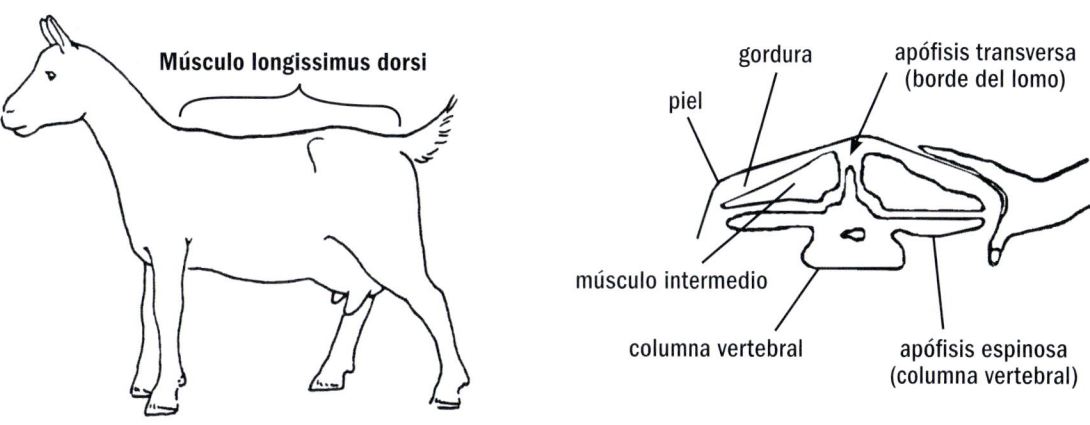

CONDICIÓN CORPORAL 1	■ Extremadamente delgada ■ Demacrada	Extremadamente delgada y débil, cercana a la muerte. Costillas visibles y apófisis espinosas claramente prominentes con severas depresiones, físicamente débil; hombro, lomo y cuarto trasero de apariencia atrofiada; la piel se adhiere al hueso.
CONDICIÓN CORPORAL 2	■ Extremadamente delgada	Extremadamente delgado pero no tan flaco ni demacrado como en la Condición Corporal 1. La piel está en contacto directo con el hueso; cavidad prominente en forma de "V" bajo la cola, visibles la columna y las costillas, protuberancia de la superficie ósea del esternón.
CONDICIÓN CORPORAL 3	■ Muy delgada: ■ Estructura visible	Apariencia arruinada. Todas las costillas visibles. Apófisis espinosas prominentes y depresiones obvias (costillas, cadera); hundido entre los extremos de la pelvis; esternón prominente. No se siente ninguna cobertura de grasa, y los músculos están reducidos.
CONDICIÓN CORPORAL 4	■ Moderada ■ Algo delgada	Algunas costillas visibles. Apófisis espinosas filudas. Es fácil palpar las apófisis individuales. Poca cobertura de los extremos de la cadera. Depresión definida entre los extremos de la pelvis.
CONDICIÓN CORPORAL 5	■ Moderada ■ Cobertura del esqueleto con carne ■ Equilibrada	Se pueden sentir las apófisis espinosas, pero redondeadas; las apófisis transversas tienen una curva cóncava fluida; los extremos de la pelvis están redondeados; el músculo se hace obvio, y el esternón puede palparse.
CONDICIÓN CORPORAL 6	■ Buena ■ Algo carnuda ■ Cobertura redonda de los huesos.	De apariencia redonda, con poca visibilidad de las costillas. Apófisis espinosas forradas y redondas. Transición fluida de las apófisis espinosas a las transversas. Las apófisis individuales muy redondas; requieren considerable presión para sentirlas. Leve depresión entre los extremos de la pelvis.
CONDICIÓN CORPORAL 7	■ Gorda ■ Estructura no es visible ■ Carnuda.	No se ven las apófisis espinosas; las costillas no están visibles, las apófisis espinosas se pueden palpar, pero con presión firme. Extremos de la cadera redondeados con cobertura de carne; plano entre los extremos superiores; es difícil palpar el esternón.
CONDICIÓN CORPORAL 8	■ Gorda ■ Obesa	El animal está muy gordo, y es difícil palpar las apófisis espinosas. No se pueden palpar las costillas. El animal tiene una apariencia de bulto, obeso; la cavidad en la base de la cola está llenándose con gordura.
CONDICIÓN CORPORAL 9	■ Gorda ■ Extremadamente obesa	Severamente sobrealimentada. Las apófisis espinosas hundidas en gordura. Similar a un ocho, pero más exagerado. El animal tiene profundos parches de gordura por todo su cuerpo. La cavidad en la base de la cola tiene pliegues de grasa.

J.M. LUGINBUHL, M.H. POORE, J. P. MUELLER, AN PEISCHEL

RECORTE DE LAS PEZUÑAS

Aunque es posible que las cabras en una topografía accidentada desgasten sus pezuñas suficientemente, la mayoría necesitarán un recorte regular. Los diagramas a continuación muestran el método apropiado de recorte. Use la Tijera Burdizzo de Recortar Pezuñas, una tijera para podar, o un cuchillo filudo. Si corta demasiado cerca por error y aparece sangre, use un antiséptico.

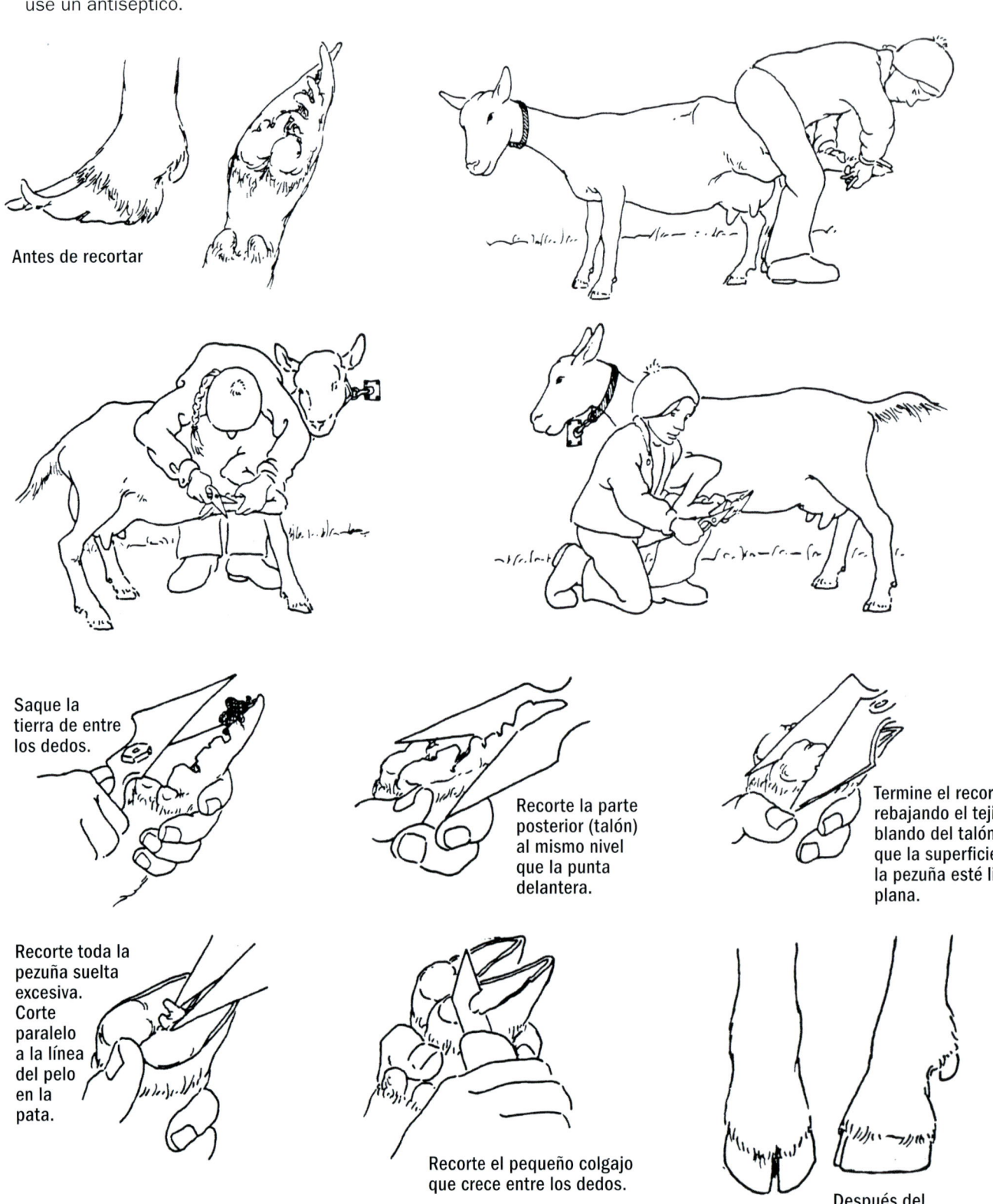

IDENTIFICACIÓN DE LAS CABRAS

Es esencial para el manejo eficaz poder identificar sus cabras. Muchos capricultores/as lo hacen simplemente dando nombres a sus cabras, al cual responden cuando se les llama. Si bien es fácil reconocer a cada individuo en un rebaño pequeño, se requerirá identificación permanente a medida que los números en el rebaño crezcan.

La mayoría de capricultores/as usan uno de dos métodos de identificación: aretes o tatuajes. Los aretes se colocan en la oreja del animal, o alrededor de su pescuezo. Los tatuajes normalmente se hacen en la oreja o en la piel de la cola. Cada método tiene sus ventajas y desventajas. Use el siguiente cuadro para seleccionar un método de identificación.

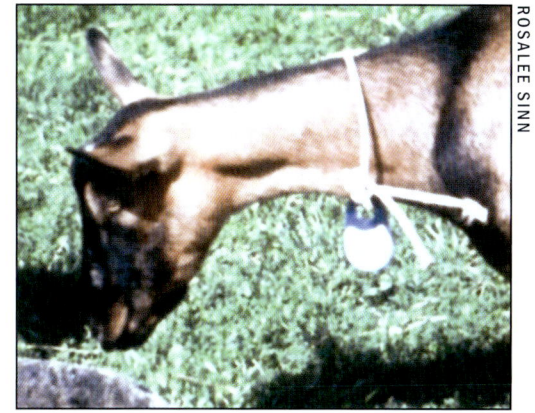

▲ *Arete*

▲ *Identificación en el collar*

MÉTODO DE IDENTIFICACIÓN	LUGAR	VENTAJAS	DESVENTAJAS
Identificación en el collar	En una cuerda o cadena como collar	■ No requiere equipos especializados aparte del propio collar. ■ Los collares de seguridad se rompen si el animal se enreda.	■ Los collares de seguridad pueden perderse y dejar los animales sin identificación. ■ Si una cabra se enreda, los collares de cuerda o cadena podrían estrangularla.
Arete	En la oreja	■ Fácil de colocar. ■ Si son grandes, son fáciles de ver. ■ Si la ley requiere aretes para fines de control de enfermedades, sirven también como identificación.	■ Requiere un aplicador especial. ■ Las cabras son especialmente propensas a perder sus aretes. Esto pierde la identificación y les lastima las orejas. ■ El peso de un arete grande puede distorsionar las orejas paradas o crear una llaga que puede ser infestada por moscas o larvas.
Tatuaje	En la oreja o la cola	■ No susceptible de perderse. El más permanente de los tres métodos de identificación.	■ Requiere equipos especiales. ■ El tatuaje puede leerse sólo viéndolo de cerca. La tinta puede decolorar con el tiempo y los extremos ambientales pueden dificultar su lectura.

HISTORIA DE CAMERÚN

Las mujeres se empoderan, criando cabras

Una señora campesina de la provincia noroccidental de Camerún, Nkume Margaret, tuvo poca educación formal. Su esposo controlaba sus actividades estrictamente. Pasaba mucho tiempo haciendo las arduas faenas agrícolas, las tareas de su casa, y los cuidados a su marido y cuatro hijos. Su vida era muy difícil. No hubo suficiente comida para la familia y aunque sus hijos asistían a clases ocasionalmente, cada vez que se presentaban nuevos gastos escolares tenían que regresar a casa.

▲ *Nkume Margaret con sus cabras*

Nkume Margaret trató de criar unos cerdos, pero sin la capacitación apropiada su trabajo dio pocos réditos. Cuando supo del proyecto caprino, vio la solución para muchos de sus problemas. Se comunicó con Heifer Camerún mediante el Grupo Campesino de Chuketam para Combatir el Hambre y pidió su apoyo. Hizo el curso de capacitación. Aprendió a usar la majada de sus cabras para enriquecer su huerto y a comercializar algunos de sus animales cuando le sobraban. Todas estas actividades podrían generar ingresos para los costos y útiles escolares. Y la carne de chivo ofrecería a su familia la proteína que necesitaba consumir. Un emprendimiento exitoso le daría alguna independencia, la que le hacía mucha falta.

El esposo e hijos de Nkume Margaret le ayudaron a preparar un corral y sembrar forraje. Recibió cinco cabras de Heifer Camerún. Sus hijos y marido ayudan con las cabras y ella ha tenido mucho éxito. Ha vendido tres cabras en aproximadamente US$54 cada una y se ha aumentado su hato a 11 animales. Con el producto de esa primera venta, su hijo pudo iniciar sus estudios de mecánica de motores en la capital de la provincia, Bamenda.

Con el dinero de las ventas de otros chivos y también de la venta de hortalizas de su huerto que ahora está produciendo mucho, se gastó unos US$500 para comprar un molino de granos. Dentro de los primeros meses después de comprar el molino, logró una ganancia bruta de $210. Utilizó buena parte del resto del dinero para que sus hijos pudieran continuar con sus estudios. Además, ella deposita sus ganancias semanales de US$36 en la cooperativa local de ahorro y crédito.

Nkume Margaret vendió la cosecha pasada en US$300 y empleó el dinero para comprar tres cargas de arena que utilizará su familia para construir una casa nueva.

Con capacitación, un buen criterio empresarial, inversiones inteligentes y trabajo duro, desde el año 2005 Nkume Margaret ha incrementado la cantidad de alimentos que produce su familia. Ya no necesita comprar alimentos básicos del mercado local porque ella misma los produce. Gracias a los ingresos adicionales, sus hijos están bien en sus estudios y su vida ha mejorado. Ella comparte con su esposo e hijos los conocimientos que aprendió, sobre temas como el género, la participación, métodos sencillos de contabilidad, limpieza personal, y cómo prevenir el VIH/SIDA y otras enfermedades.

Ella aconseja a sus vecinos/as de su aldea que se unan al grupo de campesinos asesorados/as por Heifer Internacional, porque este apoyo siempre será útil, en cualquier momento de su vida rural. Nkume Margaret mira hacia su futuro, con la esperanza de poder lograr la autonomía sustentable. ◆

GUÍA DE APRENDIZAJE

2 SISTEMAS DE CRIANZA, CORRALES, ALIMENTACIÓN Y EQUIPOS

OBJETIVOS DE APRENDIZAJE
Para el final de la sesión, las/los participantes podrán:
- Describir las ventajas de los diferentes sistemas para manejo caprino
- Determinar el sistema que mejor conviene a su comunidad
- Identificar maneras de mejorar sus prácticas de manejo actuales
- Enumerar maneras en que las familias con cabras podrán colaborar para asegurar su éxito

TÉRMINOS QUE ES BUENO CONOCER
- Crianza / manejo
- Producción extensiva
- Producción semi-intensiva
- Producción intensiva
- Manejo estabulado
- Crianza familiar

MATERIALES
- Papel y Lápices
- Hojas grandes (papelotes) de papel bond o papel periódico
- Dibujos para la actividad de ¿Cuál Cabra Está Segura?
- Cámaras fotográficas
- Fotos de fincas de la zona

TAREA INICIAL
- Seleccionen a tres compañeros/as de la clase para que tomen fotos de su finca y preparen una descripción de sus prácticas de manejo a la clase.
- Seleccionar dos fincas para que las visite el grupo.
- Pedir a cuatro participantes que preparen dibujos para la actividad del Criadero Idóneo de Cabras. (Alternativamente, podrán hacer esto durante la sesión como parte de la actividad.)

TIEMPO (Puede variar según el grupo.)	ACTIVIDADES
20 minutos	**Compartir entre el grupo** Participantes seleccionados/as mostrarán fotos de sus fincas, describiéndolas.
90 minutos	**Todo el grupo piensa y conversa** Dividir el grupo en varios grupos pequeños. Visitar varias fincas. Pedir que las/los participantes hagan una lista de las ventajas y desventajas de lo que observen. Cada sub-grupo da su informe a la plenaria.
30 minutos	**¿Cuál Cabra Está Segura?** ■ Las/los participantes se dividen en grupos pequeños, dando a cada grupo uno de los dibujos para analizarlo: ■ Una cabra amarrada con una soga que está enredada apretadamente en el poste. ■ Una cabra pastando de noche, con un predador viéndola. ■ Unas cabras acurrucadas en la lluvia, sin techo. ■ Una cabra en corral tipo estabulado, con forraje. ■ Cada grupo pequeño comparte su criterio sobre el dibujo que les tocó; por qué la cabra está segura o no, y cómo se podría mejorar su situación. ■ En la plenaria, facilitar una conversación sobre: 　· diferentes sistemas de manejo y sus ventajas. 　· los peligros de los predadores locales, de amarrarles a los animales, y del clima húmedo.
30 minutos	**Diseñar el Criadero Idóneo de Cabras para su Área** ■ En grupos pequeños, pedir que las/los participantes dibujen un criadero típico para cabras. El dibujo debe incluir los típicos corrales, equipos, cercas, áreas de pastoreo, etc. ■ Analicen los varios dibujos y el costo aproximado para realizar cada uno de los diseños.
15 minutos	**Lluvia de ideas sobre las maneras en que las familias de la comunidad podrán colaborar**

REPASO - 20 MINUTOS
■ ¿Qué fue útil en esta lección?
■ ¿Qué cosas le parecieron novedosas?
■ ¿Qué no funcionó tan bien?
■ ¿Qué cosas sabe ahora que no sabía antes?
■ ¿Qué cosas podrá poner en práctica cuando llegue a casa?
■ ¿Cuáles prácticas serán difíciles de hacer en casa?

LECCIÓN

SISTEMAS DE CRIANZA, CORRALES, ALIMENTACIÓN Y EQUIPOS

La primera consideración para criar cabras es determinar cuál sistema de manejo conviene mejor, según los objetivos de sus criadores/as y el tamaño del hato. Estas decisiones también determinarán el tipo de cabra que mejor convenga a la situación específica.

PRODUCCIÓN CASERA

Criar cabras es un componente importante del sustento familiar campesino en las zonas del mundo en vías de desarrollo. Las cabras podrán integrarse en los sistemas productivos campesinos para mejorar el aprovechamiento de los insumos, y reciclar más eficientemente los recursos disponibles. Una o dos cabras y sus crías podrán dar leche y carne para la familia, y se podrán vender las crías y sus productos excedentes para aumentar sus ingresos. Ya que las cabras se reproducen y producen en un tiempo relativamente corto, las ganancias que permiten cubrir las necesidades básicas del hogar, los costos de los estudios y una mejor atención a la salud no se harán esperar.

SISTEMAS DE MANEJO

Los principales sistemas de manejo caprino son: estabulado, semi-intensivo y extensivo.

Estabulado

El manejo estabulado es común en las zonas donde hay poco terreno disponible, y requiere más mano de obra. La unidad estabulada es el corral cubierto, en muchos casos con pisos ranurados, donde pasan los animales buena parte del tiempo. Donde son pocos los animales, requiere menos trabajo que el pastoreo en el bosque.

En este sistema, hay que cortar el forraje y llevarlo a los animales, con agua limpia, dos veces al día. También hay que sacar el estiércol diariamente. Es importante que la unidad estabulada tenga un patio para hacer ejercicio, y acceso a la luz del sol.

Las ventajas del manejo estabulado son:
- Las cabras no destruyen huertos y otros cultivos. Se reduce la posibilidad de causar erosión por el sobrepastoreo.
- Aprovecha los residuos de los cultivos, las cáscaras de las hortalizas y otros subproductos agrícolas como alimento
- Se adaptan bien los animales de alto rendimiento, las razas exóticas y sus cruces, que son más vulnerables a las enfermedades locales

▲ *Indonesia – corral estabulado.*

- Es ideal para las cabras lecheras bajo condiciones tropicales, y perfecto para los pequeños rebaños familiares
- Facilita la recolección del estiércol y orina para fertilizar los cultivos
- Permite que los animales se encariñen con los humanos, lo que es deseable
- Permite observar a los animales más de cerca, para poder controlar sus celos y reproducción
- Permite que los agricultores/as noten y controlen las enfermedades a tiempo
- Protege a las cabras del ataque de los predadores
- Reduce los números de garrapatas y otros parásitos, ya que los animales no comen en pastizales infestados

Sistemas Semi-Intensivos

Este término abarca las prácticas caprícolas que están entre el manejo extensivo y el estabulado. Los sistemas semi-intensivos usualmente constan de pastoreo controlado, dentro de pastizales cercados, dando sobrealimentación complementaria con concentrados, y amarrando a los animales con estacas. Los animales pasan en sus corrales en las noches, usualmente más cerca de la casa, para protegerles de predadores y las inclemencias del clima.

La gran ventaja de permitir algún pastoreo es que le da a la cabra la oportunidad de complementar su alimentación y comer selectivamente para superar alguna deficiencia de su dieta. Sin embargo, es importante evitar las zonas contaminadas o muy utilizadas. Además es importante contar con el acceso legal o permiso para utilizar las áreas de pastoreo.

En estos sistemas, hay que tener cuidado al amarrar las cabras para evitar que se estrangulen y protegerlas de los predadores. Siempre deben tener acceso a la sombra y a agua limpia. Deben tener donde refugiarse de la lluvia y del sol. Es esencial amarrar en un lugar diferente cada día, para que el animal pueda acceder a hierba fresca y una variedad de plantas.

Producción Extensiva

Los sistemas de manejo extensivos usualmente constan de un mayor número de animales y terrenos más grandes. Estos sistemas no suelen usarse con cabras lecheras, pero para chivos de carne y pelo son comunes en las partes del mundo que tienen praderas apropiadas.

Los sistemas de manejo extensivo usualmente incluyen a un pastor humano o al menos un animal guardián, como un perro, llama o burro. El pastor usualmente es un niño o niña cuya tarea es tenerles a sus animales aparte de otros hatos y fuera de terrenos cultivados, así como identificar a los animales enfermos y espantar a los predadores. El pastoreo de cabras elimina las malezas y deposita majada, pero puede implicar daños a cultivos. Para proteger sus pastizales, los grupos campesinos deben organizarse para rotar los pastizales y evitar que el terreno se dañe por el uso exagerado. Una de las consideraciones es cómo colaboran pastores y agricultores/as. En las regiones donde las condiciones climáticas sean favorables y los predadores no sean demasiado numerosos, se puede dejar libres a los animales para que pastoreen en pastos naturales sin cercas ni corrales, encerrándose únicamente cuando sea requerido por alguna razón. El sistema más extensivo en la zona tropical es el pastoreo y ramoneo durante el día, dándoles refugio por la noche y durante la lluvia. Este sistema se suele usar para especies mixtas (cabras, ovejas y vacas juntas).

ALBERGUES Y CORRALES

Las cabras son resistentes en otros sentidos, pero generalmente no toleran las condiciones húmedas. Bajo tales circunstancias se estresan, lo que les hace particularmente susceptibles de la neumonía y otras enfermedades.

El tipo de corral (elevado o a nivel de la tierra) dependerá de varios factores: tamaño del rebaño, preferencias culturales, clima y los sistemas de pastoreo / ramoneo elegidos. El corral debe brindar un ambiente con buena ventilación, seco, y libre de corrientes de aire indeseadas, para proteger a los animales del sol y la lluvia.

En todo corral o albergue, cada cabra necesita:
- 1,5 metro por 1 metro de espacio (animales adultos)
- Protección de la lluvia, de vientos fuertes, del frío y del exceso de sol
- Piso seco (un suelo con buen drenaje es suficiente)
- Una plataforma de madera (pálet) o banco para dormir
- Un lugar para hacer ejercicio construido de piedras o madera para que puedan trepar
- Alimento y agua disponibles según tengan hambre o sed
- Protección de perros, otros predadores y ladrones

Corrales Elevados

Este tipo de corral es común cuando es fuerte la lluvia y hay que proteger a las cabras contra el lodo, el agua estancada o las inundaciones. En este tipo de corral, el piso se eleva a un metro o metro y medio sobre el nivel del suelo, y se hace con ranuras. Las ranuras del piso deben ser lo suficientemente anchas para que caiga al suelo el estiércol, pero lo suficientemente estrechas para que los chivos no se atasquen las patas. El alto del piso debe facilitar el acceso para sacar la majada. Los listones de madera usados para el piso deben ser planos o regulares, porque si son irregulares se deformarán las pezuñas de los chivos.

Corrales sobre el Suelo

Los corrales con piso de tierra o arcilla compactada tienen varias formas. Una forma es la mediagua como en este primer gráfico. Se pueden cavar canales de drenaje alrededor de este corral para que el piso se mantenga seco durante las lluvias fuertes. Estos canales pueden conducir directamente a la compostera. Los pálets y bancos para dormir también ayudarán a las cabras a mantenerse secas. Unas piedras grandes en el área les dan la posibilidad de treparse, lo que rebaja sus pezuñas.

En todo albergue, hay que limpiarlo regularmente de la majada y orina.

Sistemas de Crianza, Corrales, Alimentación y Equipos

PESEBRES Y OTROS EQUIPOS PARA LA ALIMENTACIÓN

La función más importante de los pesebres y otros equipos de alimentación es mantener limpio el forraje, heno o recortes de hortalizas, para que no se ensucien del suelo, las heces o los parásitos. Hay muchas diferentes clases de pesebres, pero todas deben construirse según el tamaño del chivo.

Un buen pesebre:
- Permite dar la comida sin que la persona ingrese al corral (A veces es difícil lograr esto)
- Impide que las cabras ensucien su alimento con tierra o estiércol
- Protege el alimento de la lluvia
- Es apropiado para la edad y tamaño del animal

Acceso sólo para chivitos
En los corrales para manejo estabulado, es importante que los chivitos puedan acceder a pesebres etc. pequeños para no tener que competir con los animales adultos. Para lograr esto, se encierra un área con una apertura pequeña por la que sólo pueden pasar los chiquitos.

Comederos de Ranuras
Los comederos ranurados constan de un cajón rectangular en forma de V con listones de madera a ambos lados de la V, para ponerles el heno. Los chivos pueden sacar el heno entre las tiras. Se hace la bandeja de fondo del cajón lo suficientemente ancha para atrapar el heno que caiga. Se coloca una barra sobre la parte superior para que los chivos no se metan al cajón para dormir. El polvo del heno puede irritarles los ojos, de modo que este tipo de comedero no debe estar encima de las cabezas de los chivos. Si este comedero no está dentro de una casa, puede ser necesario un techo para protegerlo.

Comedero de Bocallave
Los comederos de bocallave, como implica su nombre, son estructuras como una cerca especial que sólo permiten que la cabra coma cuando tenga la cabeza dentro del espacio con forma de ojo de cerradura. Ya que el forraje se mantiene al otro lado de la apertura, no se lo puede ensuciar. Se pueden hacer las aperturas más grandes o más pequeñas, para dar cabida a los chivos grandes o los cabritos. Este sistema permite poner la comida sin entrar al corral.

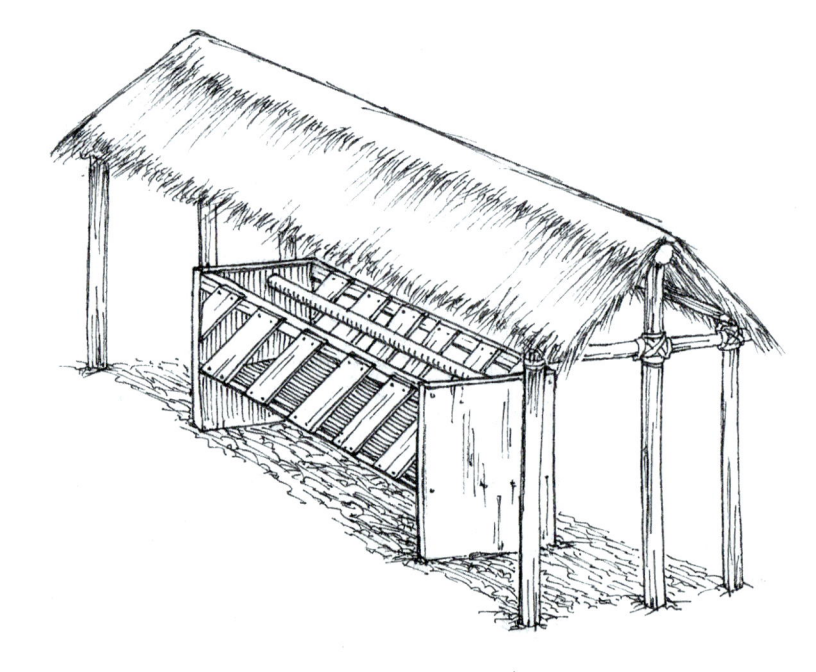

Se puede amarrar el heno o forraje

En ausencia de otros comederos, se puede amarrar la comida al corral o a la rama de un árbol para que no esté rodando por el suelo. Recordemos que el polvo del heno puede irritarles los ojos, de modo que no se debe ubicar la comida a un nivel muy alto sobre las cabezas de los chivos.

Baldes de agua

Las cubetas con agua deben estar limpias y hay que llenarlas con agua limpia dos veces al día. Hay que ubicarlas lo suficientemente bajo para que los animales pequeños puedan alcanzarlas, pero lo suficientemente alto para impedir que los animales más pequeños caigan dentro de los baldes y se ahoguen. Una forma de evitar que se ensucie el agua es colgar los baldes. También se pueden colocar los baldes de agua fuera del corral, con acceso por aperturas tipo bocallave.

Cajas de sales

Aunque algunas personas prefieren un bloque de minerales, es más conveniente la sal de minerales en forma suelta. Hay que ofrecer los minerales libremente y, al igual que los alimentos, de una manera que evite que caigan al piso. El recipiente puede ser una pequeña caja de madera o una calabaza seca vacía, suspendida de una cuerda. Si no estuviera disponible la sal de minerales, se puede darles sal yodada común. Se debe ofrecer la sal de minerales dentro del corral con techo o con otra protección de la lluvia.

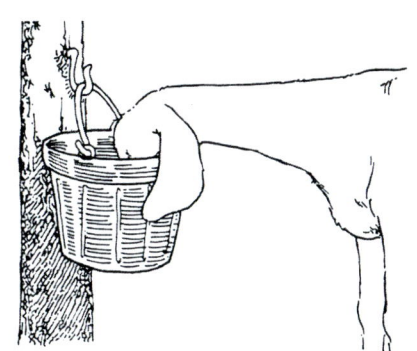

> **ADVERTENCIA**
> Los chivos pueden estrangularse con la soga cuando ya se haya comido todo el forraje. Amarre la cuerda con cuidado para evitar que los chivos puedan enredarse en ella.

CERCAS, SOGAS Y PASTOREO

Cercas

Se utilizan las cercas para controlar los movimientos de las cabras, para separar los machos de las hembras, para proteger los cultivos de las cabras, y para proteger a las cabras de los predadores. Hay muchas clases de cercas, hechas de diferentes tipos de materiales: cercas vivas, palos delgados, alambre, y cercas eléctricas (a batería y solares). Elegir la cerca apropiada dependerá de su presupuesto y propósito. Independiente al material, hay que diseñar las cercas para que los chivos no las burlen saltando o trepando, y deben brindar protección contra los predadores. No se debe usar alambre de púas.

Las cercas vivas se siembran para formar los espacios de manejo. Gliricidia sepium y Erythrina berteroana son ejemplos de árboles de forraje que pueden usarse para cercas

▲ *cerca eléctrica - Finca Crystal Brook - Sterling*

▲ *cerca de palos - Ruanda*

▲ *cerca viva - Ruanda*

vivas, con el beneficio adicional de que producen alimento y algunos de los árboles de las cercas vivas también producen leña. Las cercas de palos se arman entretejiendo las ramas y brotes o renuevos de los árboles. Otra opción es la cerca de alambre, que es fuerte pero más cara. También se puede controlar al hato con cercado eléctrico, que puede ser por electricidad solar o con una batería.

Sogueado
Se amarran las cabras para limitar sus movimientos a un área de sombra o con buen pasto. Para dar algo más de libertad a la cabra, se coloca un alambre, cable, cuerda, etc. largo entre dos estacas, con la soga amarrada a un anillo. Al deslizarse el anillo sobre el alambre, se puede

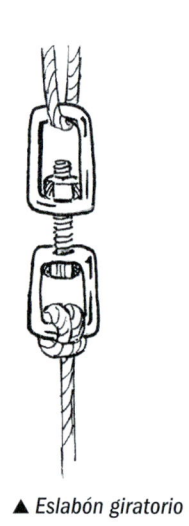

▲ *Eslabón giratorio*

28 Capítulo 2–Lección

> **ADVERTENCIA**
> No hay que apersogar a las cabras en una zona donde puedan ser atacadas por perros o animales silvestres. Hay que amarrarles con cuidado los primeros días para asegurar que las cabras no se asusten, porque pueden estrangularse antes de acostumbrarse a estar amarradas. Hay que asegurar que no haya plantas venenosas en el área alrededor antes de amarrarle al animal ahí. No amarre sus chivos donde otros chivos o animales hayan estado pastando, porque pueden infestarse de parásitos. Asegure que haya bastante agua para los animales si no hay alguien atendiéndoles.

desplazar el chivo por un área más amplia, pero siempre bajo control. Si se amarra la soga con algo alto, más arriba del nivel de los ojos del animal, se evitará que se enrede las patas en la soga. El eslabón giratorio también es valioso porque evita lastimar al animal, porque permite que la soga rote en lugar de enredarse.

Pastoreo
Puede haber ocasiones cuando querrá pastorear sus cabras para que puedan comer diferentes variedades de forraje.

HISTORIA DE GUATEMALA

El éxito mediante el liderazgo y el compartir

Doña Antolina Serech López, de 48 años de edad, y sus tres hijos pequeños viven en la aldea de Chivarabal en el municipio de Tecpán en Guatemala. Su idioma nativo es Kaqchiquel, pero ella ha aprendido algo del español para poder comunicarse con las instituciones y conseguir apoyo para su grupo.

Doña Antolina es muy activa en su comunidad. En noviembre del 2003, ella organizó a un grupo de ocho mujeres de su aldea para participar en el Proyecto FUDI de Cabras Lecheras, patrocinado por Heifer Internacional y la Fundación para el Desarrollo Integral (FUDI)

Ella recibió dos cabras del Proyecto. Desde entonces, le han nacido tres crías, un macho y dos hembras. Ha participado en el "pase de cadena" una vez y está lista para hacer el pase con otra cría. Está esperando a que se prepare para recibirla una familia cercana, porque se ha encariñado tanto con sus animales que no quiere que vayan a vivir muy lejos; quiere observarlo crecer.

Todos los días, les da leche de las cabras a sus hijos. Utiliza el estiércol de las cabras para enriquecer el suelo en su huerto de calabazas. Además, con el apoyo de su esposo, ha podido recolectar en sacos el estiércol de cabra preparado, para venderlo en la comunidad por cuatro dólares cada saco. Además, ha sembrado árboles, incluyendo aliso (llamo) y palo de pito, que crecen rápidamente y proporcionan excelente forraje para sus animales. Cuando los árboles maduran, ella aprovecha la madera de algunas especies, que incluyó entre las forrajeras, como leña.

Doña Antolina tiene un equipo veterinario y ha aprendido a vacunar a sus animales. Su grupo recibió el equipo para que todo el mundo pudiera beneficiarse. Los precios para la medicina son mucho menores a comparación de los productos que se venden en las clínicas. Doña Antolina armó un fondo rotativo o revolvente con el dinero

▲ *Doña Antolina Serech López con su familia y sus cabras.*

que cada participante del proyecto paga, para poder comprar nueva medicina cuando sea necesaria. Ella ha aprendido a tratar las enfermedades comunes de las cabras, y puede dar recomendaciones cuando un animal se enferma. Ella también aprendió a usar plantas medicinales y otros remedios caseros para curarlos. Cuando no sabe qué hacer, le consulta al técnico a cargo del proyecto. Con sus recomendaciones, ella ha podido hacer frente a infecciones, ayudar con partos, y cuidar a los recién nacidos.

A más del trabajo de Doña Antolina con el proyecto caprino, también dirige otras dos importantes actividades del grupo. En una, producen mermelada casera usando las frutas locales, como el fruto del sauco, la mañana y el durazno, para venderla en las tiendas, supermercados y cafeterías del área. El otro proyecto produce güipiles, las blusas tradicionales, hechas a mano, para venderlas en el mercado local.

Ella comparte sus conocimientos y experiencia con las demás integrantes del grupo y facilita la capacitación en su idioma nativo. Doña Antolina y el grupo están trabajando con la producción integrada para diversificar los ingresos familiares y hacerlos más sostenibles. Bajo el liderazgo de Doña Antolina, el número de miembros se ha duplicado. Su manera desprendida de compartir y su dedicación a la comunidad es un ejemplo para muchas otras mujeres de Chivarabal. ◆

GUÍA DE APRENDIZAJE

3 NUTRICIÓN Y ALIMENTACIÓN

OBJETIVOS DE APRENDIZAJE
Para el final de la sesión, las/los participantes podrán:
- Describir las cinco clases de nutrientes principales requeridos en la dieta de una cabra
- Explicar lo que tiene de especial el sistema digestivo de un animal rumiante
- Planificar maneras apropiadas de cuidar y alimentar a las cabras preñadas, los cabritos recién nacidos, los cabritos destetados, los chivos para carne, los machos y las hembras lactantes
- Relacionar las prácticas alimentarias y necesidades para la salud evaluando la condición corporal

TÉRMINOS QUE ES BUENO CONOCER
- Sistema digestivo del rumiante
- Total de Nutrientes Digeribles (TND)
- Proteína
- Energía
- Forraje
- Concentrado
- Fibra
- Calostro
- Inmunoglobulinas / Anticuerpos

MATERIALES
- Muestras de los forrajes locales, cereales, concentrados, y sales minerales
- Tarjetas con las palabras escritas: calostro, leche, agua, proteína, energía, fibra. Hacer cuatro tarjetas para cada palabra
- Un mural grande que muestra las cabras en diferentes etapas de desarrollo
- Formulario de información sobre la granja, que está al final de la guía de aprendizaje, para que se pueda usarlo por separado del manual

TAREA INICIAL
- Participantes voluntarios de la clase dibujarán un mural de cabras en diferentes etapas: un cabrito tomando leche, un macho, una hembra lactante, una cabra preñada y un chivo de carne. Mostrar cabras en un corral para manejo estabulado, rameando, en el pastizal. Rotular cada gráfico.
- Recoger muestras de los forrajes locales, cereales, concentrados, y sales minerales.
- Dos miembros de la clase deben prepararse para compartir información sobre el estómago rumiante. Si pueden conseguir un estómago del matadero, puede resultar muy útil.

TIEMPO (Puede variar según el grupo)	ACTIVIDADES
10 minutos	**Compartir entre el grupo** Darles la bienvenida a las/los participantes y averiguar si tienen preguntas o algo que compartir.
20 minutos	**Todo el grupo piensa y conversa** Conversar sobre los alimentos que son básicos en la comunidad y si la gente tiene un surtido para escoger o no. ¿Ustedes escogen los alimentos de sus familias por su disponibilidad, su costo, sus sabores o por preferencias culturales? ¿Toman en cuenta el valor nutricional de los alimentos que consumen? ¿Comen principalmente alimentos con mucha proteína, energía, vitaminas, minerales, grasas o agua? ¿Qué pasa si no consume alguno de estos alimentos durante mucho tiempo?
10 minutos	**La Dieta de una Cabra** ■ ¿Cuáles son las diferencias entre el estómago de una cabra y de estómago humano? ¿En qué se parecen? ¿Cuáles son los cinco nutrientes que necesitan las cabras? ¿Qué otras cosas deben considerarse? ■ Describa las funciones de los varios compartimientos del estómago de un animal rumiante.
15 minutos	**¿Qué se cultiva en mi finca?** ■ Llenar el Formulario de Información sobre la Finca.
15 minutos	**Hagan conjuntamente un mural que muestre cómo cuidar y alimentar a:** ■ Cabras preñadas ■ Cabritos recién nacidos ■ Cabritos destetados ■ Chivos de carne ■ Cabras lactantes Cada individuo debe poner los nombres y ejemplos del alimento al lado del animal que necesita ese alimento, líquido o mineral.

REPASO - 20 MINUTOS
■ ¿Qué fue útil en esta lección?
■ ¿Qué cosas le parecieron novedosas?
■ ¿Qué no funcionó tan bien?
■ ¿Qué cosas sabe ahora que no sabía antes?
■ ¿Qué cosas podrá poner en práctica cuando llegue a casa?
■ ¿Cuáles prácticas serán difíciles de hacer en casa?

FORMULARIO DE INFORMACIÓN SOBRE LA FINCA

- Una cabra preñada necesita una dieta que proporcione carbohidratos para energía y que tenga un 12 por ciento de proteína. Calcule cuánta proteína contiene el forraje que está dando a sus animales, para suplementarlo con concentrado, minerales y bastante agua limpia.

- Los cabritos, desde una hora de vida hasta los tres días, necesitan: calostro y leche de la cabra.

- Los cabritos, desde los tres días hasta las tres semanas, necesitan: leche, acceso a forraje y concentrado, y agua.

- Los cabritos destetados, destinados para el mercado, necesitan forraje de buena calidad (debe estar disponible para que coman cuando quieran), así como agua, minerales y ádemás pueden necesitar proteína y energía adicionales, para lo cual se les daría un concentrado.

- Una cabra lactante necesita forrajes, concentrado, minerales y de 6 a 8 litros (de 1 a 2 galones) de agua limpia y fresca. La dieta debe tener un 14-16 por ciento de proteína.

Con esta información, favor completar las siguientes oraciones:

En mi finca, puedo producir estos alimentos _____,
_____, _____

Tengo acceso a estos forrajes que puedo cortar y llevarles al establo _____
_____

También puedo proporcionarles estos granos _____

Deberé comprar _____, _____
(aquí anote, por ejemplo, los concentrados)

Estos insumos comprados costarán _____

Necesito _____, _____, _____
para producir alimentos adicionales. (Puede ser más tierra – o más ingresos – o más mano de obra)

Otros comentarios
_____
_____

Nutrición y Alimentación

34 Capítulo 3–The Lección

LECCIÓN
NUTRICIÓN Y ALIMENTACIÓN

NUTRIENTES REQUERIDOS EN LA DIETA DE UNA CABRA

Las cabras requieren cinco clases de nutrientes principales — agua, energía (incluyendo la fibra), proteína, vitaminas y minerales.

Agua

Las cabras requieren de 6 a 8 litros (aprox. 1 a 2 galones) de agua por día. Por lo tanto, es muy importante que las cabras tengan acceso a agua limpia en todo momento. Sus necesidades de agua son mayores en clima cálido y durante la lactancia, ya que la leche contiene un 80 a 90 por ciento de agua. Aunque pueden conseguir buena parte del agua que necesitan de su alimento, se aumentará su producción si reciben agua al menos una vez al día.

Energía

La energía sirve como combustible para el cuerpo del animal y por lo tanto es el nutriente que se necesita y se consume más que los demás. Los animales obtienen energía de las grasas o carbohidratos mediante el proceso conocido como la digestión. En este proceso, los alimentos se descomponen en componentes menores, como almidón y azúcar, que entonces podrán absorberse en la sangre del animal y utilizarse como combustible para el movimiento, crecimiento o la lactancia. Las cabras requieren más energía durante sus períodos de crecimiento, reproducción, preñez y lactancia.

Aunque las células vegetales se componen de azúcares y almidones que son fáciles de digerir, sus membranas son compuestas por carbohidratos complejos que sólo podrán digerirse mediante la fermentación por los microorganismos del rumen (la panza). Al balancear las raciones, el término suele utilizarse de Total de Nutrientes Digeribles (TND) como medida del contenido energético de un alimento. El maíz es un ejemplo de un alimento altamente energético. El exceso de energía se almacena en el cuerpo como grasa, principalmente en la cavidad abdominal de la cabra.

La fibra es muy importante en la dieta de una cabra para que funcione correctamente su rumen (panza). La fibra de buena calidad es la principal fuente de alimento para los microorganismos saludables del rumen. El material vegetal que tiene 1 cm (3/8 pulgada) o más de longitud se llama fibra larga y gruesa. El rumen de la cabra funciona mejor cuando el alimento que contiene fibra hace contacto con las paredes del rumen, estimulando los músculos para que se contraigan y se relajen – agitando los materiales dentro del rumen. La resultante lechada de materiales (dentro de la panza) es más fácil de digerir para los microorganismos que viven en el rumen de la cabra. Suficiente fibra en la dieta de una cabra lechera también incrementa el contenido graso de la leche. [1]

1) http://www.tennesseemeatgoats.com/articles2/longfiber06.html

Proteína (aminoácidos)

El músculo, pelo, las pezuñas, la piel y los órganos internos de la cabra contienen proteína en grandes cantidades. La proteína es importante para las enzimas, hormonas, anticuerpos, contracciones musculares, transporte del oxígeno y coagulación de la sangre. Durante la digestión, se descomponen las proteínas de las plantas en aminoácidos, que se absorben en la sangre y se utilizan para hacer las proteínas del cuerpo del animal. A diferencia de la energía, la proteína no se almacena en cantidades significativas en el cuerpo de la cabra. Por lo tanto los animales deben recibir la cantidad requerida de proteína para crecer, reproducirse, desarrollar la preñez adecuadamente y prevenir las enfermedades, todos los días. La cantidad y tipo de proteína requerida varía según la actividad, incluyendo el mantenimiento, la producción y la reproducción. La torta de pepa de algodón, la harina de soya, y las hojas de plantas leguminosas son tres ejemplos de alimentos proteínicos.

Vitaminas

Las vitaminas son nutrientes vitales, requeridas por las cabras en mínimas cantidades. Así como los seres humanos, las cabras necesitan las vitaminas A, C, D, E, K y el Complejo B. Con la excepción de la D y E, las deficiencias vitamínicas en las cabras ocurren rara vez porque la mayoría de las vitaminas son elaboradas por las bacterias en el rumen durante la digestión. La vitamina C se elabora en los tejidos del cuerpo de la cabra. El caroteno contenido en los forrajes con hojas verdes se convierte en la vitamina A. Las cabras con acceso a la luz del sol y/o que reciben forrajes de buena calidad y que se expusieron al sol tendrán adecuada vitamina D. La vitamina E se encuentra en los cereales, las semillas oleaginosas y el germen de las semillas. Interactúa con el selenio. Una deficiencia de selenio o de vitamina E puede causar la enfermedad de músculo blanco con la cual los cabritos están débiles, no pueden amamantarse y pueden morir, y en las cabras reproductoras esta deficiencia puede producir mayores problemas reproductivos. En algunas partes del mundo, los suelos son deficientes en selenio. Si los animales viven dentro de su establo, sin salir al sol, se aumentan sus probabilidades de una deficiencia de vitamina D. Si las cabras se alimentan sólo con forraje seco y concentrados, también les puede faltar vitamina A. [2]

Sal y Otros Minerales

La sal y otros minerales son importantes componentes de la dieta de una cabra, para el desarrollo de sus huesos, la contracción muscular y la producción de encimas y hormonas esenciales para el bienestar animal. Todas las cabras y otras especies de ganado deben consumir estos elementos inorgánicos en pequeñas cantidades para que su crecimiento, reproducción y lactancia sean adecuadas. Una nutrición bien equilibrada, con sales de minerales, les proporciona los minerales que necesitan.

Las cabras que están produciendo leche pueden consumir más o menos 7 kg (15,4 lb) de sal cada año, casi el doble de la que consumen las cabras de carne. Una mezcla suelta de sales y minerales, disponible en todo momento, es la mejor opción. Debe estar protegida de la lluvia. También puede usarse un bloque de sales con minerales, en vez de la mezcla suelta. En ambos casos, la mezcla debe estar diseñada para cabras y no para borregos. Si no hay disponibles sales de minerales para ganado, también se les puede dar sal yodada de consumo humano.

Las cabras requieren calcio y fósforo en una relación de dos partes de calcio para una parte de fósforo (2:1). Es especialmente importante equilibrar estos dos minerales en el alimento para los machos, para evitar cálculos urinarios. Se encuentran niveles moderados e incluso

---

2) Vitaminas y Minerales en base a la Hoja de Datos #14 del Dr. E.A.B. Oltenacu y editada por tatiana Stanton.
   Se utiliza con su permiso: http://www.abc.cornell.edu/4H/dairygoats/factdg14.pdf

altos de calcio en la mayoría de las plantas leguminosas y otras de hoja ancha que consumen las cabras. Hay menores niveles en los pastos y cereales. Algunas buenas fuentes de calcio son: alfalfa, trébol rojo, mora, kudzu tropical, algas marinas y pulpa cítrica disecada.

La deficiencia del fósforo es una gran preocupación en muchas partes del mundo. En estas circunstancias debe usarse una sal de minerales que contiene fósforo. Otras buenas fuentes de fósforo incluyen el pasto dáctilo (Dactylis glomerata), el pasto sudán, la avena y el afrecho del arroz y del trigo.

> **ADVERTENCIA**
> Ya no se recomiendan los subproductos de rumiantes, como el hueso molido, como fuente de calcio.

El contenido mineral de los forrajes variará según el tipo del suelo, la cantidad de lluvia y la aplicación de abono, de modo que es importante conversar con un extensionista pecuario o un veterinario de la zona para averiguar las mejores prácticas para poder asegurar que las cabras consuman los nutrientes que necesitan, incluyendo los minerales.

- *Potasio (K)* – se encuentra en los forrajes frescos, de modo que usualmente no se necesita ningún suplemento.

- *Hierro (Fe) y Cobre (Cu)* – son ingredientes importantes para la salud de la sangre. La falta de cualquiera de los dos puede producir anemia. Aunque las pequeñas cantidades de estos minerales que están presentes en la dieta normal de la cabra generalmente son suficientes, algunos suelos son muy deficientes en cobre. Cuando las cabras comen el pasto de estos suelos pobres, pueden hacerse anémicas, y les faltará brillo en su pelaje. Esto podrá remediarse con el cobre que se incluye en los bloques de sales con oligoelementos. Ya que las cabras requieren igual cantidad de cobre que las vacas o incluso más, se les puede dar minerales para el ganado vacuno, si no hay minerales específicamente para cabras. Los minerales especialmente para borregos no tienen suficiente cobre.

- *Yodo (I)* – lo utiliza la tiroides para producir las hormonas que regulan los procesos del cuerpo, como por ejemplo el metabolismo. Se puede dar sal yodada a los animales en las áreas donde el suelo sea deficiente en yodo.

- *Azufre (S)* – es un componente de muchas proteínas. Los microorganismos del rumen lo necesitan para construir proteínas. Aunque la mayoría de los alimentos sí contienen azufre, si se usa la úrea u otra fuente de nitrógeno que no sea proteica en el alimento, es posible que las cabras no consuman suficiente azufre. (Las cabras criadas para su fibra angora y cachemira necesitan más azufre en su dieta, porque el pelaje tiene altas concentraciones de aminoácidos que contienen azufre.)

- *Magnesio (Mg)* – generalmente se encuentra en suficientes cantidades en los alimentos de las cabras. Sin embargo, los pastos verdes que crecen rápido, fertilizados con nitrógeno y potasio, podrán volverse muy deficientes en Mg. Esto puede llevar a una condición en las cabras que se llama tetania de los forrajes o pastos, con espasmos musculares.

- *Selenio (Se)* – puede faltar en algunos suelos. El selenio y la vitamina E funcionan en conjunto para evitar la distrofia muscular nutricional (la enfermedad del músculo blanco) y retención de la placenta, y para reducir la susceptibilidad de los parásitos y enfermedades. Demasiado selenio puede ser tóxico.

- *Zinc (Zn)*, Manganeso (Mn), Flúor (Fl) y Cobalto (Co) – se necesitan en cantidades diminutas.

> **MEZCLA DE MINERALES RECETA**
> Combinar una parte de sal con oligoelementos o yodada y una parte de concha de ostras, fosfato dicálcico o fosfato de roca desfluorizado.

Nutrición y Alimentación **37**

Composición de Nutrientes Recomendado como porcentaje de materia seca en la dieta de una cabra madura:

12 a 16 por ciento	Proteína total, dependiendo del sexo, la lactancia, el crecimiento, o la preñez
63 por ciento	Total de Nutrientes Digeribles (TND)
16 a 18 por ciento	Fibra total
2:1	Relación de calcio a fósforo

EJEMPLOS DE RACIONES ALIMENTICIAS

Alimentos Energéticos
Cebada, avena, maíz, afrecho de arroz, pulpa de remolacha, milo (Thespesia populnea), trigo, afrecho de trigo, nueces y raíces (remolachas azucareras, nabo, y yuca dulce)

Alimentos Proteicos
Arvejas, frijoles, torta o harina de pepa de algodón, harina de soya, harina de linaza, coco, otras nueces de palmeras, semillas de girasol, ajonjolí, granos de cervecería, alfalfa, trébol, porotillo (Erythrina)

Alimentos para Calcio
Pulpa de cítricos, hojas de plantas leguminosas y hortalizas de hojas verdes

Forrajes: Leguminosas, gramíneas, otras plantas no gramíneas, plantas para rameo
Alfalfa, pasto de Guatemala, pasto elefante, hojas de mora, tallos de maíz, raíces (remolachas azucareras, nabos, yuca) y plantas de la familia de la col (Brassica).

Alimentos Comerciales
Concentrados, mezclas de minerales, suplementos. (Muchos agricultores cultivan parte o todos sus alimentos, pero a veces es más eficiente comprar los concentrados o raciones completas.)

> **ADVERTENCIA**
> Un exceso de alimentos concentrados puede producir acidosis y úlceras, así como cálculos urinarios en los machos.

COMPARACIÓN DEL VALOR NUTRITIVO DE DIFERENTES ALIMENTOS

ALIMENTO	% MATERIA SECA	% PROTEÍNA TOTAL	% PROTEÍNA DIGERIBLE	% TDN	% FIBRA	% CALCIO	% FOSFORO
HENO LEGUMINOSO							
Alfalfa, análisis típico	90	15,9	11,7	51	27	1,38	0,20
Alfalfa, cortada tierna	89	19	14,1	59	28	1,41	0,26
Alfalfa, madura	88	13	8,7	50	38	1,18	0,19
Alfalfa, pastillas deshidratadas	92	19	14,1	61	26	1,42	0,25
Maní / Cacahuate (pocos granos)	91	7,1	6,1	51	30	1,22	1,01
Guisante pinto	90	17,5	10,6	53	24	1,22	0,31
Soya	89	15	10,5	52	35	1,29	0,24
Mucuna	87	12,9	7,9	56	31	1,10	0,22
Trébol blanco	90	21	15,9	61	22	1,35	0,32
HENO NO LEGUMINOSO							
Coastal Bermuda	89	10	6,0	56	30	0,47	0,21
Bermuda Común	89	10	6,0	53	30	0,46	0,20
Pasto Sudán	88	9	5,2	57	36	0,50	0,27
Pasto Johnson	90	8,6	4,7	48	30	0,75	0,25
Avena a medio madurar	90	10	6,0	54	31	0,40	0,27
Cáscaras de algodón	90	5	1,5	45	48	0,15	0,08
Cáscaras de maní	91	7,0	3,3	22	63	0,20	0,07
CEREALES							
Cebada	88	12	7,8	84	5,0	0,06	0,38
Maíz	89	9	5,1	88	2,0	0,02	0,30
Milo o sorgo	89	11	6,9	82	3	0,04	0,32
Avena	89	13	8,7	76	11	0,05	0,41
Trigo	88	14	9,6	88	3	0,05	0,43
Melaza de caña	75	6	2,4	75	0,0	0,97	0,10
Pepa de algodón	92	23	17,7	95	29	0,14	0,64
Afrecho de trigo	89	17	12,3	70	11	0,13	1,29
Afrecho de arroz	91	14	9,6	72	13	0,07	1,70
ALIMENTOS PROTEICOS							
Harina de algodón	91	48	40	77	13	0,22	1,25
Harina de soya	91	54	45,6	87	3	0,28	0,71
Harina de maní	92	50	42	77	8	0,24	0,58
Harina de linaza	91	39	32	76	10	0,43	0,93
Guisante pinto	90	22,6	17,2	79	4,0	0,13	0,46
Semilla de guisante	89	23,8	19,5	76	5,0	0,09	0,44
PASTO / RAMEO							
Alfalfa, típica	24	19	14,1	61	27	1,35	0,27
Pasto Coastal Bermuda	29	4,4	3,4	21	8,8	0,14	0,08
Bermuda Común	34	4,1	unknown	23	10,5	0,18	0,07
Madreselva	36	10	5,9	69	9,4	0,40	0,11
Avena inmadura	16	2,5	unknown	10	4,0		unknown
Raigrás	24	3,8	1,6	15	6,8	0,17	0,11
Pasto sudán, típico	18	17	12,3	70	23	0,46	0,36

Fuente: REQUISITOS NRC PARA PEQUEÑOS RUMIANTES 2006

CÓMO ALIMENTAR A LAS CABRAS DURANTE LOS TIEMPOS HÚMEDOS, SECOS Y FRÍOS

Temporada Lluviosa

Los pastizales pueden manejarse para una producción máxima durante la temporada lluviosa mediante la rotación, manteniendo el alto apropiado de la vegetación, regulando la densidad de los animales, y dejando que el pastizal "descanse". Puede ser necesario limitar el rameo durante los meses de lluvia. Los animales deben pasar en su corral bajo techo cuando llueve duro, y podrán salir a ramear cuando escampe. Si persisten las lluvias o los animales no pueden salir a ramear lo suficiente para satisfacer sus necesidades nutricionales, será necesario llevarles el forraje a las cabras en su corral.

> **ADVERTENCIA**
> Los parásitos se multiplican mucho en las gramíneas húmedas y fácilmente pueden infestar a los animales.

Temporada Seca

Al comienzo de la temporada seca, será abundante el forraje. Probablemente es la mejor época para que nazcan los cabritos y se desarrollen las cabras lecheras. A medida que avance la temporada, habrá menos arbustos y gramíneas para que coman los animales. Por esta razón, se debe cortar y guardar el heno a principios de la temporada seca, para poder utilizarlo cuando ya no esté abundante. Otra sugerencia es sembrar árboles de forraje, como las especies de Leucaena o Acacia, que darán alimento incluso durante la sequía.

Temporada Fría

Cuando haga mucho frío, se recomienda que las cabras estén dentro de graneros u otros edificios para que estén abrigadas. Una buena ventilación mantendrá seco el estiércol y mantiene seca también la paja de su lecho. También mantiene libre de amoníaco, reduciendo los problemas respiratorios y de la piel. (Si hay humedad en las paredes interiores, esto indica que la ventilación no es adecuada.) Los alimentos preservados como heno o ensilaje pueden darse durante el tiempo frío, conjuntamente con concentrados. Asegure que consuman suficientes vitaminas, usando alimentos de alta calidad. A medida que permita el clima, las cabras deben pasar algún tiempo fuera del corral, para hacer ejercicio y adquirir vitamina D de la luz del sol.

ALIMENTAR A RECIÉN NACIDOS, HUÉRFANOS Y CABRITOS TIERNOS

Dentro de la primera hora después de nacer, el cabrito recién nacido debe tomar el calostro (la sustancia espesa y a veces amarillenta que produce la cabra durante las 72 horas siguientes al parto). De hecho, es el único alimento que debe consumir el cabrito recién nacido. La madre continuará produciendo calostro durante 2 a 3 días. El calostro obtenido del primer ordeño después del parto contiene más proteína (especialmente anticuerpos), grasa, minerales y vitaminas que la leche producida en la lactancia posterior. Los anticuerpos son proteínas producidas por el sistema inmunológico de la madre que protegerán al cabrito de enfermedades infecciosas. Entran al calostro durante el parto. Mientras más pronto tome el calostro, más anticuerpos absorberá el cabrito.

Si la madre muriera o no pudiera producir calostro o suficiente leche para sus cabritos, se necesitará un sustituto. La leche no reemplaza al calostro. Idealmente, el calostro de otra cabra es el mejor sustituto, al menos durante el primer día o los primeros dos días de vida del cabrito. Después de eso, puede resultar práctico usar la leche de otras cabras. Sin embargo, puede ser más rentable usar sustitutos de leche (en polvo) hechos especialmente para cabras. Si no están disponibles estos sustitutos, use leche de vaca, líquida o en polvo. En las primeras etapas, considere la opción de dar menores cantidades pero con mayor frecuencia, hasta que se acomode el sistema digestivo del cabrito.

Primera Semana
Déle al cabrito todo el calostro que pueda consumir en sus primeras 12 horas de vida. Deje los cabritos con su madre, o déjeles lactar seis veces al día, durante tres días. Luego de tres días, la mayoría de los cabritos están en condiciones de dormir aparte de la madre en las noches. Entonces, se podrá ordeñar a la cabra en la mañana, para consumo humano. Los cabritos podrán permanecer con la madre durante el día, sea que esté estabulada o salga a pastar. Los cabritos deben tener acceso al heno y otros alimentos fibrosos para desarrollar su rumen.

Segunda Semana
Ofrezca al cabrito hasta ½ litro (1 pinta ó 2 tazas) de leche al menos tres veces al día. Ponga el concentrado de proteína, heno y agua cerca de los cabritos, y aprenderán a comer y beber bien. Hay que usar el dispensador de alimentos para cabritos si están con animales adultos. Asegúrese que los cabritos no puedan caer al agua y ahogarse.

4 tazas = aproximadamente 1 litro

Semanas Tres a Seis
Déles 1 a 2 litros de leche dividida en tres tantos, acompañada de concentrado, heno y agua. El rumen de los cabritos comienza a funcionar a los 21 días, más o menos.

Semanas Siete a Nueve
Reduzca el número de comidas con leche a dos diarias. Continúe dando concentrado y forraje.

Semanas Nueve a Doce
Reduzca la leche gradualmente a sólo una vez al día. Continúe con el concentrado y heno o forraje. Destete al cabrito. Si los cabritos permanecen con la madre, usualmente se destetan solos a las seis a 12 semanas. Aunque los cabritos quieran seguir mamando después de las 12 semanas, ya no requieren tomar leche porque su rumen debe estar desarrollado. Sin embargo, es importante que los cabritos continúen creciendo. Pese los cabritos cada semana, y anote su peso. En Norteamérica y Europa, los cabritos de las razas de cabras lecheras grandes pesarán de 15 a 20 kg (30-45 lbs) cuando se destetan a los tres meses. Sin embargo, en los países en vías de desarrollo, el peso saludable de las razas locales puede ser menor.

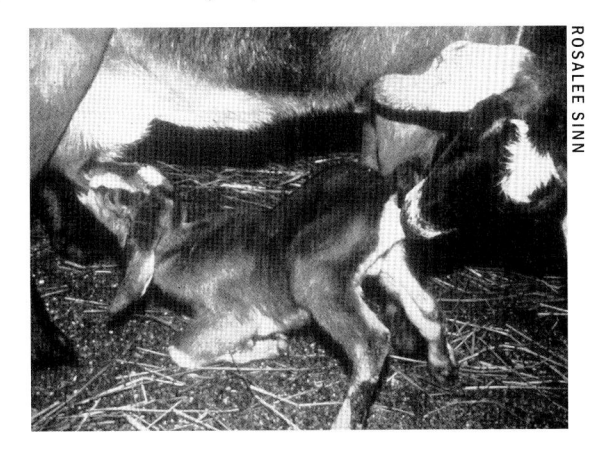

- **Leche para la familia cuando los cabritos también están lactando**
  Se puede ordeñar una cabra para consumo humano sin poner en peligro las necesidades nutricionales de sus cabritos. Si los críos quedan con la cabra hasta el destete, la mejor manera de garantizar que haya suficiente leche también para la familia es separar los cabritos de su madre cada noche. Coloque a tres ó cuatro cabritos en un corral de 1 x 1 metro (3 x 3 pies) con lados sólidos para que no entren corrientes de aire frío. Cada mañana, ordeñe a la cabra y reserve esa leche para el consumo o la venta. Deje que los cabritos salgan de su corral, para pasar el día con la cabra y alimentarse libremente. Repita este procedimiento cada día.

- **Forrajes y Concentrado para los Cabritos**
  Los cabritos necesitan forrajes como pastos y leguminosas para poder crecer bien, con una dieta equilibrada. Esto es importante para el desarrollo adecuado de su rumen antes del destete. Asegure que el cabrito coma bastante heno, ramas o pastos mixtos, un concentrado proteínico, sal mineralizada y agua.

  Si la hembra está dentro de su establo, y los cabritos quedan con ella, es mejor hacer un dispensador de alimentos que les permita comer a los chiquitos, pero que excluya a los animales más grandes. Así, los cabritos podrán acceder al forraje, agua y alimento, sin competencia de su madre.

- **Alimentar a los cabritos manualmente**
  Leche con mamadera
  Una mamadera infantil, o una botella cualquiera puesta el chupón, podrá servir para dar leche a los cabritos. Haga el hueco del chupón suficientemente grande para que gotee la leche cuando se dé la vuelta a la botella con el chupón hacia abajo. Asegúrese de que la botella y el chupón estén limpios cada vez que se usen.

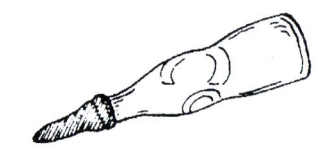

  Leche desde un plato
  Se puede enseñar a los cabritos a tomar leche desde un plato hondo. Para enseñarles, ponga la leche en un plato, meta un dedo a la leche, y deje que el cabrito le chupe el dedo, llevando su hocico hacia la leche. Darle la leche así de un plato puede ser más fácil que con mamadera. Lave el plato con jabón y agua y séquelo al sol después de cada comida.

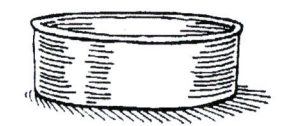

  Leche de un balde para varios cabritos a la vez
  A medida que crezca el hato y haya más cabritos, puede ser bueno hacer una mamadera múltiple con un balde, para dar leche hasta a ocho cabritos a la vez. Este sistema usa un balde plástico, tubos plásticos y chupones. Nótese que es muy importante mantener muy limpios los tubos, chupones y el balde. Coloque el balde a la altura apropiada, sobre un soporte robusto – puede elaborarlo de una base de madera, con cuatro tablas para las esquinas. Pueden requerir atención especial los cabritos que lactan más lento. Los cabritos más pequeños o más débiles pueden ser separados una y otra vez por sus hermanos más grandecitos, lo que no les permitiría tomar toda la leche que necesitan.

  Chupones Lambar
  Si no puede comprar los chupones australianos "Lambar" de caucho natural para este tipo de alimentadores en algún almacén local, podrá pedirlos de: Caprine Supply, P. O. Box Y, Desoto, KS 66018 EEUU o por Internet a www.CaprineSupply.com. Este chupón usa un agujero de 1 cm (5/8") y debe ubicarse a 18 cm (7") más arriba del fondo del balde. El extremo libre de cada tubo se extiende hasta el fondo del balde.

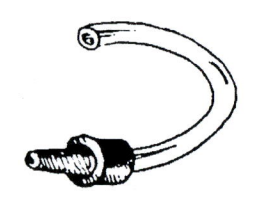

Soporte para múltiples mamaderas
Este aparato (que puede hacerlo uno mismo en casa) sostiene las mamaderas con sus chupones.

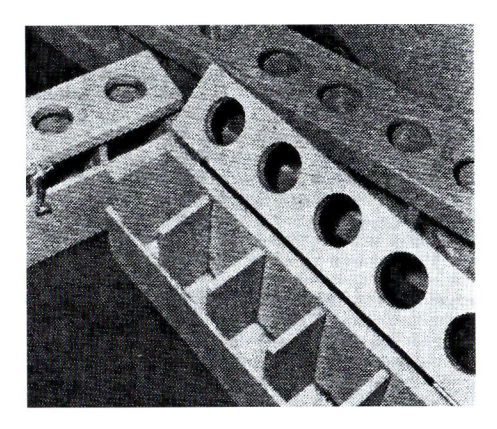

MONJAS BENEDICTINAS, MONT-LAURIER, QUEBEC, CANADÁ

PROGRAMA PARA PREVENIR LA ENCEFALITIS ARTRÍTICA CAPRINA (EAC)

Si la EAC es un problema en su zona, considere la posibilidad de adoptar este programa que han usado los capricultores. Antes de iniciar un programa para la prevención de la EAC, converse con su veterinario/a, extensionista u otro ganadero/a que maneja sus cabras de esta manera.

AL NACER
Quite los cabritos de su madre inmediatamente. No deje que el cabrito tome la leche de su madre. No deje que la cabra lama a sus cabritos. Seque cada cabrito con una toalla. Déles a los cabritos al menos 60 cc (2 onzas) de calostro tratado con calor, dentro de una hora del nacimiento. Continúe dándoles calostro cada cuatro horas durante el primer día.

PRIMERA SEMANA
Dé ½ litro (1 pinta ó 2 tazas) de leche pasteurizada o sustituto de leche, 4 a 6 veces al día.

SEMANA DOS A DOCE
Siga el programa de alimentación normal, pero usando leche pasteurizada o sustituto de leche. No deje que los cabritos estén en contacto físico con los chivos adultos/as.

COMO TRATAR EL CALOSTRO CON CALOR
De ser posible, tenga disponible el calostro de otra cabra lista, ya tratado con el calor, para poderlo utilizar inmediatamente. También podría usarse el calostro de una vaca, pero sólo si no hubiera la posibilidad de conseguir calostro de cabra. Llene un termo de acero inoxidable con agua que fue calentada a 135°F / 57,2°C. Séllelo durante una hora. El agua debe estar a 131°F/ 55°C ó más cuando sale del termo. Caliente el calostro hasta 131°F / 55°C. Contrólelo con mucho cuidado. No exceda de 131°F / 55°C porque más calor destruirá los anticuerpos. Saque el agua del termo. Ponga el calostro calentado. Séllelo durante una hora. Refrigere o congele en otro recipiente para poderlo usar en el futuro.

Nutrición y Alimentación **43**

ALIMENTACIÓN DE CABRAS MADURAS

Siempre hay que dar a cada cabra más forraje picado de lo que avanza a comer. Si está cortando el forraje y llevándolo al animal, póngalo en un pesebre o use un amarre para que no esté rodando en el suelo. Si les da el forraje limpio así, se reducirá el desperdicio y también ingerirán menos parásitos. Hay que dejarles comer todo el forraje que deseen los chivos.

Cabras preñadas

Deje de ordeñar a las madres al cumplir tres meses de preñez. También, si hay cabritos que todavía lactan, se les debe destetar en este momento. Si una cabra comió leguminosas con alto contenido de calcio (trébol o alfalfa), es mejor reemplazarlos gradualmente con heno de pasto (gramíneas) al menos tres semanas antes del parto para evitar la "fiebre de la leche". (Véase el Cuadro de la Salud en la Lección 8). Esto obliga al animal a movilizar sus propias reservas de calcio en preparación para la lactancia. Después de los tres meses, los cabritos dentro de la cabra estarán creciendo rápidamente. Durante estas últimas semanas, los cabritos que están por nacer requieren el máximo de nutrición, más que en ningún otro momento de la preñez. Asegúrese de poner más alimento a disposición de la cabra durante este tiempo, así como sal mineralizada y agua. Ella también puede necesitar algo de concentrado para darle suficiente energía y proteína, dependiendo de su condición corporal, y el número de cabritos que va a parir, así como la calidad del forraje.

> **ADVERTENCIA**
> Una cabra obesa tiene mayor probabilidad de problemas con el parto, y será más susceptible de toxemia por la preñez y el síndrome del hígado graso. La obesidad en los animales causa una falta de utilización de energía y también podrá afectar su capacidad reproductiva.

Cabras lactantes

Una cabra lechera que pesa 50 kilogramos (110 lbs) y está dando leche probablemente producirá mejor con una dieta de forraje verde y al menos 0,5 kg (1 lb) de concentrado cada día que contenga del 14 al 16 por ciento de proteína total. Los requisitos alimentarios aumentan mucho durante la lactancia. Si usted les da un concentrado preparado, sería 0,5 kg de concentrado por cada 1,5 kg de leche que produce. El heno de buena calidad dará algo adicional de proteína. Una mezcla de forraje verde y heno leguminoso, que es particularmente rico en proteína, es excelente para los animales lecheros. El heno leguminoso se hace de gramíneas especiales y plantas proteicas, como la alfalfa (lucerna), especies de desmodium (trébol español, amor seco / pega pega), trébol, frijoles, arvejas y maní (cacahuate). La alfalfa es particularmente buena como heno para las cabras lecheras, porque tiene un alto contenido de calcio. La leche contiene un 80 a 90 por ciento agua. Hay que recordar que suficiente agua es una de las necesidades más cruciales que tiene la cabra lechera. Asegúrese de que la cabra que está dando leche reciba de 6 a 8 litros de agua limpia cada día. Si el agua está contaminada con heces u otra suciedad, la cabra no la tomará. Si hace mucho frío, las cabras preferirán agua tibia, si estuviera disponible.

> **ADVERTENCIA**
> No les dé a las cabras lecheras cebollas, ajo u otros forrajes que darían un sabor desagradable a la leche. Mantenga los machos maduros aparte de las hembras que están dando leche, porque el olor del macho también perjudica el sabor de la leche.

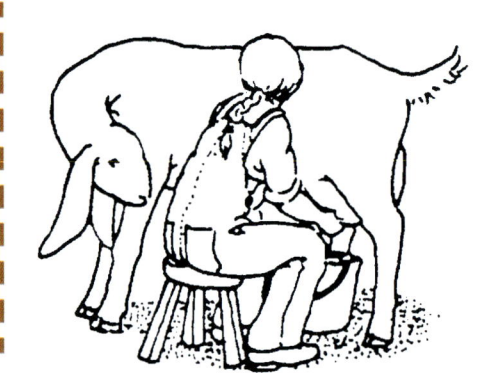

Machos Reproductores

Es muy importante alimentar apropiadamente a los machos reproductores. Grandes cantidades de heno de buena calidad o forraje fresco ayudarán a mantener y criar a los machos con un costo razonable. Bastante agua limpia, un buen equilibrio de calcio con fósforo, y también el ejercicio son factores importantes para la salud del macho reproductor. Al acercarse la época de apareamiento, se puede agregar concentrado u otra fuente de energía y concentrado de proteína, gradualmente, a la dieta del macho, hasta llegar a 0,5 kg (1 lb) diario (para un macho que pese 60 kg ó 132 lbs). Ya que un macho sólo requiere un 12 por ciento de proteína en su dieta, después de la temporada reproductiva, se puede dejar de darle concentrado. Cuando no se le esté utilizando como reproductor, asegure que el macho coma bastante forraje verde y pasto.

Chivos de carne

Los chivos para carne pueden alimentarse principalmente con forrajes para satisfacer sus necesidades nutricionales, a menos que el mercado exija que sean gordos. Un forraje adecuado les dará la energía, minerales y vitaminas en cantidades suficientes para su dieta. Ya que los chivos son sumamente hábiles para seleccionar las plantas más nutritivas (y, de esas plantas, las partes más nutritivas), pueden aprovechar razonablemente bien las áreas de pasto que no sean adecuadas para vacas, siempre que haya suficiente vegetación. Así como otros animales, las cabras responden muy favorablemente cuando se aumenta la calidad de su alimentación. Los requisitos de los chivos de carne en cuanto al agua varían, pero es importante darles una buena fuente de agua.

Los recortes de las hortalizas (hojas de remolacha, hojas secas de yuca, hojas de col y tallos de frijoles) también son buenas fuentes de alimentos. Los chivos también comerán frijoles, maní o bambara, pepas de girasol, cáscaras de banano y varias otras cáscaras de frutas y legumbres.

> **ADVERTENCIA**
> No hay que darles demasiadas cáscaras de plátano, ya que esto podría producir diarrea. Evite las papas verdes y los tallos de papas y tomates, porque contienen solanina, que es tóxico para los chivos.

> **ADVERTENCIA**
> Nunca deje que el macho se engorde y se haga vago. Esto puede producir esterilidad. Las temperaturas altas o la fiebre de una infección también puede producir esterilidad temporal.

Nutrición y Alimentación 45

EJEMPLOS DE RACIONES ALIMENTICIAS EN BASE A AVENA Y AFRECHO DE TRIGO

	LIBRAS	KILOGRAMOS
Ración para una cabra que está dando leche y come heno leguminoso de buena calidad, que proporciona un 13 por ciento de proteína digerible		
Maíz	31	14
Avena	25	11
Afrecho de trigo	11	5
Harina de linaza	22	10
Melaza de caña	10	4,5
Sal	1	0,5
Ración para una cabra que está dando leche y come heno leguminoso de buena calidad, que proporciona un 13 por ciento de proteína digerible		
Cebada	40	18
Avena	28	13
Afrecho de trigo	10	4,5
Harina de soya	11	5
Melaza de caña	10	4,5
Sal	1	0,1
Ración para una cabra que está dando leche y come heno no leguminoso, que proporciona un 21 por ciento de proteína digerible		
Maíz	11	5
Avena	10	4,5
Afrecho de trigo	10	4,5
Alimento con gluten de maíz	30	14
Harina de soya	11	5
Melaza de caña	10	4,5
Sal	1	0,5
Ración para una cabra que está dando leche y come heno no leguminoso, que proporciona un 21 por ciento de proteína digerible		
Cebada	25	11
Afrecho de trigo	10	4,5
Harina de soya	25	11
Harina de linaza	15	7
Sal	1	0,5
Ración para hembras que no están dando leche y para machos, que proporciona un 10 por ciento de proteína digerible		
Maíz	58	26
Avena	25	11
Afrecho de trigo	11	5
Harina de soya	5	2
Sal	1	0,5
Ración para hembras que no están dando leche y para machos, que proporciona un 10 por ciento de proteína digerible		
Cebada o trigo	52	23
Avena	35	16
Afrecho de trigo	13	6
Sal	1	0,5

FUENTE: ROBERT A. VANDERHOOF, *RAISING HEALTHY GOATS*, CHRISTIAN VETERINARY MISSION, 2006.

HISTORIA DE NEPAL

Las Cabras Dan Carne, Ingresos y Auto-Estima

Cuando Heifer Internacional comenzó a trabajar con las mujeres en Nepal, las mujeres pronto identificaron la oportunidad de vender la carne de chivo. Considerada un plato especial, la carne de chivo se vende a muy buen precio en Nepal. A comparación de NPR 80 (NPR 75 = 1 US$) por kg de carne de búfalo, NPR 130 por kg de pollo y NPR 140 por kg de carne de chancho, la carne de chivo es la más cara, con un precio de NPR 250 por kg. Hay mucha demanda de chivos machos durante los festivales hindúes, como por ejemplo Dashain. Se producen 38.584 toneladas métricas de carne de chivo anualmente en Nepal, en segundo lugar después de las 127.495 toneladas métricas de carne de res. Las otras cifras de producción indican 35.000 toneladas métricas de pescado, 15.594 toneladas métricas de cerdo y 14.399 toneladas métricas de aves.

▲ Pase de cadena en Nepal.

18 de los 23 proyectos de Heifer en Nepal incluyen chivos. También es importante que la mayoría de las personas que participan de estos grupos son mujeres. Desde diciembre del 2002, las 3857 cabras aportadas por Heifer Internacional han ayudado a 2114 familias nepalíes. Las cabras cuestan menos para comprarlas y ocupan menos espacio que las vacas. Las cabras pueden comer una amplia variedad de forraje. Si no hay la posibilidad de darles alimentos especialmente formulados, se puede completar parte de sus requisitos nutricionales dándoles las sobras de la cocina.

Además, se reproducen a los 7-8 meses de edad, y con un ciclo reproductivo de 150 días, de manera que producen ingreso rápidamente. Esto hace que las cabras sean atractivas para las familias campesinas. Muchas granjas caprícolas en Nepal tienen hembras que paren tres veces en dos años, lo que permite que cada madre produzca de 7 a 9 cabritos en esos dos años. Los chivos adultos machos se venden a los 18 meses, cuando producen al menos 20 kilogramos (44 lb) de carne. Los cabritos machos se venden después de destetarlos.

Los proyectos con chivos han tenido muchos éxitos, y las historias del campo son muy alentadoras. La historia de la lucha, determinación y perseverancia de Ganga Devi Khanal es un caso entre muchos. Pese a que su marido y familia no le apoyaban, ella nunca se dio por vencida. El esposo de Ganga – que originalmente estuvo en contra de los esfuerzos de su esposa – llegó al

Continúa en página 48

Historia **47**

Continued from page 47

extremo de sacarle arrastrando de las reuniones del grupo.

Ella tenía muy pocos conocimientos del manejo agropecuario. No sabía leer ni escribir, peor hablar delante de un grupo de personas. No sabía sobre la buena nutrición y cómo influye en el bienestar. Su choza de barro y el corral de los animales eran sucios y mal tenidos. Ella tuvo que soportar carencias, sufrimientos y angustias. Fue muy frustrante, pero ella continuamente buscaba maneras de salir de esta dolorosa vida.

Cuando conoció a las mujeres del grupo del proyecto de Heifer Nepal en Gitanagar y supo de sus actividades, se inspiró para formar un grupo. En agosto del 2000, el Comité Coordinador de las Mujeres – ONG local que colabora con Heifer Nepal – le ayudó a establecer un grupo llamado "Grupo de Mujeres Nari Uthan" con 20 mujeres Tharu y Brahmin. Ella resultó electa como presidenta del grupo. El grupo comenzó a ahorrar dinero, inicialmente con NPR 20 por mes y luego aumentando a NPR 50 mensuales. Por miedo al rechazo de su familia, ella no dijo nada, y durante los primeros dos meses sus familiares no sabían nada sobre las actividades del grupo.

En 2001, Ganga Devi Khanal recibió dos cabras, con la respectiva capacitación sobre los Fundamentos de Heifer Internacional, la gestión del grupo y el manejo de las cabras y su forraje. Se prendió la nueva esperanza de una vida próspera. Esto le dio fuerza para trabajar más duro.

Ella se ganó NPR 35.000 (aproximadamente US$466) con las cabras. Una parte de estos ingresos se utilizó para mejorar las condiciones de vida de su familia, para darles suficientes alimentos nutritivos y pagar por la educación de sus hijos/as. Con NPR 14.000, Ganga compró un búfalo, que da 6 litros de leche diarios. Ella gana NPR 14 por litro al vender la leche que no necesita su familia. El uso del estiércol descompuesto por compostaje ha incrementado la fertilidad de sus campos y ha aumentado el rendimiento de sus cultivos y hortalizas.

Actualmente, Ganga tiene la búfalo, una vaca y cinco cabras. También ha podido construir una casa de hormigón, un servicio higiénico y un mejor corral para los animales. Ganga hizo el pase de cadena inicialmente con dos cabras. Después, el honor de ser donante le animó a hacer pase de cadena con una cabra más.

Ganga Devi Khanal estaba compartiendo orgullosamente sus historias de éxito con el equipo de Heifer Nepal. De repente, se le llenaron los ojos de lágrimas y dejó de hablar, cuando vio a su esposo que brindaba té a las personas invitadas. Secando las lágrimas con la mano, ella dijo "Es una gran satisfacción verlo ayudando y apoyándome en todo lo que hago." Con ojos radiantes, Ganga dijo que "Todo el orgullo, la riqueza y el respeto que he ganado hoy son gracias a las cabras. Juro que haré lo que esté a mi alcance, ayudando a todas las personas que pueda". ◆

GUÍA DE APRENDIZAJE

4 PRODUCCIÓN DE FORRAJE, PASTIZALES Y GESTIÓN AMBIENTAL

OBJETIVOS DE APRENDIZAJE
Para el final de la sesión, las/los participantes podrán:
- Describir la relación entre las cabras y el ambiente local
- Identificar las gramíneas, ramas, hojas y árboles fijadores de nitrógeno en la zona local
- Compartir un entendimiento básico de la producción de forraje, del mejoramiento de los pastizales y del comportamiento de los chivos al comer

TÉRMINOS QUE ES BUENO CONOCER
- Forraje
- Forbs (plantas no gramíneas de hoja ancha)
- Ramonear
- Árboles fijadores de nitrógeno
- Leguminoso
- Desarrollo agroforestal
- Fertilizante
- Compostaje
- Biodiversidad
- Ensilaje

MATERIALE
- Papel y lápices
- Forrajes cortados y rotulados
- Plantas venenosas cortadas y rotuladas
- Machetes o cuchillos
- Bolsas o canastos para recoger forraje

TAREA INICIAL
- Definir áreas para las actividades relacionadas con el forraje
- Cortar y rotular los forrajes de la región
- Pedir que los participantes traigan machetes o cuchillos
- Adquirir bolsas o canastos para recoger el forraje

TIEMPO (Puede variar según el grupo.)	ACTIVIDADES
20 minutos	**Compartir entre el grupo** ¿Tiene alguna pregunta sobre la última sesión? ¿Cuáles cambios hizo? ¿Qué espera aprender de esta sesión?
45 minutos	**Todo el grupo piensa y conversa** ▪ Entregar al grupo papel y lápices. ▪ Pedir que hagan equipos y que circulen por la finca, observando el ganado, especialmente las cabras. ▪ Deben anotar cómo las cabras interactúan con el ambiente, qué comen, cuál parte de la planta están comiendo, etc. ▪ Cada equipo debe informar sus observaciones y compartir las preguntas que se les hayan ocurrido durante su caminata.
15 minutos	**Identificar Muestras de Forrajes** ▪ Las ramas, hojas, pastos y árboles que son buen alimento para las cabras – y los que no sirven. Identificar las plantas venenosas comunes de la zona. ▪ Pedir a un agricultor/a de la zona que diga cómo usa los varios forrajes. Analizar cómo las familias ayudan a completar la dieta para cabras.
60 minutos	**Cortar Forrajes Locales.** ▪ Enviar a los equipos a áreas definidas para cortar forrajes y traerlos de regreso al grupo. ▪ A su regreso, analizar: · Si se debe dar el forraje fresco o seco (incluyendo las plantas que son venenosas si no se secan, como la yuca amarga). · La etapa de crecimiento para cortar los varios forrajes.

REPASO - 20 MINUTOS
▪ ¿Qué fue útil?
▪ ¿Qué cosas le parecieron novedosas?
▪ ¿Qué no funcionó tan bien?
▪ ¿Qué cosas sabe ahora que no sabía antes?
▪ ¿Qué cosas podrá poner en práctica cuando llegue a casa?
▪ ¿Cuáles prácticas serán difíciles de hacer en casa?

LECCIÓN

PRODUCCIÓN DE FORRAJE, PASTIZALES Y GESTIÓN AMBIENTAL

Los chivos tienen mucha energía, son curiosos y descubren muchas formas de conseguir su alimento. Pueden consumir grandes cantidades de hojas, ramas, etc. entre los arbustos, mejor que las vacas y ovejas que prefieren las gramíneas y leguminosas. Aprenden sus hábitos alimenticios del resto de su manada. Así, los chivos en una comunidad comerán algo diferente a los de otra comunidad.

Su labio superior es móvil, lo que les permite seleccionar las partes de las plantas que más les gustan. Las cabras mastican sus alimentos más completamente que las vacas, y por lo tanto digieren sus alimentos más eficientemente. Estos dos rasgos les pueden permitir obtener un mayor porcentaje de material digerible en su dieta que otros animales. Sin embargo, la cabra es un pequeño rumiante, por lo que sus alimentos pasan por su sistema digestivo más rápidamente que en un rumiante más grande. Por esta razón, tienen menos tiempo para fermentar y digerir la fibra extremadamente gruesa que los rumiantes grandes.

INTRODUCCIÓN A LOS FORRAJES

Los forrajes son las partes vegetativas de las plantas que comen las cabras, y deben constituir la mayor parte de su dieta. A diferencia de los seres humanos, la cabra tiene un sistema digestivo que le permite aprovechar la celulosa de los forrajes para satisfacer la mayor parte de sus necesidades energéticas. Las plantas de forraje para las cabras pueden clasificarse en cuatro grupos principales:
- arbustos
- forbs (plantas no gramíneas de hoja ancha)
- leguminosas
- pastos y plantas similares a las gramíneas

Nota: Estos grupos no son tan fijos - por ejemplo, hay "forbs leguminosas".

Arbustos
Las cabras ramonean entre las plantas con tallos leñosos, como arbustos y pequeños árboles. Prefieren las hojas y las puntas de los tallos, cuando estén disponibles. Aunque los arbustos producen hojas rápidamente al final del invierno o al comienzo de la época de lluvias, no tienen la capacidad de volver a producir hojas rápidamente después de que las cabras las hayan comido. Así, sólo pueden ser visitados una o dos veces durante la temporada, a menos que la idea fuera que las cabras los eliminen. Su contenido de proteína se reduce ligeramente a medida que la planta se madura en el transcurso de la temporada.

Forbs

Las forbs son especies de plantas y hierbas de hoja ancha que no son ni arbustos ni pastos. Algunas forbs tendrán tallos algo leñosos, pero a diferencia de los arbustos estos tallos se mueren cada año. Las forbs incluyen varias plantas que los agricultores suelen ver como malezas, pero que en realidad son muy nutritivas para las cabras (por ejemplo, achicoria, dock, y varios miembros de la familia Brassica). Las forbs generalmente retoñan con bastante rapidez después del paso de las cabras, hasta que se maduren lo suficientemente para producir flores y semillas. Así como los arbustos, su contenido de proteína se disminuye ligeramente con la madurez.

Leguminosas

Las leguminosas son miembros de la familia de las arvejas y los frijoles, familia grande y variada de plantas que incluyen la alfalfa, acacia, trébol y leucaena y también sus frutas como frijoles, arvejas, y soya. Un rasgo distintivo de la familia es la presencia de nódulos en las raíces que contienen bacterias rhizobium, que convierten el nitrógeno de la atmósfera para que la planta no dependa del nitrógeno del suelo ni de fertilizante para poder crecer y hacer proteína. Por los nódulos con las bacterias rhizobium, las leguminosas realmente contribuyen mucho nitrógeno a las otras forbs y gramíneas del mismo pastizal, para que crezcan mejor. Las leguminosas del pastizal hacen que las gramíneas ahí sean más productivas.

En muchos casos, las vainas de las leguminosas comestibles también son nutritivas, aunque a veces las vainas y hojas contienen toxinas. Los árboles leguminosos son los fijadores de nitrógeno. Las forbs leguminosas en los pastizales generalmente retoñan rápidamente después del paso de los animales. Dependiendo de la disponibilidad del agua, se les podrá someter al pastoreo repetidas veces durante una temporada, dando una alimentación nutritiva y de mucha proteína.

Gramíneas

Las gramíneas son hierbas con tallos redondos y huecos, cuyas hojas son planas y angostas. Las gramíneas cosechadas en la etapa apropiada contienen mucha energía y cantidades moderadas de proteína. Con la madurez, su contenido de proteína se reduce sustancialmente, más que en el caso de las forbs o arbustos. Las gramíneas tienen poco calcio y los animales que se pastorean sólo con los pastos pueden requerir un suplemento de calcio, como por ejemplo el carbonato de calcio (cal) en su mezcla de minerales.

Si es suficiente la lluvia y no hace mucho calor ni mucho frío, las gramíneas retoñan rápidamente después del pastoreo o el corte. Sus rendimientos mejoran si se combinan con leguminosas o se mejoran con estiércol u otro abono.

LAS CABRAS Y LA GESTIÓN AMBIENTAL

Las cabras pueden causar daños en los ambientes frágiles si no son correctamente manejadas. Si se pastorean demasiados animales o no se les controla durante el tiempo seco, el resultado será el sobrepastoreo. Esto produce daños a largo plazo y erosión. Las cabras comen la cáscara de los árboles y arbustos, lo que puede matarlos, perjudicando los huertos frutales, las plantaciones de árboles o los ecosistemas de bosque frágiles. Sin embargo, todos estos escenarios indeseables son el resultado de un manejo inadecuado de las cabras.

Con el manejo apropiado, los chivos pueden servir como herramientas altamente eficaces para mejorar el ambiente. Sus pequeñas pezuñas partidas no dañan el suelo, a menos que sean suelos tan delicados que no debería entrar ninguna especie de animales. A comparación de las otras especies pecuarias, las cabras son excelentes para aprovechar una variedad de plantas (véase el siguiente cuadro). Esto significa que seleccionarán buena parte de su dieta de las hojas y tallos de las plantas leñosas cuando estén disponibles. Estas partes de las plantas dan más energía, proteína y minerales que el resto de la planta.

PLANTAS QUE PREFIEREN COMER - PORCENTAJES			
Especies:	**Pastos**	**Forbs (varios)**	**Arbustos**
Caballo	81	5	14
Vacas	70	18	12
Borregos	57	23	20
Cabras	39	10	51

FUENTE: VALLENTINE, J.F. (2001) *GRAZING MANAGEMENT*, ACADEMIC PRESS

Cuando los chivos comen arbustos, ayudan a erradicar las plantas que se hayan tomado las praderas y pastizales, ayudando a recuperar los campos de cultivo o que producían heno. En las zonas de bosque, pueden reducir el peligro de incendio abriendo espacios por donde no pasaría el fuego, y también aumentar la producción de madera al eliminar un exceso de arbustos debajo de los árboles.

Las cabras también sirven para controlar o eliminar las especies indeseables. Prefieren comer muchas plantas invasoras, como el kudzu americano o el honeysuckle japonés. Al controlar estas especies no deseadas, las cabras pueden ayudar a una zona a recuperar su biodiversidad y restablecer las plantas nativas. Como comen muchas especies de arbustos y plantas invasoras, son ideales para limpiar los canales de riego y reservorios de agua, reabriendo el espacio al lado de las cercas, creando espacios para que circulen las aves acuáticas, e impidiendo que la vegetación invada los terrenos comunales y otros espacios comunitarios.

Manejo del Pastoreo
Se maneja el pastoreo asegurando que los animales se muevan por los pastizales y zonas de arbustos de tal manera que se nutran los animales y se mejore la vegetación y el suelo. Los agricultores/as con poca tierra y apenas un rebaño pequeño de cabras pueden tener pocas opciones de pastoreo, pero cuando tengan acceso a terrenos baldíos o bosques, las siguientes estrategias pueden ser útiles.

El forraje es la base, sea por pastoreo o cortando para el manejo estabulado; es la parte más importante del alimento para las cabras, y hay que manejarlo bien para que siga productivo. Si se dejan las cabras en los mismos pastizales todo el tiempo, su capacidad de seleccionar lo que comen les permitirá eliminar todas las especies más deseables, de modo que se multiplicarán las especies indeseables. Por lo tanto, es importante que las cabras sigan circulando por las áreas de la finca, bosque o pastizal, sin quedarse mucho tiempo en ninguna área exclusiva.

Lo más fácil para lograr esto es poner cercas en áreas pequeñas dentro del pastizal o área de bosque. Para comenzar con el pastoreo rotativo, se pueden dividir los pastizales actuales en la mitad o en cuatro partes. Cuando un área se ha rebajado a unos 15 cm sobre el suelo, y no queda más de la mitad del área de las hojas de los arbustos, hay que pasar a la siguiente área. Las cabras pueden comer menos si son obligadas a comer más abajo de los 15 cm. Nunca deben rebajarse los pastizales a menos de 7 cm. A medida que se rebajen los pastizales y recuperen, cambiará y mejorará la diversidad de sus especies. Las plantas menos deseadas usualmente irán desapareciendo, y las más deseadas se harán más importantes en el pastizal. Las cabras tendrán así más de sus forrajes preferidos, lo que mejorará su salud y productividad. Se pueden eliminar las plantas indeseables, inútiles o tóxicas con una guadaña o un machete.

Idealmente, se pastarán las cabras en una nueva área del pastizal cuando el forraje todavía está relativamente inmaduro para ayudar a retrasar su floración. La mayor parte de la proteína disponible en las plantas está en las hojas y las puntas de los tallos tiernos. Las gramíneas, forbs y leguminosas tienen más proteína antes de producir flores. Luego de enflorar, su contenido de proteína es menor, y las membranas de sus células son menos digeribles y menos nutritivas. Un pastizal con una mezcla de gramíneas, leguminosas, forbs y arbustos es ideal para los chivos.

Los sistemas de pastoreo comunitario son más funcionales en las áreas cuyo terreno comunal tiene grandes cantidades de rastrojo, como los restos de la caña de azúcar. El beneficio del pastoreo comunal es que todos los miembros de la comunidad pueden compartir los recursos del forraje, aprovechando los residuos de las cosechas y mejorando el suelo con el estiércol de las cabras. Sin embargo, es importante que cada chivo esté en buena salud para evitar la trasmisión de los parásitos y enfermedades entre las fincas.

Manejo del Forraje

Los pastizales y otras áreas utilizadas para cultivar los forrajes pueden manejarse para aumentar su producción y mejorar el ambiente. La fertilidad del suelo, las especies de las plantas, y las condiciones de cultivo influirán en el rendimiento y el valor nutricional de los forrajes, sea para el pastoreo o para el corte. La productividad de un área de pastoreo también depende de la densidad de los animales, el uso del compost u otro abono, la madurez de las plantas cuando los animales las comen, el tiempo de pastoreo y cuánto se permite que retoñen antes de volver a rebajarlas.

▲ *Cabras buscando su alimento.*

MANEJO DE LAS PLANTAS Y MEJORAMIENTO DEL SUELO

Antes de establecer o mejorar un pastizal, haga un análisis del suelo para identificar sus condiciones actuales. Es importante saber cuáles nutrientes están presentes y cuáles faltan de su suelo, para poderlo mejorar y así garantizar el crecimiento de forraje nutritivo. Los nutrientes que falten podrán completarse aplicando estiércol, compost u otros abonos.

Los pastizales bien abonados son mucho más productivos y generalmente menos susceptibles de daño por la sequía y otras presiones. Si el suelo es muy ácido, agregue cal (carbonato de calcio) o elija una especie de planta adaptada para los suelos ácidos. Agregar materia orgánica a los suelos de pastizales mejora su capacidad de retener agua y nutrientes.

Establecer una Nueva Especie de Planta

Verifique con los agricultores locales y extensionistas para averiguar cuáles forrajes nutritivos se cultivan con más facilidad en su zona. El perfil de un pastizal existente puede modificarse en algunos casos por un proceso de sembrarle encima. Se siembran las semillas de especies más deseables para el forraje, como por ejemplo leguminosas, sobre las gramíneas. Primero, se hace que los animales rebajen el pasto existente, y se siembra la semilla nueva entre el pasto. Se hace que un gran número de animales se paseen por el pastizal para que su pisoteo haga llegar las semillas hasta el suelo antes de que llueva.

En algunos casos pueden plantarse postes para cercas vivas o rompevientos con árboles y arbustos nutritivos en los bordes de los pastizales para aportar más nutrición. Al sembrar un árbol que servirá de forraje durante la temporada seca, hay que elegir una especie que no pierda sus hojas en esa época. Proteja los árboles pequeños durante dos a tres años para que las cabras no los puedan comer. Las llantas (neumáticos) o bloques de cemento sirven como barreras excelentes durante el crecimiento inicial de estos árboles.

La diversidad del forraje y la productividad del pastizal pueden mejorarse sembrando tanto gramíneas como leguminosas. Las plantas menos útiles se pueden eliminar progresivamente, cortándoles una y otra vez. Se pueden sembrar pastizales mejorados bajo otras plantas, como árboles frutales o forestales, para aumentar la productividad total del terreno.

Los forrajes pueden utilizarse en las curvas de nivel, para formar terrazas naturales; como "abono verde" para después incorporarlos al suelo; y para proteger las riberas de las fuentes de agua, reservorios y ríos. En estos entornos, se limita la cosecha del forraje para que las plantas puedan seguir cumpliendo su rol en la conservación. Las curvas de nivel con pastos y leguminosas protegerán el suelo de la erosión y podrán cosecharse periódicamente para los animales en manejo estabulado y semi-intensivo.

▲ *Forraje en terrazas de formación lenta en Tanzania.*

CONTROL DE PARÁSITOS MEDIANTE EL MANEJO DEL FORRAJE

Los parásitos internos, especialmente las lombrices intestinales, son el mayor problema en las enfermedades de las cabras. La rotación de los pastizales, dejando un buen tiempo antes de regresar al mismo lugar, aumentando la disponibilidad de arbustos y otras prácticas que se describirán a continuación pueden reducir los costos de estas enfermedades y proteger la salud de los chivos.

Si no hubiera parásitos, se podría mandar a los chivos a comer en un campo tan pronto se recupere su forraje. Este "pastoreo intensivo" es difícil porque la mayoría de los pastizales todavía tienen parásitos dos o tres meses después del pastoreo anterior. Con tanto tiempo entre las visitas de las cabras, los pastizales pueden madurar demás, perdiendo su productividad. Para evitar que se acumulen los parásitos si las cabras siguen comiendo en un solo lugar, hay que llevarles a otros lugares, darles residuos de las cosechas, o tenerlas estabuladas durante unos meses.

Desparasitar al hato al comienzo de la temporada de pastoreo puede ayudar a reducir la carga de parásitos intestinales en el pastizal. Si vacas, caballos o burros comen en el pastizal antes de que regresen las cabras, esto también reducirá el número de huevos de lombriz, para que las cabras puedan regresar antes a comer ahí. Los chivitos destetados, las cabras lactantes y las preñadas tienen la mayor susceptibilidad a los parásitos y deben tener el primer acceso a los pastizales más limpios. Cortar un pastizal hasta abajo para hacer secar el heno durante días muy calurosos y secos también mata los huevos de las lombrices.

Los arbustos son más altos que la mayoría de las forbs y gramíneas. Ya que las larvas de la mayoría de las lombrices parásitas no pueden trepar más que unos 5 cm en las plantas, las cabras se re-infectarán menos comiendo hojas de arbustos que con las forbs o gramíneas. Muchos arbustos tienen altos niveles de sustancias amargas llamadas taninos, y parece que esto también reduce la cantidad de parásitos internos.

Estiércol y Parásitos

El estiércol que cae durante el pastoreo o que se aplica para fertilizar los cultivos puede contaminar un pastizal establecido con parásitos internos (lombrices). El abono de las gallinas, vacas, burros, caballos o cerdos no contamina de lombrices a los chivos. Asimismo, las lombrices del estiércol de chivos no infectarán a otras especies. Sin embargo, los huevos de lombrices del estiércol de borregos y cabras pueden infectar a ambas especies.

Para evitar el contagio con lombrices, es mejor primero hacer compostaje del estiércol o aplicarlo al campo varios meses antes del pastoreo. Si las cabras están en el establo todo el día, o duermen adentro durante las noches, es fácil recoger su estiércol o el lecho de hojas para hacer el compostaje. Haga una gran fosa para que el estiércol y sus hojas estén lejos de donde los seres humanos duermen o cocinan, ya que el olor será fuerte al comienzo. No incluya ni carne, ni grasa ni desechos humanos, porque esto podría difundir enfermedades. Agregue material vegetal y restos de alimentos vegetales y deje que el compostaje se caliente durante varias semanas. Se debe mezclar el montón con frecuencia y mantenerlo húmedo.

En poco tiempo (unas pocas semanas si hace calor, y unos pocos meses si hace frío), el material se volverá negro y desmenuzable, con un olor levemente ácido. Aplique este compost a su pastizal u otros cultivos. El compost es mejor que el fertilizante químico o comprado, porque contiene la materia orgánica que permite que el suelo retenga más humedad y nutrientes.

Plantas Tóxicas y Pastizales Abundantes

Verifique con otros agricultores/as y extensionistas pecuarios para averiguar cuáles plantas locales son tóxicas para las cabras. Yew, oleander y rhododendron (azaleas, etc.) son ornamentales comunes que se usan para adornar pero son muy tóxicos para las cabras. Desafortunadamente, las cabras las comerán con gusto cuando escaseen otros alimentos nutritivos.

Ciertas plantas como los árboles y arbustos de la familia del cerezo, la yuca amarga, el pasto Sudán y el pasto Johnson pueden ser tóxicos para las cabras. A veces se comen estas hojas marchitas, durante una sequía o helada leve o severa, o después de estos eventos. Bajo estas condiciones, se produce ácido prúsico, que es tóxico, especialmente en el pasto inmaduro que estaba creciendo cuando se cortó. Una vez que esté totalmente seco, el pasto ya no presenta ningún peligro.

Si comen demasiado forraje fresco de golpe, es probable que sufran de diarrea, enterotoxemia y/o timpanismo. Siempre hay que cambiar la dieta de las cabras gradualmente, ofreciendo una variedad de forrajes para ayudar a reducir la intoxicación accidental.

CORTAR Y GUARDAR EL FORRAJE

Heno

Si hay un lugar apropiado, se puede guardar el forraje para otras temporadas cuando no haya tanta disponibilidad. Es importante planificar bien para estar preparado. Idealmente, hay que cortar las gramíneas para heno justo antes de su infloración y las forbs leguminosas al principio de su infloración (cuando recién salen las flores) para asegurar que sean fáciles de digerir y nutritivos. Sin embargo, si son más maduras las plantas, estarán más altas y fáciles de cortar (especialmente si se las corta manualmente) y también producirán más volumen. De modo que hay que decidir si se quiere más cantidad o más calidad nutricional. Esperar demasiado deja que las gramíneas y leguminosas se hagan más difíciles de digerir, con menos contenido de proteína.

Corte el forraje para hacer heno, séquelo y póngalo en un cobertizo u otro lugar protegido para tenerlo como alimento durante la época de lluvias, el invierno o durante la temporada extremadamente seca. Es importante secar el heno durante tiempo seco, sin lluvias. Hay que secarlo uno o dos días antes de hacerlo pacas o montones. Vire el heno cortado una o dos veces en el día, para que se seque bien. El heno puede almacenarse durante muchas semanas, y es un buen alimento cuando no sea posible el pastoreo. El pasto elefante crece bien en muchos lugares y es fácil cortarlo manualmente para secarlo como heno. El pasto Sudán y el pasto guinea (pasto búfalo) también son buenas opciones para cortarlos a mano. Las gramíneas que no crecen tan altas (pangola, timothy, etc.) y las forbs leguminosas (alfalfa, trébol, etc.) producen heno más nutritivo, pero es mucho más difícil cortarlas con herramientas manuales.

Producción de ensilaje y heno fermentado

El ensilaje es material vegetal fermentado, cuya acidez evita que se eche a perder. Aunque las cabras no querrán comerlo con tanto gusto como el heno, el ensilaje tiene ventajas en cuanto a su almacenamiento. Aunque pueden guardarse grandes cantidades de ensilaje en un silo de trinchera, se puede preparar en cantidades menores para guardarlos en bolsas plásticas. El ensilaje debe guardarse en un recipiente hermético hasta que se utilice como alimento. Luego de cortar y picar el forraje, métalo a presión dentro de la bolsa. Saque todo el aire que pueda, y amarre la funda para que no pueda entrar el aire. Antes de usarlo como alimento, examínelo de cerca y huélalo. El buen ensilaje tiene un olor dulce y ligeramente ácido – nunca a podrido.

El ensilaje de maíz es un alimento aceptable, pero a menudo se da con otros forrajes y con concentrado. El ensilaje de maíz se hace picando los tallos y mazorcas. Hacer ensilaje de heno con leguminosas y gramíneas es una alternativa para almacenar y procesar el forraje. El ensilaje de heno puede hacerse con cualquier cultivo que tradicionalmente se guarda como heno.

Para que las gramíneas y leguminosas se hagan ensilaje, se requiere un 40 a 60 por ciento de humedad. Se reduce el contenido de humedad para producir ensilaje de heno acondicionándolo (cortando, amontonando para secarlo durante 4 a 24 horas). El tiempo de secado depende del contenido de humedad y las condiciones climáticas. Así como con el ensilaje, el forraje debe mantenerse muy ácido (un pH de 4,5) para evitar que se dañe. Un extensionista pecuario puede asesorar sobre las técnicas apropiadas para hacer ensilaje

> **ADVERTENCIA**
> El heno que contenga demasiada humedad o tallos largos se llenará de moho y ya no servirá como alimento. Examine el heno siempre, verificando su olor, antes de dárselo a los animales. Siempre debe tener una fragancia dulce.

> **ADVERTENCIA**
> Si las cabras comen ensilaje mal preparado o almacenado, se puede producir la listeriosis (enfermedad de las vueltas) si ese organismo está presente durante el procesamiento. La listeriosis casi siempre es un peligro cuando se hace ensilaje.

o procesar así el heno en su área. Para el ensilaje de leguminosas y otras plantas con alto contenido de proteína, es imprescindible agregar melaza (un 5 por ciento) u otro ingrediente energético para ayudar con la fermentación.

UNA MUESTRA DE PLANTAS FORRAJERAS COMUNES PARA LAS CABRAS

Las siguientes páginas contienen descripciones de varias gramíneas, forbs y leguminosas, incluyendo árboles fijadores de nitrógeno. La mayoría de los forrajes descritos en esta sección son de las zonas tropicales del mundo. Usted querrá aumentar esta lista con los forrajes de su zona, así como la información sobre su valor nutricional y cómo pueden cultivarse bien bajo las condiciones locales.

GRAMÍNEAS

Pasto Estrella Africano–*Cynodon aethiopicus*
(Pasto estrella de Rodesia; pasto bermuda africano; pasto estrella gigante)

El pasto estrella es una variedad perenne y resistente del centro tropical del África que puede sobrevivir pese a meses de sequía, y puede crecer aunque el suelo sea salino o alcalino. Se difunde mediante tallos largos encima del suelo. Es un forraje que les gusta a los animales, con alta calidad cuando se corta o pastorea regularmente (cada cinco semanas), con un 8 por ciento de proteína cruda. El pasto estrella produce pocas semillas, de modo que debe propagarse con esquejes del tallo principal, o rizomas de las raíces, en suelo bien preparado durante los meses de lluvia. Se lo puede cultivar con éxito en toda una gama de ambientes: desde el nivel de mar hasta casi mil metros de altura; en áreas que tienen alta variabilidad de las lluvias; y en muchos tipos de suelo.

▲ *Cynodon aethiopicus*

El pasto estrella sirve para pastoreo o puede cortarse para heno o ensilaje, pero no puede resistir el pastoreo intenso y continuo. También puede eliminarse por la sombra de gramíneas y árboles más altos. Los tipos más altos de pasto estrella se prestan para el manejo estabulado. Crece bien con leguminosas herbáceas como Centrosema, Desmodium, y Stylosanthes. Algunas variedades tienen la tendencia de producir ácido hidrociánico.

Brachiaria

Brachiaria brizantha (pasto señal), *Brachiaria mutica* (pasto para), *Brachiaria ruziziensis* (pasto ruzi), *y muchas otras variedades de Brachiaria*

Las especies de Brachiaria son comunes en la mayor parte de América Central y del Sur, África sub-Saharana y el Sudeste Asiático. Brachiaria es un pasto perenne muy productivo que crece en parches, con tallos erectos o semi-erectos y raíces largas que se extienden bajo el suelo. Una vez sembrado, se difunde rápidamente y puede tolerar el pastoreo frecuente. Se usa para pastoreo permanente, para cobertura del suelo contra la erosión y alrededor de los reservorios de agua. Las especies de Bracharia usualmente son relativamente resistentes a las sequías y siguen verdes durante un período seco de tres a cinco meses. Requieren suelos moderadamente fértiles y no toleran un suelo anegado (inundado

▲ *Brachiaria*

de agua). Aunque tienen del 8 al 16 por ciento de proteína, no siempre son apetecibles para las cabras.

Pasto Guatemala –*Tripsacum andersonii*
(Pasto de Honduras)

El pasto Guatemala es un perenne alto y robusto con hojas anchas que se siembra en muchas partes. Crece mejor en las zonas húmedas, pero puede utilizarse en los períodos secos, porque permanece verde durante una sequía breve. Se utiliza para el manejo estabulado, pero no sirve para el pastoreo. El pasto Guatemala es más persistente, pero no tan nutritivo como el Napier (pasto elefante.) Puede utilizarse como cerca viva o para las curvas de nivel en las laderas, conjuntamente con leguminosas. Crece mejor en los suelos fértiles con buen drenaje.

▲ *Tripsacum andersonii*

Pasto guinea–*Panicum maximum*
(Pasto búfalo)

El pasto guinea originalmente fue nativo del África, pero ha sido introducido a casi todos los países tropicales como fuente de forraje para los animales. Es la planta ideal para forraje, que crece bien desde el nivel del mar hasta los 2000 metros de altura. El pasto guinea también crece con una amplia variedad de suelos fértiles y bajo condiciones de hasta el 30 por ciento de sombra, de modo que es ideal para tenerlo debajo de otros cultivos. El pasto guinea requiere un mínimo de 900 mm anuales de lluvia, pero sí sobrevive sequías breves e incendios rápidos. También responde rápidamente al abono y el agua, aunque no tolera bien un pastoreo intenso.

▲ *Panicum maximum*

Sus hojas finas, blandas y muy apetecibles contienen buenos niveles de proteína (13 a 21 por ciento). Crece hasta los 2 metros de altura y da frutos que son pepas pequeñas como arroz.

Pasto Napier–*Pennistum purpureum*
(Pasto elefante, pasto Uganda)

El pasto Napier crece rápido, se propaga fácilmente y produce grandes cantidades de forraje de alta calidad. Aunque prefiere que haya mucha lluvia, el pasto Napier también puede crecer bien en las zonas más secas, porque sus raíces son profundas. Sin embargo, no crece bien en suelos anegados. Puede crecer con los árboles forrajeros en los bordes de los campos, y en las curvas de nivel para formar terrazas contra la erosión. También puede combinarse con leguminosas y árboles forrajeros, aunque también puede estar solo. Ya que crece rápida y agresivamente, y se extiende dentro del suelo, puede entrar como maleza en los huertos cercanos.

▲ *Pennistum purpureum*

El pasto Napier tiene un tallo blando que es fácil de cortar para hacer heno o para los sistemas de manejo estabulado. Debe cortarse cuando llegue a los 15 a 30 cm. Su contenido de proteína se ha medido en un 24 por ciento. Utilizado para heno, ensilaje y pastoreo, el pasto Napier tiene hojas y tallos blandos que les gustan mucho a los animales. Los tallos más maduros generalmente los rechazan los animales.

Otras gramíneas importantes para el forraje incluyen el timothy, el kikuyo, el Pangola (Digitaria) y las gramíneas pánicas.

LEGUMINOSAS, INCLUYENDO ÁRBOLES FIJADORES DE NITRÓGENO

Acacia–*Acacia tortilis, Acacia mellifera, Acacia albida*
(Mimosa, Umbrella thorn, Senegalia)
Nativo en buena parte de las Américas y también en África sub-Saharana, el árbol de acacia es especialmente valioso como forraje durante la temporada seca. Es muy resistente y puede crecer en suelos poco fértiles. En estas condiciones puede parecer arbusto. El árbol de acacia puede llegar a los 20 metros de altura, con una copa en forma de paraguas (aplanado encima) cuando llegue a la madurez. Sus flores pueden ser blancas o de un amarillo pálido.

▲ *Acacia tortilis*

Las cabras ramonean las hojas de los árboles tiernos. Aunque algunas especies tienen espinas de 2 a 10 cm, las cabras pueden usar su labio superior para apartar las espinas y comerse las hojas tiernas.

Las hojas de acacia contienen un 17 por ciento de proteína cruda. Las vainas también son ricas en fibra y proteína y constituyen un alimento importante para las cabras. Típicamente, el pastor sacude las ramas de la acacia para bajar muchas vainas para que las coman sus animales. Algunos árboles darán hasta 100 kg de vainas en una temporada. Los árboles de acacia también aumentan la fertilidad del suelo para los cultivos a su alrededor.

Alfalfa–*Medicago sativa*
(lucerna)
Uno de los cultivos más antiguos del mundo, alfalfa es un pastizal de lujo. Se cultiva en todo el mundo como alimento excelente que les gusta a muchos tipos de animales. La alfalfa tiene mucha proteína (19 por ciento de proteína cruda) y calcio, de modo que es un alimento excelente para las cabras lactantes. Como cultivo perenne, la alfalfa puede persistir hasta cinco años, y en algunas partes del mundo puede permanecer productiva durante mucho más tiempo. Tiene excelente tolerancia de heladas y sequías, y puede sobrevivir en las regiones que tienen apenas 600 mm de lluvia anual.

▲ *Menticago sativa*

La alfalfa es conocida por su capacidad de mejorar la estructura del suelo. Sin embargo, las condiciones del suelo son muy importantes para establecer alfalfa con éxito. Requiere un suelo profundo, fértil, bien drenado, alcalino a moderadamente ácido. La palatabilidad de la alfalfa está más baja en la temporada de lluvia, pero les gusta mucho a las cabras en el tiempo seco. Si comen las cabras grandes cantidades de alfalfa verde, les puede dar timpanismo. Esto se puede evitar combinando otras especies de pasto con la alfalfa en los pastizales.

Calliandra–*Calliandra clothyrus*
Calliandra es un pequeño árbol leguminoso sin espinas, nativo de América Central y México. Rara vez se aprovecha en esta región pero ha sido introducido a muchas regiones tropicales donde se utiliza en sistemas agroforestales para leña, sombra para otros cultivos, en filas entre otros cultivos, y más recientemente como forraje para animales. Parece que los animales lo consumen con gusto, aunque la información disponible sobre su valor nutricional es limitada. Es común utilizarla

▲ *Calliandra clothyrus*

para alimento de cabras en Indonesia y Australia, y se informa que tiene un 22 por ciento de proteína cruda y un 30 a 70 por ciento de fibra en las hojas secas de calliandra.

Desmodium
Desmodium triflorum (**Amor du campo**); *Desmodium intortum* (**Greenleaf desmodium, Pega-pega, Kuru vine**); *Desmodium uncinatum* (**Silverleaf desmodium**)
A menudo conocido como las "alfalfas del trópico," el muy apetecible y nutritivo desmodium tiene muchas especies útiles. Algunas son variedades herbáceas trepadoras y rastreras, y otras son arbustos. Aunque su tolerancia de sequías varía, algunas variedades crecen en zonas que tienen apenas 700mm de lluvia anual. El desmodium se adapta bien a los ambientes tropicales / subtropicales y a una variada gama de tipos de suelo. Sí tolera el pastoreo intensivo. Y con un 14 a 18 por ciento de proteína cruda, puede mejorar marcadamente la dieta del ganado en los pastizales de gramíneas bajo pastoreo intensivo.

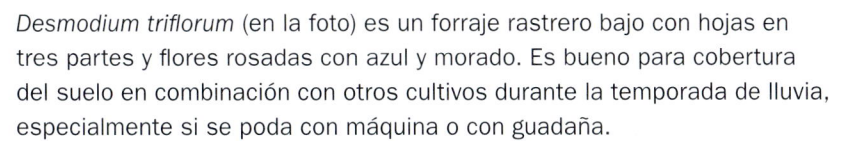

▲ *Desmodium triflorum*

Desmodium triflorum (en la foto) es un forraje rastrero bajo con hojas en tres partes y flores rosadas con azul y morado. Es bueno para cobertura del suelo en combinación con otros cultivos durante la temporada de lluvia, especialmente si se poda con máquina o con guadaña.

Erthythrina–*Erythrina arborescens, Erythrina poeppigiana* (Immortelle, árbol de coral, árbol de frijoles largos, porotillo)
La eritrina es un grupo de árboles grandes y hermosos con flores rojas o anaranjadas. A menudo se usa para dar sombra, como planta ornamental o como postes para cercas vivas; la mayoría de las especies tienen espinas. En los entornos tropicales y húmedos, son verdes todo el año, pero pierden sus hojas total o parcialmente si hay una época seca. Ciertas variedades son altamente apetecibles y nutritivas, y se usan como alimento para rumiantes. Son bien recibidos por las cabras estabuladas, incluso como el único alimento. Las hojas contienen un 26 a 30 por ciento de proteína cruda.

▲ *Erthythrina*

Gliricidia–*Glicricidia sepium, Gliricidia maculata*
Gliricidia es un árbol tropical leguminoso que crece rápidamente, alcanzando una altura de 10 a 15 metros. Se cree que se originó en América Central, de modo que es uno de los árboles mejor conocidos de propósito múltiple en esa región. Ahora se le encuentra en África Occidental, las Antillas, Asia Austral y las partes tropicales de América del Norte y Sur, el árbol crece mejor en las condiciones húmedas y cálidas, pero puede sobrevivir con una lluvia anual entre 800 y 2300 mm. Aunque la gliricidia crece mejor en los suelos fértiles, también crece bien en los suelos ácidos o de alto contenido de arcillas. Puede sembrarse con esquejes o semillas (sembrando con semillas, hace raíces más profundas). Gliricidia puede cosecharse cada tres meses, para maximizar su producción de follaje. Rica en proteína (23 por ciento de proteína cruda) y calcio (1,2 por ciento), es un alimento excelente para las cabras para la temporada seca, ya que contiene suficientes niveles de la mayoría de los minerales (excepto el fósforo y el cobre) para satisfacer los requisitos del ganado tropical.

▲ *Gliricidia in Haiti*

Leucaena–*Leucaena leucocephala, Leucaena diversifolia*
(Ipil Ipil, White popinac)

Leucaena es un arbusto o árbol bajo o mediano (5 a 18 metros) leguminoso, que crece rápidamente y puede producir forraje nutritivo para las cabras y otros rumiantes en toda la zona tropical. Puede producir el doble que la alfalfa (de materia seca comestible) y puede ser tan productiva como un árbol de forraje durante más de 20 años. Leucaena crece en dos tipos: alta (leucocephala) y como arbusto corto (diversifolia). Crece en áreas con una amplia variabilidad en las lluvias.

▲ *Leucaena diversifolia*

Es fácil sembrarla en filas, bordes o curvas de nivel en las laderas, para evitar la pérdida del suelo y también proporcionar grandes cantidades de forraje proteínico para el manejo estabulado. En este sistema es importante cortar la leucaena regularmente para que el forraje sea apetecible e impedir que produzca semillas. Leucaena tiene usos múltiples y sirve para leña, madera de construcción, carbón vegetal, postes de cerca, abono verde o abono orgánico. Sin embargo, reconvertir el terreno para otros cultivos es difícil, porque las raíces son persistentes.

▲ *Luecaena leucocephala* utilizada para forraje y conservación del suelo

ADVERTENCIA
Leucaena no se recomienda como alimento para animales preñadas, ya que puede producir aborto. Contiene un alcaloide (la mimosina) que también puede causar problemas con toxicidad. Por lo tanto, es mejor que no constituya más de un tercio de la dieta diaria de la cabra.

Stylo

Stylosanthes guianensis (**Lucerna brasileña, Graham stylo, lucerna tropical**); *Stylosanthes fruticosa* (**stylo africano**); *Stylosanthes humilis* (**Townsville stylo, lucerna silvestre**)

Hay muchas especies útiles de Stylosanthes, forraje común en América Latina, el Sudeste Asiático, Australia y África. Usualmente son arbustos perennes con hojas triples y tallos ramificados. Suelen ser difíciles de establecer al inicio, pero una vez establecidos son muy resistentes a la sequía. Stylosanthes fruticosa (Stylo africano), por ejemplo, tiene semillas duras que permanecen en el suelo durante varios años, lo que permite que los pastizales retoñen anualmente. Sin embargo, tiene baja tolerancia al pastoreo intenso. No es tan apetecible ni nutritivo (proteína cruda del 8 por ciento) como otras leguminosas que tienen más hojas. Stylosanthes puede producir hasta 6.000 kg (seis toneladas) por hectárea en materia seca. Es útil para mejorar la fertilidad del suelo y controlar erosión.

▲ *Stylo*

Otras leguminosas

Otros importantes forrajes leguminosos para considerar como alimento para las cabras incluyen el trébol, la vicia, birdsfoot trefoil, siratro, fréjol soya perenne, Vigna unguiculata (Cowpea) y kudzu tropical, así como los árboles leguminosos: locust, Sesbania grandifloria, prosopis, Cratylia argentea y morenga (horseradish tree).

UNA SELECCIÓN DE OTROS FORRAJES

Yuca–*Manihot esculenta*

(Manioc, cassava)

La yuca es un arbusto tropical muy importante para cientos de millones de personas en muchas partes del mundo. Tiene una altura promedio de 1 a 3 metros, con una hoja similar a la palmera. Tiene variedades "dulce" y "amarga" – ambas son comestibles, sabiéndolas preparar. La yuca produce raíces grandes que almacenan almidón, con un 80 por ciento de carbohidratos. La gente come el tubérculo de la yuca dulce y procesa la forma amarga para hacer harina y pan, entre otros alimentos. El tallo, que puede servir como leña, también es el material vegetativo para volverlo a sembrar.

▲ Yuca

El tallo brota hojas ricas en proteínas, vitaminas y minerales. Estas hojas pueden secarse para alimento de los animales. Se puede secar como heno, cosechando la yuca cuando ha crecido sólo tres a cuatro meses, alcanzando una altura de aproximadamente 30 a 45 cm sobre el suelo. El heno de yuca tiene un alto contenido proteico, con un 20 a 27 por ciento de proteína cruda, y también 1,5 a 4 por ciento de taninos.

Mora–*Morus alba*

La mora (esta variedad se llama "mulberry" en inglés) tiene un potencial considerable como alimento de cabras, del punto de vista tanto biológico como económico. Tiene un alto contenido de proteína y energía, similar a la alfalfa. La mora también produce mucha biomasa verde todo el año, incluyendo la época seca.

▲ Mora

Banano–*Musa spp.*

Las hojas y frutas del banano se utilizan como alimento para cabras en Tanzania, Uganda y otros países africanos. Las hojas tiernas de banano tienen aproximadamente un 16 por ciento de proteína cruda.

▲ Banano

ADVERTENCIA

Para las variedades amargas de la yuca, todas las partes de la planta contienen un veneno altamente tóxico (el ácido hidrociánico o prúsico). No se debe dar las hojas frescas de la yuca amarga en grandes cantidades a los animales. Las variedades dulces tienen una menor concentración de la toxina. Es importante dejar secar las hojas durante dos días antes de usarlas como alimento.

Produccíon de forraje, Pastizales y Gestión Ambiental **63**

HISTORIA DE KOSOVO

Las cabras cambiaron la vida para la familia de Vehbi

Vehbi Hyseni es de la aldea de Gadime municipio de Lipjan. Solicitó recibir cabras de la asociación multiétnica, GRANITI. Necesitaba la leche para sus hijos.

La aldea de Gadime es bastante extensa y los miembros de la asociación GRANITI no conocían a esta familia. Por eso, los miembros de la asociación, conjuntamente con el personal de Heifer Kosova, decidieron visitarles. Escucharon la historia de Vehbi, sobre la guerra en el año 1999 en la cual él fue deportado, y perdió sus 10 cabras de raza local. Desde entonces, su familia ha sufrido. Vehbi es pobre y vive de la asistencia social con su esposa y cuatro hijos, dos varones y dos niñas. Un hijo, Emir, tiene 10 años; es discapacitado y pasa en una silla de ruedas. Los visitantes notaron que Emir parecía muy pálido y débil.

▲ Emir with his Bukuroshja (Pretty)

Los miembros de la asociación quedaron satisfechos de que Vehbi contaba con suficiente forraje para embarcarse en un nuevo emprendimiento caprícola. Vehbi tomó la capacitación en los Fundamentos y comenzó a limpiar su corral y alistarlo para las cabras. En septiembre del 2005, recibió cuatro cabras de raza alpina. Pronto la familia tenía leche fresca, queso y yogurt para alimentarse y, cuando parieron las cabras, hubo varios cabritos machos que faenaron para su carne.

Vehbi dice que, desde el primer día cuando recibieron las cabras, Emir quería permanecer con ellas, y pedía a sus padres que le llevara al corral para verlas y ayudar a darles de comer. Cuando parieron las cabras, Emir puso de nombre a una cabrita Bukuroshja (Bonita).

En su familia, se comparte el trabajo entre hombres y mujeres. Los varones cuidan de la tierra (los trabajos pesados) mientras que las hembras cuidan de la casa y ordeñan las cabras; los niños y niñas pequeños llevan al rebaño al pastizal. Toda la familia da de comer a las cabras y cuida el corral.

Las cabras dan tres litros de leche diarios para la familia. Y ayudan a otra familia de la aldea, dándoles leche. Parece que Emir es él que más se beneficia con la leche de las cabras. Se moviliza más libremente, ya no tiene el rostro pálido, y se sonríe mucho. ◆

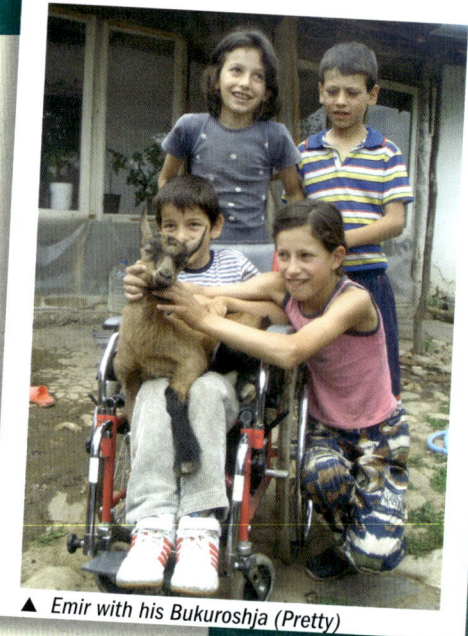

GUÍA DE APRENDIZAJE

5 REPRODUCCIÓN

OBJETIVOS DE APRENDIZAJE
Para el final de la sesión, las/los participantes podrán:
- Seleccionar los machos y las hembras más convenientes para la reproducción
- Reconocer las señales del estro (celo)
- Practicar la reproducción natural en caprinos
- Leer una tabla de gestación
- Castrar un chivito macho

TÉRMINOS QUE ES BUENO CONOCER
- Reproducción
- Estro / Celo
- Preñez / Gestación
- Sobrealimentación
- Inseminación artificial
- Vigor híbrido
- Infertilidad
- Castración
- Selección
- Huevo
- Espermatozoide
- Feto
- Verriondez
- Eyaculación
- Ovulación
- Abierta (no preñada)
- Anestro

MATERIALES
- Hembras maduras en celo
- Machos reproductores
- Telas para captar el olor del macho
- Frasco bien sellado para la tela con olor a macho
- Machos jóvenes seleccionados para castrarse
- Pinza de Burdizzo para castración o cuchillo filudo
- Tintura de yodo al 7%

TAREA INICIAL
Es ideal hacer esta lección en la finca. Esta actividad necesita planificarse por anticipado para contar con hembras que estén en celo y machos reproductores. En algunas culturas puede ser necesario hacer las clases por separado para los hombres y las mujeres si hay sensibilidad sobre estas conversaciones sobre la reproducción. Es posible que el o la capacitadora tenga que ser del mismo sexo como las/los participantes. Aproveche esta oportunidad para reforzar las similitudes con la reproducción humana (la ovulación, el óvulo, el espermatozoide, los ciclos, la preñez, el parto). Si van a practicar la castración, deben estar disponibles varios cabritos machos.

TIEMPO (Puede variar según el grupo.)	ACTIVIDADES
15 minutos	**Compartir entre el grupo** Compartir entre el grupo las cosas importantes que han sucedido durante la semana pasada.
20 minutos	**Todo el grupo piensa y conversa** ■ Pedir que las/los productores compartan sus experiencias con la reproducción en caprinos – qué funciona bien y qué no funciona bien. Hablar sobre lo que pasa si la hembra pasa toda una temporada sin reproducirse.
90 minutos	**Observación de Machos y Hembras (Celo, Cruce, Etc.)** ■ Seleccionar a machos y hembras. ■ Conversar sobre las épocas del año cuando se suele cruzar los caprinos en esta zona y por qué. ■ Revisar las señales del estro y observar a hembras que pueden estar en celo. ■ Revisar el comportamiento reproductivo. ■ Traer al macho seleccionado a la zona reproductiva. ■ Preparar una tela con olor del macho para usarlo después. ■ Traer a la hembra para que el macho la monte (en un área cercada). ■ Conversar sobre la tabla de gestación y estimar la fecha del parto.
60 minutos	**Practicar la Castración** ■ Reunir los materiales (las pinzas de Burdizzo o un pedazo de metal plano y duro o la hoja del bisturí pueden usarse de la misma manera. También se puede castrar cortando. No olvide tener la tintura de yodo al 7% a la mano.) ■ Revisar los métodos comunes y relativamente seguros de castración y dónde conseguir los equipos necesarios. ■ Revisar los peligros del tétano y del gusano barrenador – los que pueden infectarle al animal con cualquiera de los métodos (incluyendo las pinzas de Burdizzo) – y cómo evitar estos peligros.
2 horas	**Actividad Avanzada – Practicar la Inseminación Artificial (IA)** ■ Esta actividad necesita planificarse con mucha anticipación. ■ Una sobrealimentación de las hembras puede ayudar a estimularles el celo. ■ Escoja a las hembras que les toca cruzarse y téngalas cerca del corral donde está el macho durante varios días. ■ Un técnico/a de IA debe estar presente para realizar el ejercicio. El técnico/a de IA debe proporcionar los equipos necesarios para la sesión de capacitación. ■ Esta actividad debe realizarse a una hora del día que no haga calor.

REPASO - 20 MINUTOS

■ ¿Qué fue útil en esta lección?
■ ¿Qué cosas le parecieron novedosas?
■ ¿Qué no funcionó tan bien?
■ ¿Qué cosas sabe ahora que no sabía antes?
■ ¿Qué cosas podrá poner en práctica cuando llegue a casa?
■ ¿Cuáles prácticas serán difíciles de hacer en casa?

LECCIÓN

REPRODUCCIÓN

La reproducción es el proceso biológico mediante el cual se crea un nuevo individuo de la misma especie. Para los caprinos, este proceso comienza con el cruce entre un macho y una hembra, o la inseminación artificial de una hembra. Si es exitosa, el resultado es la concepción: un óvulo del ovario de la hembra se fertiliza (se une con) un espermatozoide del macho para crear un nuevo individuo. A partir de la concepción sigue la preñez o período de gestación, de unos 150 días durante los cuales el feto (el chivito antes de nacer) crece dentro del útero de la hembra hasta el parto.

En los climas templados, los caprinos se reproducen estacionalmente, apareándose principalmente en el período entre fines del verano y comienzos del invierno. Durante este período, la hembra tiene su celo (estro) cada 18 a 22 días (en promedio cada 21 días). El estro / celo de la hembra puede durar apenas un par de horas o hasta dos ó tres días. Ciertas hembras podrán tener este ciclo del estro en otras épocas del año, especialmente si se introduce un nuevo macho a la finca, o si se usa iluminación artificial. En los climas tropicales, las hembras usualmente hacen su celo todo el año.

Con manejo intenso, se puede cruzar una hembra tres veces en un período de dos años. Luego de la gestación de cinco meses, la hembra tendrá su parto. Es común que paran dos chivitos, pero también es típico uno solo o tres. Cuando la nutrición es pobre y la reproducción está sin ningún control, lo más común es parir un solo chivito. Luego del parto, usualmente se ordeña a la hembra durante 10 meses. Cuando la hembra se vuelve a cruzar, hay que "secar" a la hembra (suspender el ordeño) dos meses antes de la fecha del parto.

REPRODUCCIÓN Y SELECCIÓN

Un emprendimiento caprino exitoso depende de la reproducción regular y partos saludables para que crezca el hato. Hay que manejar la reproducción eficazmente, ya que la reproducción descontrolada puede limitar la productividad. La reproducción manejada implica seleccionar a las hembras y los machos más idóneos y elegir una fecha apropiada para su cruce. También incluye manejar la nutrición durante el período reproductivo para aumentar la concepción, y programar el apareamiento para que nazcan los chivitos cuando sea abundante el alimento. En los climas tropicales, la mejor época para que nazcan los chivitos puede ser al final de la época lluviosa cuando es abundante el forraje. En los climas templados, puede ser mejor a fines del invierno o principios de la primavera.

Se mejora el rebaño caprino mediante el manejo eficaz de los animales y la selección genética usando criterios establecidos. El manejo significa asegurar que los animales tengan un buen cuidado en general, una nutrición equilibrada y atención preventiva de salud. La selección genética implica, entre otras cosas, escoger cuidadosamente los rasgos físicos de los animales que se cruzan para lograr cualidades deseables en sus crías. La combinación de estos dos factores (manejo y selección) contribuirá a un hato fuerte, saludable y productivo.

Hay varios tipos de reproducción. Se enumeran a continuación, explicando sus propósitos y ventajas principales. Para elegir uno sobre otro, hay que considerar detenidamente los objetivos para las crías: ¿Es la finalidad un rebaño saludable para carne o para leche? ¿Se busca vender las crías?

Raza pura
La raza pura es cuando se cruzan dos animales de una misma raza y de linaje puro. Las crías de dos animales de raza pura tendrán las características de esa raza, pero pueden tener deficiencias en otras características, como por ejemplo la resistencia a las enfermedades. Las crías también serán de raza pura, y pueden tener un mayor valor de venta. Sin embargo, usar un macho de raza pura con hembras también de raza no siempre garantiza el éxito. A más de los registros sobre el macho, es importante contar con los registros productivos sobre su hembra o hijas.

Cruce de razas
El cruce de razas se hace entre dos animales de diferentes razas, o cruzando un animal exótico con un criollo. Muchas veces la primera generación de estos cruces es superior a la media para sus padres en cualidades productivas como crecimiento y producción de leche. También pueden ser más robustos que sus padres. Este mejor desempeño se conoce como vigor híbrido. El cruce de razas suele utilizarse para mejorar la productividad de los animales criollos. El cruce de un macho exótico (de raza pura) con una hembra criolla producirá crías fuertes y vigorosas. Estas crías producirán más y también tendrán alguna resistencia a las enfermedades locales. Si se cruza una raza lechera con una raza de carne, las crías hembras producirán más leche que la raza de pura carne, y las crías destetadas serán más grandes que la raza de pura leche.

Cruce entre animales emparentados
Este sistema cruza a individuos que son parientes (pero no muy cercanos) para mantener a un ancestro común en el pedigrí. Esto aumenta la probabilidad de mantener una cualidad deseable en las crías.

Endogamia
La endogamia es cruzar entre animales que son muy emparentados entre sí. Mientras más cercano el parentesco entre los reproductores, mayor es el riesgo de que sus crías trasmitan o repliquen un defecto o debilidad genética que está presente en su ancestro familiar. Las crías que heredan sus genes de dos padres muy emparentados tienden a ser menos productivas y menos resistentes. Esto se llama "depresión endogámica". Un programa reproductivo siempre debe incluir una revisión de registros bien llevados para evitar que se crucen los animales con sus padres, sus hermanos/as de padre y madre, sus hermanos/as de padre o madre (medios hermanos/as), o sus primos hermanos/as.

> **ADVERTENCIA**
> No deben cruzarse dos caprinos que nacieron sin cachos. El cruce entre dos animales sin cachos puede producir anormalidades genitales en las crías.

DESARROLLAR UN PROGRAMA PARA MANEJAR LA REPRODUCCIÓN

Seleccionar a los reproductores originales
Al desarrollar un programa de reproducción manejada, comience seleccionando la raza para mejorar su producción caprina, y los reproductores originales de esta raza, en base a cuatro factores principales: adaptabilidad al ambiente, capacidad reproductiva, ritmo de crecimiento y producción de leche o carne (dependiendo del objetivo de su hato).

Identificación y Registros
Identifique a cada animal del rebaño, registrando a su padre y madre. Asegúrese de usar un único nombre o número para cada individuo para no confundir la información sobre su linaje. Estos controles son útiles para evitar la endogamia indeseada que podría producir defectos congénitos.

Escoja cualidades pertinentes
Examine al hato y haga una lista resumida de las cualidades heredables, tanto deseables como indeseables, que se encuentran en el rebaño caprino. Estos rasgos serán importantes para escoger los padres del hato. Por ejemplo, la producción lechera y la habilidad para alimentarse del forraje son dos características importantes que son trasmisibles.

¿Cuáles son los rasgos del rebaño más importantes de preservar?
- Elija hembras que sean fáciles de cruzar con éxito y que sean buenas madres.
- Para la leche, elija sólo machos con cuerpos bien formados, grandes para su edad y de una madre que era una de las que más leche producía en el hato.
- Para la carne, elija animales con gran capacidad y buenas musculaturas.

¿Cuáles rasgos necesitan mejorarse en el rebaño?
- Si hay animales del hato que caminan mal o tienen patas débiles, incluya buena formación de las piernas como una de las cualidades de selección.
- Si las hembras del rebaño sufren de mastitis por la conformación de sus ubres, grandes y caídas, incluya la buena formación de las ubres como un rasgo de selección.

Haciendo elecciones estratégicas entre las cualidades de la lista, el productor/a puede propagar rasgos deseados, o eliminar las características indeseables, cruzando y eliminando sus animales.

Establezca criterios de selección
En base a las cualidades elegidas del paso tres, establezca criterios de selección para los reproductores/as originales del hato, los reproductores con cualidades deseables, los animales para la producción (leche o carne), para eliminar y para castrarlos. Esto ayudará a determinar la mejor manera de aprovechar cada animal del hato. Los criterios incluirán el ritmo de crecimiento (para las crías), la resistencia a ciertas enfermedades, el tamaño adulto y la producción lechera normal. Los criterios específicos deben tomar en cuenta las diferencias por edad y número de crías en el parto. Estos criterios se aplican entonces al rebaño.

Por ejemplo, para reproductores/as, los criterios de selección podrían ser que las crías sean saludables, mellizos que crecen rápido, de madres que den más leche o de los que producen más carne. Esta selección puede hacerse ya para la edad del destete. Tenga presente que los mellizos crecen más lentamente que las crías únicas - hay que comparar mellizos con mellizos y únicos con únicos para determinar su ritmo de crecimiento.

Para la producción lechera, el criterio probablemente será alta producción lechera, sin casos de mastitis, y buena conformación de la ubre. Recuerde que el volumen de leche depende de la edad de la hembra: las cabras más jóvenes producen menos leche que las que ya tienen 3 ó 4 años. Al decidir cuáles hembras o machos eliminar, los criterios podrían ser que producen poca leche, tienen defectos físicos, y no se reproducen o no son buenas madres. Los machos deben estar en corrales por separado de sus crías para evitar entrecruzamiento. Se les puede trasladar a otra finca o cambiarse por otro macho.

Desarrollar Recursos Reproductivos Locales o Utilizar el Apoyo Existente
Formen un "círculo de machos" con otros capricultores o comunidades cercanas. Las fincas vecinas pueden comenzar rotando un grupo de tres o cuatro machos entre sus comunidades. Cada comunidad o finca debe guardar uno o dos chivitos machos que sean crías de estos machos sementales y de las mejores hembras. Estos chivitos machos pueden cruzarse con hembras que no sean emparentadas o transportarse a comunidades más distantes para servir allí.

Muchas veces una finca del gobierno o más grande sirve como centro genético. Periódicamente, las hijas de las hembras más superiores de las aldeas se compran y se traen al centro para cruzarse con machos también identificados como superiores. Se evalúan las crías de estos sementales. Entonces, se retienen los mejores machos en el centro unos años antes de mandarlos a las comunidades. Los machos menos productivos se eliminan. Los machos de mayor calidad, hijos de los mejores machos y, en algunos casos, las hijas también, salen a las comunidades.

EL MACHO REPRODUCTOR

El macho reproductor es el chivo elegido para ser padre de los chivitos del hato. Aunque se puede escoger al semental dentro del rebaño propio, muchos dueños de hatos pequeños deciden no tener su propio macho. Muchos dueños de machos reproductores cruzarán su animal con las hembras en otra finca a cambio de un pago o una cría. Sólo los machos de padres de alta calidad deben tenerse con fines reproductivos.
Como regla general, los machos reproductores deben tener cuerpos de gran capacidad para poder digerir bien, con fuerza y vigor. Una buena conformación es importante, así como los órganos reproductivos normales y simétricos.

Para seleccionar un macho reproductor para un rebaño lechero, use un macho que ya produjo hijas con buena calidad lechera. Para el primer año de reproducción, juzgue a un macho por la producción lechera de su madre. Idealmente, la madre del macho debe dar tanta leche, o más, que la madre de la hembra. Un macho reproductor para hato lechero debe tener cualidades lecheras, un buen ánimo, buena capacidad corporal y apertura torácica (costillas largas y espaciadas).

Un macho seleccionado para la producción de carne debe tener piernas fuertes con músculos grandes por los hombros, flancos, espalda, lomo, cadera y dentro de la pata posterior. Si están disponibles, solicite los registros del peso que ganaba el macho diariamente para estimar el ritmo de crecimiento de sus crías.

Si se están cruzando para tener crías de raza pura, seleccione un macho de la misma raza que la hembra. Cuando cruzan dos razas, lo mejor es cruzar un macho exótico (de raza pura) con una hembra criolla. Para mayor vigor, cruce dos cabras de diferentes razas, como por ejemplo Nubia y Toggenburg. Las crías tendrán vigor híbrido, pero no podrán venderse como de raza pura.

La buena nutrición es esencial antes y durante la temporada reproductiva. Un macho de 60 kg necesita medio kilogramo (1,1 lb.) de concentrado diario. Se le debe ofrecer bastante agua y forraje fresco para que coma lo que quiera. Si no estuviera disponible ni concentrado ni heno leguminoso, hay que asegurar que el macho tenga suficiente forraje y dejarle ramonear extensamente.

ÓRGANOS REPRODUCTIVOS DEL MACHO

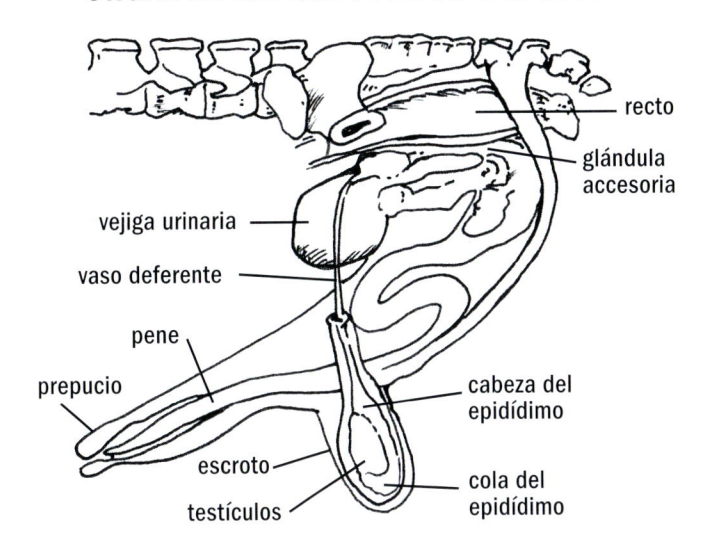

Durante la temporada reproductiva, los machos maduran y entran en celo. Parte de su comportamiento reproductivo es que tienden a querer pelear entre machos. Es aconsejable separar a los machos durante este período. En esta época, los machos desprenden un olor fuerte a almizcle que puede aprovecharse para estimular el celo en las hembras. Por este olor, hay que tener a los machos distantes de las áreas de ordeño y procesamiento de la leche.

Otras características del comportamiento reproductivo incluyen hábitos desagradables, como orinarse en las patas delanteras y/o en el rostro. Esto indica que están listos para aparearse, y generalmente el hábito se acaba cuando la hembra ya no está en celo.

LA HEMBRA REPRODUCTORA

Para reproducirse, una hembra debe tener más de ¾ del peso que tendrá cuando sea completamente madura, usualmente siete a 10 meses de edad y en buena condición física, pero no debe estar gorda. El celo usualmente dura de 48 a 72 horas y ocurre la ovulación a las 24 a 36 horas después del inicio de este período. La hembra debe cruzarse durante la última mitad del estro. El apareamiento es el segundo día y debe repetirse luego de 12 horas si ella sigue en celo, ya que esto aumenta las probabilidades.

Señales del Estro (Celo)

Las dificultades para reconocer y detectar las señales del celo son una causa importante de problemas con la reproducción. Para tener éxito, un capricultor/a debe conocer las señales del celo y aparear las hembras oportunamente.

ÓRGANOS REPRODUCTIVOS DE LA HEMBRA

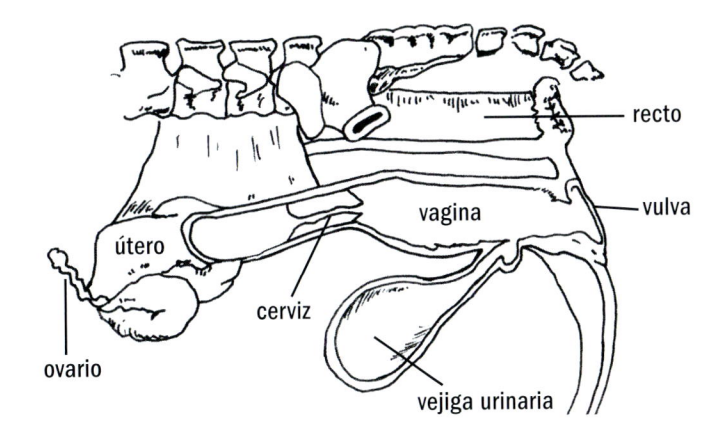

Reproducción **71**

Las principales señales del celo se detallan a continuación:

- La vulva se hincha y se pone roja.
- Descarga mucosa de la vulva.
- Se agita la cola.
- Se pone nerviosa y bala.
- Monta a otras hembras y le montan a ella.
- Orina con frecuencia.
- Está dispuesta a que le cubra el macho.

Estimular el celo en la hembra

La introducción de un macho, o su olor, al principio de la temporada puede hacer que todo un grupo de hembras entren en celo después de unos ocho días. Para hacerlo, ubique a la hembra cerca del macho, o frote una tela en la cabeza del macho detrás de los cachos, donde tiene las glándulas de almizcle que producen olor. Lleve la tela a la hembra, y déjele olerla durante varios minutos una vez al día. Luego de usar esta tela, téngala en un frasco sellado o una bolsa plástica para no perder el olor.

> **ADVERTENCIA**
> En el trópico o en clima caliente, es importante aparear a primera hora del día o por a tarde, cuando hace fresco, para preservar la calidad de los espermatozoides. Recuerde que el óvulo se libera hacia el final del estro, que es el momento adecuado para el apareamiento.

Aunque un macho o su olor es un método eficaz para inducir el celo, la mayoría de las hembras harán su ciclo sin la presencia del macho. La época puede inducirse y optimizarse también reduciendo la luz y la temperatura. Los días más cortos estimulan los ciclos del estro. Intensificar la nutrición en la época reproductiva también es beneficioso. Esto se hace dándoles pasto de alta calidad y abundancia o concentrado adicional, o suplementos de proteína. Esto también puede incrementar el número de ovulaciones y la probabilidad de parir crías múltiples.

Reproducción natural

Cuando la hembra está en celo, hay que llevarla donde el macho. Si ella está en celo, le dejará que la monte. Los machos son más fértiles las primeras tres ó cuatro veces que cubren en el día. Después de eso, su semen tendrá menos espermatozoides, lo que reduce la probabilidad del éxito reproductivo. No hay que dejarles a los machos con las hembras durante períodos prolongados. El agricultor/a debe observar el apareamiento y registrar los números de identificación de la hembra y el macho, con la fecha y hora.

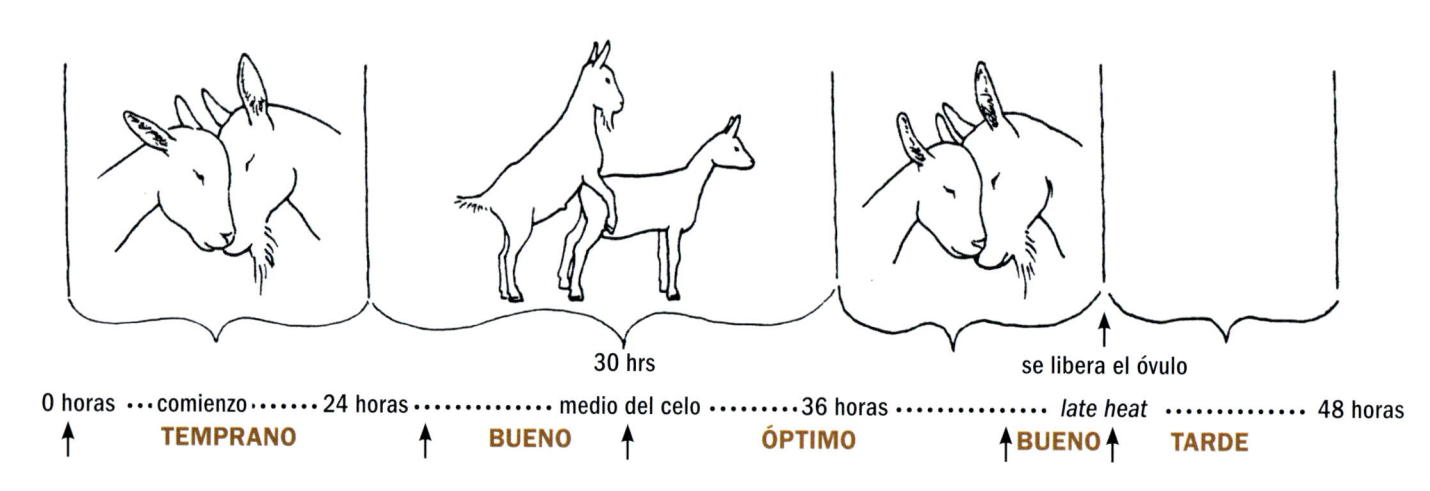

0 horas ···comienzo··· 24 horas ············ medio del celo ············ 36 horas ············ *late heat* ············ 48 horas

TEMPRANO   **BUENO**   **ÓPTIMO**   **BUENO**   **TARDE**

30 hrs

se libera el óvulo

Capítulo 5-Leccíon

Comportamiento reproductivo

El macho olfatea a la hembra para ver si está en celo.

El macho frunce su labio superior para demostrar que está listo. Esto se llama la conducta o el reflejo de Flehmen.

Se empujan y patean.

El monte

Copulación
Eyaculación

Reproducción

Inseminación artificial

La inseminación artificial (IA) en caprinos es una tecnología muy desarrollada con antecedentes de más de 100 años. Se colecta el semen de un macho y se lo transfiere al sistema reproductivo de la hembra. El semen fresco o el congelado (comercialmente disponible) puede utilizarse para mejorar la genética de las crías. Se puede colectar el semen de los sementales más cotizados, congelarlo y luego transportarlo por todo el mundo, para mejorar poblaciones caprinas grandes. Sólo un técnico capacitado/a debe recolectar, congelar y almacenar el semen.

Con buena detección del celo, y un buen manejo de lo registros y del semen, la IA puede ayudar a acelerar mucho la mejora genética. Sin embargo, puede reducir la producción a menos que ya estén en un nivel adecuado de manejo, nutrición, vivienda y control de parásitos. Se necesitan buenas vías de acceso a la aldea y la capacidad de comunicarse con teléfonos móviles para poder traerle al técnico/a de IA oportunamente.

INSEMINACIÓN ARTIFICIAL (IA)	REPRODUCCIÓN NATURAL
Acelera la mejora genética al usar semen de machos superiores	La mejora genética es menos rápida
Elimina los costos de alimentación, vivienda y espacios cercados aparte, y mano de obra para criar uno o más machos	Hay que cuidar y dar de comer al macho todo el año o pagar por el servicio de un macho ajeno
Numerosas hembras pueden inseminarse en un mismo día	Tres ó cuatro hembras pueden inseminarse en un mismo día
Evita la mayoría de las enfermedades reproductivas	Los machos pueden trasmitir enfermedades contagiosas
Es más fácil conocer los pedigríes	Mayor índice de preñez
Requiere excelentes destrezas para detectar el celo e infraestructura técnica para recolectar, almacenar e inseminar	No requiere conocimientos técnicos de inseminación artificial

Consideración General para la IA en Caprinos

Obtenga el semen congelado de una fuente de confianza. Si usa semen fresco, la inseminación cervical durante el celo natural da mejores resultados. Si usa semen congelado, es más eficaz sincronizar los celos. Uno de los medios más sencillos de sincronización es la súbita introducción de un macho o su olor al comienzo del otoño.

Las inyecciones de hormonas, como la Gonadotrofina de Yeguas Preñadas (PMSG) o la Hormona Estimulante de Folículos (FSH) puede estimular el celo de las hembras. Son medicinas potentes, y sólo un veterinario/a o técnico/a con la formación idónea debe utilizarlas. La dosis de PMSG a usar depende de la edad de la cabra, la producción lechera actual y la época del año. También pueden usarse esponjas vaginales con progestina en ciertos países.

El momento óptimo para la inseminación

La detección exacta del comienzo del celo es importante para el éxito de un programa de inseminación artificial. Esto es porque la IA es más eficaz justo antes de la ovulación, la que ocurre a mediados o fines del estro. Una hembra puede inseminarse a aproximadamente 12 horas después de la primera señal del estro, y esto puede repetirse dos veces, cada 12 horas, para incrementar las probabilidades de la preñez y de un parto de múltiples crías. Si las hembras

> **ADVERTENCIA**
> Las mujeres embarazadas no deben estar en la presencia de estas hormonas reproductivas.

están en celo en la mañana, es mejor inseminar en la noche. Si ocurre el estro en la noche, es mejor inseminar a la mañana siguiente. Repetir la IA puede ser costoso. Es posible que quiera usar un "macho de respaldo" para montar a una hembra si no concibe y vuelve a tener celo después de la IA.

Materiales y Equipos para la Inseminación Caprina
- Tanque de nitrógeno líquido
- Espéculo (instrumento médico)
- Lubricante
- Pistola de IA
- Cubiertas o fundas para el aplicador
- Luz de IA
- Lo necesario para sujetar al animal
- Pinza y cortador de la pajilla
- Caja de descongelamiento
- Termómetro
- Toallas de papel, etc.

Descongelamiento del Semen
Los métodos para descongelar el semen varían entre los fabricantes de equipos para IA, y lo mejor es seguir sus recomendaciones. Si no estuvieran disponibles las recomendaciones, saque la pajilla congelada del tanque de nitrógeno líquido con las pinzas para manejar la pajilla, y ubíquela en la caja de descongelamiento, llena de agua tibia (37°C / 98,6°F) durante 30 a 60 segundos. Esto requiere una fuente de agua tibia y un termómetro preciso. Después del descongelamiento, seque la pajilla totalmente con una toalla de papel. El semen debe permanecer caliente y no exponerse a la luz del sol ni al agua durante el proceso de inseminación, para no perjudicar ni matar los espermatozoides. El semen descongelado debe utilizarse dentro de cinco minutos.

Preparación de la Pajilla
- Se requiere una pistola de inseminación, diseñada especialmente para el tipo de pajilla. Tenga la cubierta a la mano, sellada hasta que haga falta.
- Retire el émbolo de la pistola de 10 a 15 cm e inserte la pajilla en la pistola. Entra primero el extremo que tiene el tapón de algodón (contra el émbolo).
- Sostenga la pistola en posición vertical, permitiendo que la burbuja de aire suba hasta el extremo sellado.
- Corte el extremo sellado de la pajilla con una tijera. Tenga cuidado de cortar la pajilla en forma recta para que se asiente bien.
- Instale la cubierta sobre la pistola, sujetándola con el empaque circular (O-ring) incluido. Instálelo para que el lado más ancho del empaque esté hacia la pajilla, con el lado más angosto hacia la jeringuilla.

Procedimiento de Inseminación
- Todo el cuidado que ha tomado en el manejo, almacenamiento y preparación del semen serán inútiles si no se hace la inseminación misma con cuidado y limpieza. Hay que sujetarle a la hembra en su tarima de ordeño respectiva o de otra manera idónea. Puede ser necesario levantarle a la hembra si no quiere pararse. Antes de proceder, limpie la vulva de la hembra con un papel toalla seco. Coloque la luz dentro del espéculo. Prenda la luz e inserte el espéculo – estéril y correctamente lubricado – lentamente a través de la vulva y dentro de la vagina suavemente.
- Inserte el espéculo completamente. Ubique la cerviz visualmente. La cerviz debe tener un color rojizo-morado y estar cubierta de mucosidad blanca, si la hembra realmente está en celo. Centre el espéculo sobre la apertura de la cerviz.

- Inserte la pistola inseminadora dentro del espéculo hasta la apertura de la cerviz. Suavemente manipule la pistola de inseminación en movimiento circular a través del canal cervical, penetrando una pulgada y media (4cm) más allá de la apertura cervical.
- Deposite el semen cerca del extremo uterino de la cerviz o a la entrada del útero. Deposite el semen lentamente (debe demorar al menos cinco segundos).
- Saque el instrumento sin soltar la jeringuilla y luego saque con cuidado el espéculo.
- Registre toda la información importante y pertinente sobre la inseminación.
- Descarte todos los materiales desechables, y luego limpie y esterilice los materiales reutilizables.

Asegúrese de verificar las señales del celo dentro de los 18 a 22 días – porque si vuelve a tener celo, no está preñada. En tal caso, repita la IA o recurra a la reproducción natural.

CUADRO DE GESTACIÓN

CRUCE	NACIMIENTO*
Julio	Deciembre (-3)
Agosto	Enero (-3)
Septiembre	Febrero (-3)
Octubre	Marzo (-1)
Noviembre	Abril (-1)
Deciembre	Mayo (-1)
Enero	Junio (-1)
Febrero	Julio (-0)
Marzo	Agosto (-3)
Abril	Septiembre (-3)
Mayo	Octubre (-3)
Junio	Noviembre (-3)

* Para determinar la fecha prevista del nacimiento, tome el día del apareamiento y reste el número entre paréntesis en la columna derecha. Esto le dará la fecha del mes indicado como mes del parto. Por ejemplo, si el monte fue el 10 de julio, la hembra ha de parir el 7 de diciembre. Si se apareó el 20 de noviembre, ha de parir el 19 de abril.

CUIDADOS PARA LA HEMBRA PREÑADA

Hay que darle concentrado que contiene proteína y energía durante la preñez para que ella sea saludable y para asegurar que los chivitos sean fuertes. A medida que avance la preñez, vaya incrementando gradualmente los nutrientes en la dieta de la hembra, pero sin dejar que se engorde. En las últimas tres semanas antes del parto, déle heno de gramíneas (pasto) en lugar de las leguminosas que contienen más calcio. Esto obliga al animal a movilizar sus propias reservas de calcio y prepararse para dar leche, y también ayuda a evitar la hipocalcemia, o fiebre de la leche. Para más información sobre la fiebre de la leche, véase la lección sobre la salud.

Administre vacunas a la hembra tres semanas antes del parto: Clostridio Perfringens C y D y Toxoide de Tétano. Repita las vacunas después de 30 días si la hembra no fue vacunada antes. Si se recomienda en su zona, déle también una inyección de vitamina E y selenio durante la temporada seca, para evitar la enfermedad de músculo blanco o infertilidad. El selenio cumple un rol importante en la regulación de la reproducción en la hembra. Déle la dosis correcta, ya que el selenio en exceso puede ser tóxico.

Muchas hembras tienen poblaciones altas de parásitos al momento del parto. Algunos capricultores/as eligen desparasitar de siete a 10 días antes del parto, y otros/as desparasitan al momento del parto. Un examen coproparasitario puede determinar la carga de parásitos, para planificar un programa general de control. (Véase la Lección 8 para el control de parásitos.)

Volver a preñar a la hembra después del parto
En las zonas templadas, las hembras quedan preñadas en el otoño y paren en la primavera, cuando es abundante el alimento. Estas hembras no volverán a tener celo hasta el próximo otoño, cuando comienzan a ponerse más cortos los días. Como ya mencionamos, algunos capricultores/as usan iluminación artificial para hacer que parezcan más cortos los días, para que sus hembras tengan celo hasta en el verano. Este gasto adicional puede ser redituable si el hato tiene excelente nutrición y atención para su salud. Se puede montar a la hembra nuevamente a las ocho semanas después de parir, si entra en celo.

En los países tropicales donde el día tiene la misma duración todo el año, las hembras podrán entrar en celo en cualquier momento. Nuevamente, con excelente nutrición y cuidados de salud, las hembras pueden preñarse a partir de 8 a 12 semanas después de parir, lo que daría tres partos en dos años. Esto es posible únicamente si la fuente de alimentos es confiable todo el año. En el trópico, la temporada seca puede limitar la abundancia del alimento. Si hay largos períodos secos con poco forraje, es mejor tenerle tranquila a la hembra, sin hacerle montar, hasta cuando sea buena la probabilidad de suficiente alimento cuando nazcan sus chivitos. Si no, la hembra y las crías podrían morir por desnutrición.

INFERTILIDAD EN CAPRINOS

El término "infertilidad" simplemente significa que la hembra no concibe o no permanece preñada. Las causas pueden ser múltiples, incluyendo deficiencias nutricionales específicas o una falta general de nutrición, enfermedades infecciosas, factores genéticos, estrés, plantas tóxicas y diferencias estacionales. La infertilidad también se relaciona con una serie de situaciones que interfieren con la reproducción como cuando no detectamos el celo, o no se da el celo (anestro), o los defectos genitales heredados, la muerte del embrión y los abortos.

Las causas comunes de infertilidad y problemas reproductivos incluyen:
- *Deficiencias Nutricionales*

Aunque los chivos son animales resistentes que pueden criarse bien en entornos muy difíciles, es esencial la nutrición adecuada para reducir la prevalencia de la infertilidad, especialmente el anestro. En los países en vías de desarrollo, la desnutrición en general probablemente es la mayor causa de la infertilidad. Las deficiencias más específicas de proteína, energía, vitaminas, y minerales como el fósforo, cobre, yodo, y zinc pueden causar la infertilidad. Por esta razón es importante para la salud reproductiva suplementar la dieta de todo caprino con sal mineralizada o bloques de minerales.

- *Infecciones del Conducto Genital*

Los genitales de las cabras pueden infectarse con bacterias, viruses, hongos y clamidia. Algunos de estos patógenos pueden producir infecciones que causarían la muerte del embrión y el aborto en las cabras preñadas, y posteriormente a la infertilidad. Algunos de los agentes infecciosos más comunes que causan el aborto son chlamydia, brucella, toxoplasma, listeria, fiebre aftosa, mycoplasma y salmonella pero hay muchos más.

■ *Estro no detectado*

En muchas situaciones de manejo, la falta de destrezas de observación o de plenos conocimientos de las señales del estro por quienes cuidan a los animales día a día puede impedir que detecten el celo. Esto puede tener un costo alto, si el rebaño no se reproduce.

Una hembra que no queda preñada aunque se aparee varias veces con un macho fértil se llama "repetidora". Esta condición puede ser por infecciones, desequilibrios hormonales, o factores hereditarios o del manejo. Al evaluar una hembra que parece infértil o repetidora, es importante recordar que el macho también puede ser infértil, temporal o permanentemente. Si muchas hembras se cruzan con un semental pero no se preñan, haga la prueba con otro macho.

■ *Anestro*

El anestro es cuando una hembra no entra en celo. Puede ser por un cambio del ambiente, por el estrés de mucho calor, por deficiencias nutricionales, por el estrés de la lactancia, o por la edad. Los niveles bajos de energía o proteína en la dieta, las deficiencias minerales (fósforo, manganeso, cobalto, cobre) y de vitaminas (vitaminas A y E) pueden suprimir las señales del estro o causar un estro irregular.

CASTRACIÓN DE LOS MACHOS

La castración es el proceso de cortar el conducto espermático del chivo para evitar la reproducción.

Es importante llevar buenos registros para poder saber cuáles animales son productivos y libres de enfermedades. Posiblemente usted quiera vender sus mejores machos como reproductores. Deberá castrar todos los machos que no piensa usar para la reproducción. Estos machos podrán criarse para la carne. La castración impedirá que se crucen cuando no queremos que lo hagan, ya que los chivitos pequeños (de apenas tres meses de edad) pueden montar a una hembra. Se puede castrar en cualquier momento, desde las dos semanas hasta los dos meses; sin embargo, crecerán mejor si usted espera hasta casi los dos meses y utiliza el método cerrado. Esto también puede reducir o evitar la urolitiasis en los machos castrados, ya que el desarrollo de la uretra y su proceso depende de la testosterona.

Hay dos principales métodos de castración. Se recomienda una inyección de anti-toxina tetánica antes de cualquiera de los dos métodos, o penicilina si no estuviera disponible la anti-toxina.

Método cerrado (castración con la pinza de Burdizzo)

Este método se prefiere porque hay menos riesgo de infección, infestación con moscos (larvas) o tétano. Se suele usar con animales con más de seis semanas de edad. Sin embargo, la herramienta es costosa y a veces no está disponible.

Para usar la pinza de Burdizzo, alguien debe sujetar al macho sentado, con los testículos entre las patas traseras. Primero, palpe para sentir el conducto espermático y los vasos sanguíneos debajo de la piel entre el testículo y el abdomen (véase el diagrama). Cierre la pinza ligeramente y luego firmemente sobre el conducto, desde el lado (no al medio). Repita en una posición ligeramente diferente al mismo lado. ¡Tenga cuidado de no aplastar al medio porque podría aplastar la uretra! Repita al lado contrario para aplastar los vasos a cada lado por separado. El chivo puede sentirse incómodo durante un rato. Después de unas pocas semanas los testículos se harán más pequeños y firmes.

Método abierto
Este método se suele usar con chivitos de 2 a 4 semanas de edad.

Materiales requeridos:
- cuchillo filudo, hoja de afeitar o tijera – esterilizados
- alcohol
- tintura de yodo
- jabón y agua
- una persona que ayude

Ubique los materiales necesarios sobre una superficie limpia. Lave las manos con agua y jabón. Lave el escroto con agua de jabón. Sumerja el escroto en alcohol o yodo (tintura de yodo al 7 por ciento).

Procedimiento:
- Haga un corte vertical de 1 cm a cada lado y saque los testículos por el corte. Es posible que necesite cortar la funda blanca y brillosa también.
- Suavemente, hale los testículos hasta que se rompan sus conductos (no se cortan sino que se rompen).
- Sumerja el escroto en la tintura de yodo al 7 por ciento u otro antiséptico.
- Suéltele al chivito, pero obsérvelo periódicamente. Déjelo mamar o tomar leche de la mamadera inmediatamente, pero no le meta con otros chivitos peleones. En la mayoría de las situaciones la incisión se sanará naturalmente dentro de pocos días.

ADVERTENCIA
Procure evitar la temporada de moscas cuando implemente esto procedimientos y use insecticida para moscas cuando sea necesario. Las moscas pueden causar una infestación de gusanos.

HISTORIA DE TANZANIA

Thecla Marca la Diferencia

Thecla Makoke siempre ha estado entre una minoría de mujeres en un campo dominado por hombres. Estudiando la ingeniería agronómica en Tanzania y Holanda a mediados de los años 1980, a cada rato se sentía cuestionada: ¿por qué se metía en el territorio masculino del desarrollo agropecuario? Pero ella perseveró. "Sé que mi madre y mis tías siempre hicieron la mayor parte del trabajo en nuestra finca – ¿por qué sus asesores tienen que ser sólo hombres?" preguntaba. Ahora, 20 años más tarde, ella es experimentada y conocida por sus conocimientos técnicos, respetada entre sus colegas.

El grupo de mujeres en la zona de Kibaha ha merecido respeto también. En esta región del sudeste de Tanzania, se intercalan los árboles de coco, marañón, cítricos y mango entre los cultivos de yuca, maíz y frijol que son comunes en este terreno ondulado. Aún en los años más secos, hay sombra bajo el follaje de los árboles, donde la gente puede hacer sus labores agrícolas al mediodía. En los campos y alrededor de las casas, los niños y niñas ayudan a sus padres y abuelos/as. Sólo el 50 por ciento de las/los menores en edad escolar están en clases. Algunos/as deshierban las piñas; otros/as sacan las gallinas criollas para buscar comida. Y otros/as más lavan ropa o utensilios de la casa y los secan al sol sobre pequeños soportes de bambú.

Los grupos de mujeres de cinco aldeas cerca de Kibaha en el sudeste de Tanzania se acercaron a la oficina distrital de Heifer Internacional, donde trabajaba Thecla, para obtener animales para producir leche para sus hijos/as. Thecla reportó: "Se sorprendieron cuando sugerimos cabras lecheras, porque casi nadie de la zona había tomado leche de cabra. Con nuestro apoyo, y la promesa de ayuda de Heifer Internacional, BOTHAR en Irlanda y Heifer de los Países Bajos, comenzó el proyecto. Se acompañó a 25 familias en cada comunidad para preparar corrales para sus cabras, sembrar gramíneas y árboles para forraje, y asistir a capacitación sobre el manejo. La cuarta parte de estos hogares son de jefatura femenina."

Con el aliento de Thecla, las familias comenzaron sus preparativos sembrando forraje y construyendo pequeños corrales para sus cabras. "Algunos jefes de hogar no podían creer que nosotros/as cumpliríamos con nuestra promesa de dar las cabras lecheras," dice Thecla. "La mayoría de las mujeres nos confiaban más, pero a algunas sus maridos les impidieron participar." Después de persistentes visitas y capacitación práctica, 113 familias completaron sus preparativos, y cada una recibió una cabra lechera entre 2002 y 2003. Cada familia firmó un contrato para compartir tres crías con otras familias.

Una de estas familias beneficiarias es la de Tikiti, agricultora y madre sola, con dos pequeñas hijas en la aldea de Mbwawa. Se ganan la vida con una finca de menos de una hectárea. Mbwawa (que significa embalse) está en un camino vecinal de tierra, al norte del pueblo de Mlandizi, a unos 65 km tierra adentro por la Carretera principal de TanZam que atraviesa toda Tanzania. La población, en su mayoría musulmana, se gana el sustento económico de la agricultura, pero cada vez más jóvenes rurales se han trasladado hasta los cercanos centros urbanos de Dar-es-Salaam y Kibaha en busca de trabajo. Cuando usted visita a Tikiti, la encontrará ocupada, vendiendo vino de palmera, con unas picantes tortitas fritas de frijol que se llaman bajias, proyecto que hace con su vecina para generar ingresos.

A Tikiti le ha ido bien con la cabra lechera que recibió en el año 2002. Su cabra, llamada 'Tegemeo' (Confianza), ha producido dos veces mellizos: dos machos y dos hembras. Tikiti vendió dos de las crías en US$70 cada una, y vende toda la leche que no consume en casa, por US$0,40 el litro. Estos ingresos le han permitido hacerse socia de un pequeño grupo de ahorros y crédito con otros vecinos/as, para tener préstamos cuando los necesiten.

Ella no es la única. La leche y la venta de las crías están ayudando a mejorar el nivel nutricional e ingresos de las familias participantes en Kibaha. Ya se han compartido 23 crías con familias nuevas. El proyecto que Thecla guía está marcando una diferencia inimaginable en las vidas de estas familias. ◆

GUÍA DE APRENDIZAJE

6 PARTO

OBJETIVOS DE APRENDIZAJE
Para el final de la sesión, las/los participantes podrán:
- Describir las señales del parto
- Reconocer las posiciones normales y anormales para el parto
- Preparar lo necesario en preparación para el parto
- Apoyar y cuidar a la hembra durante el parto
- Quitar los cachos a los cabritos
- Desarrollar un plan personal para cuidar a la mamá y los chivitos recién nacidos

TÉRMINOS QUE ES BUENO CONOCER
- Parto
- Calostro
- Cuidado y apoyo
- Cordón umbilical
- Placenta
- Loquios
- Cerviz
- Bolsa de agua
- Ombligo
- Útero

MATERIALES
Afiches
- Dos papelotes tamaño afiche y cinta adhesiva
- Marcadores o lápices oscuros
- Un/a artista local

Materiales para el equipo de parto
- Balde
- Tintura de yodo al 7% en frasco pequeño
- Aretes de identificación
- Telas suaves
- Cuchillo filudo
- Vacuna contra tétano / clostridium CyD y jeringuillas
- Aretes de identificación o equipo de tatuaje
- Lápiz, esferográfico, papel para registrar el nacimiento

Descornar a los chivitos
- Caja de descorne (un ejemplo de lo que se hace)
- Chivitos tiernos, con menos de dos semanas de edad, para descornarlos
- Cautín de descorne
- Madera precortada, clavos y martillos para hacer cajas de descorne según la descripción en el texto
- Mamaderas con leche para cuidado y apoyo después de descornar

TAREA INICIAL
En base a las conversaciones con el grupo, decidan cuáles son los problemas más urgentes relacionados con la preñez, el parto y la cría de chivitos tiernos en las fincas de su comunidad. Para dos de estos problemas comunes, necesitarán que alguien dibuje un par de bocetos que ilustran el buen manejo y el mal manejo que lleva a tener este problema. Véanse los ejemplos al final de esta Guía de Aprendizaje. Ésta es una lección larga, y es posible que decidan realizarla en dos ó tres diferentes sesiones.

TIEMPO (Puede variar según el grupo.)	ACTIVIDADES
15 minutos	**Compartir entre el grupo** ¿Qué ha pasado desde la última sesión? ¿Han hecho cambios en sus prácticas de manejo caprícola? Hoy vamos a hablar sobre los partos. ¿Qué necesitamos aprender de esta sesión? Enumere las respuestas.
45 minutos	**Todo el grupo piensa y conversa** Haga que alguien muestre cada dibujo a todos los miembros del grupo. Necesitarán circular lentamente por el grupo para asegurar que todo el mundo los vea de cerca. Entonces, coloque los dibujos adelante, y comience a conversar: ■ ¿Qué ven en el primer dibujo? ¿En el segundo? ■ ¿Cómo son diferentes? ■ En el primer dibujo, ¿qué piensan que pasó? ■ ¿Qué cambiarían para que el resultado sea más como en el segundo dibujo? ■ ¿Cuál de estos dibujos se parece más a una finca en esta comunidad? ¿Por qué? ■ Hagan una lista de prácticas que harían para que el primer dibujo se parezca más al segundo.
60 minutos	**Parto normal y anormal** ■ Examinen las ilustraciones de la guía de capacitación y conversen sobre ellas. Observe, de ser posible, a una hembra en parto. Estén listos/as para determinar el sexo de la cría, esterilizar su ombligo y lograr que comience a mamar. También puede ser que quieran colocarle un arete o tatuaje a la cría, y llenar la hoja de registro. Que el grupo decida sobre el rol del capricultor/a durante el parto. Hablen sobre el cuidado y apoyo. Si están sesionando en una finca, se puede suspender cualquier sesión al momento cuando una hembra va a parir, para conversar después sobre el parto. ■ Advertencia: Las mujeres en edad reproductiva siempre deben usar guantes al ayudar con los partos, al tocar el líquido amniótico o la placenta. Si no, podrían contagiarse de toxoplasmosis o leptospirosis, enfermedades que pueden causar daño severo o muerte a cualquier feto que tengan.
20 minutos	**Armar lo necesario en preparación para el parto** Conversar sobre la razón por la que cada artículo del kit hace falta.
20 minutos ó 1 hora si construyen la caja.	**Construir una caja de descorne, y descornar a los chivitos** Si está limitado el tiempo, se puede entregar a las/los participantes los materiales para construir la caja en casa. El ejercicio de descornar puede hacerse con una caja ya construida.
30 minutos	**Tarea de casa** Pedir a las/los agricultores que elaboren sus propios planes para cuidar a sus hembras parturientas y chivitos recién nacidos.

LECCIÓN
PARTO

INTRODUCCIÓN

Un parto saludable requiere planificación y preparación, una nutrición equilibrada y cuidado preventivo de salud durante la preñez, apoyo y cuidado al momento del parto y en los días siguientes. Para prepararse para el parto, es importante saber cuándo le toca el parto de cada hembra. Establecer la fecha es importante porque permite que el capricultor/a planifique precisamente cuándo debe:

Preparar lo necesario en preparación para el parto.
Armar un corral de parto (para los sistemas de manejo intensivo).
Traer las hembras de los pastizales o del monte, más cerca de la casa y corral.
Adaptar la dieta de la hembra para evitar la fiebre de la leche y la toxemia de la gestación.
Estar alerta para las señales del parto.

Utilice la Tabla de Gestación para estimar la fecha del parto para cada hembra (véase el Capítulo 5).

EQUIPO DE PARTO

Independiente del sistema de manejo caprino que se aplique, es muy conveniente preparar un equipo de parto en anticipación a los partos saludables o anormales. El equipo de parto, que puede armarse en una caja o un balde plástico, debe contener:

- Jabón
- Telas suaves y limpias
- Un cuchillo filudo o tijera para cortar el cordón umbilical (de resultar necesario)
- Un pequeño frasco o botella de tintura de yodo al 7% (suficientemente pequeño para colocarlo contra el ombligo del chivito)
- Vacuna contra tétano / clostridium CyD y jeringuillas
- Aretes de identificación o equipo de tatuaje
- Lápiz, esferográfico y papel para registrar la información del parto

PREPARATIVOS PARA EL PARTO EN SISTEMAS INTENSIVOS

La mejor garantía de un parto normal con chivitos saludables es la nutrición adecuada y buena atención para la salud de la hembra durante su gestación de 146 a 156 días.

Dos semanas antes del parto, prepare el corral respectivo. Este corral debe tener paja limpia en el piso y debe estar limpio, seco y con buena ventilación. Tenga a la mano el equipo de parto, y asegure que sea fácil acceder al agua limpia desde el corral.

Una semana antes de la fecha prevista para el parto, ponga a la hembra en el corral especial, con bastante paja en el piso. Si hay más de una hembra próxima a parir, este corral de parto podrá compartirse. Déle heno de pasto, un concentrado de proteína, sales minerales y agua. El balde de agua debe estar fuera del corral, con una apertura para que la cabra saque la cabeza para tomar, o cuélguelo de un clavo o gancho seguro. Revise a la hembra con frecuencia. Cambie el lecho de paja según sea necesario para que esté seco y fresco.

> **ADVERTENCIA**
> No deje el balde de agua dentro del corral. Si queda dentro del corral, el chivito podría caer dentro durante el parto y ahogarse.

PREPARATIVOS PARA EL PARTO EN SISTEMAS EXTENSIVOS

Al acercarse la fecha prevista para el parto, se puede traer a las hembras desde el monte o los pastizales para que estén más cerca de la casa principal de la finca. No obstante, muchas cabras parirán en el pastizal o campo abierto, lo que les exponen al peligro de perros y otros predadores. En cualquier escenario, tenga el equipo de parto a la mano, accesible. Después del parto, esté preparado para pasar de hembra a hembra, registrando los datos de la madre, el número de crías, su peso al nacer y condición general. Éste es el momento ideal para tratar los ombligos y colocar los aretes de identificación o tatuajes.

SEÑALES DEL PARTO

La mayoría de las cabras no necesitan ayuda para parir, y es imposible predecir cuáles sí necesitarán algún apoyo. Por lo tanto, al acercarse la fecha para el parto, revise a las hembras regularmente para ver las señales de alerta. Se les puede sentir a las crías al lado derecho de la hembra (el lado izquierdo es el rumen). Si las crías están en movimiento, el parto usualmente demorará más de 12 horas todavía.

Observe las siguientes señales del parto:
- La ubre de la hembra comienza a agrandarse y llenarse de leche entre las seis semanas y una semana antes del parto.
- La hembra se para aparte del hato.
- La hembra está inquieta y mueve con la pata la paja que está acolchando el piso.
- La hembra tiene una descarga transparente o roja de la vulva.
- Alza la cola.
- La hembra tiene hundido a los dos lados de la cola.
- La hembra es especialmente cariñosa, frotándose contra el capricultor/a o lamiéndole la mano.

- La hembra mira hacia atrás, viéndose los flancos y "hablando".
- Algunas hembras alternan entre estar paradas y acostadas.

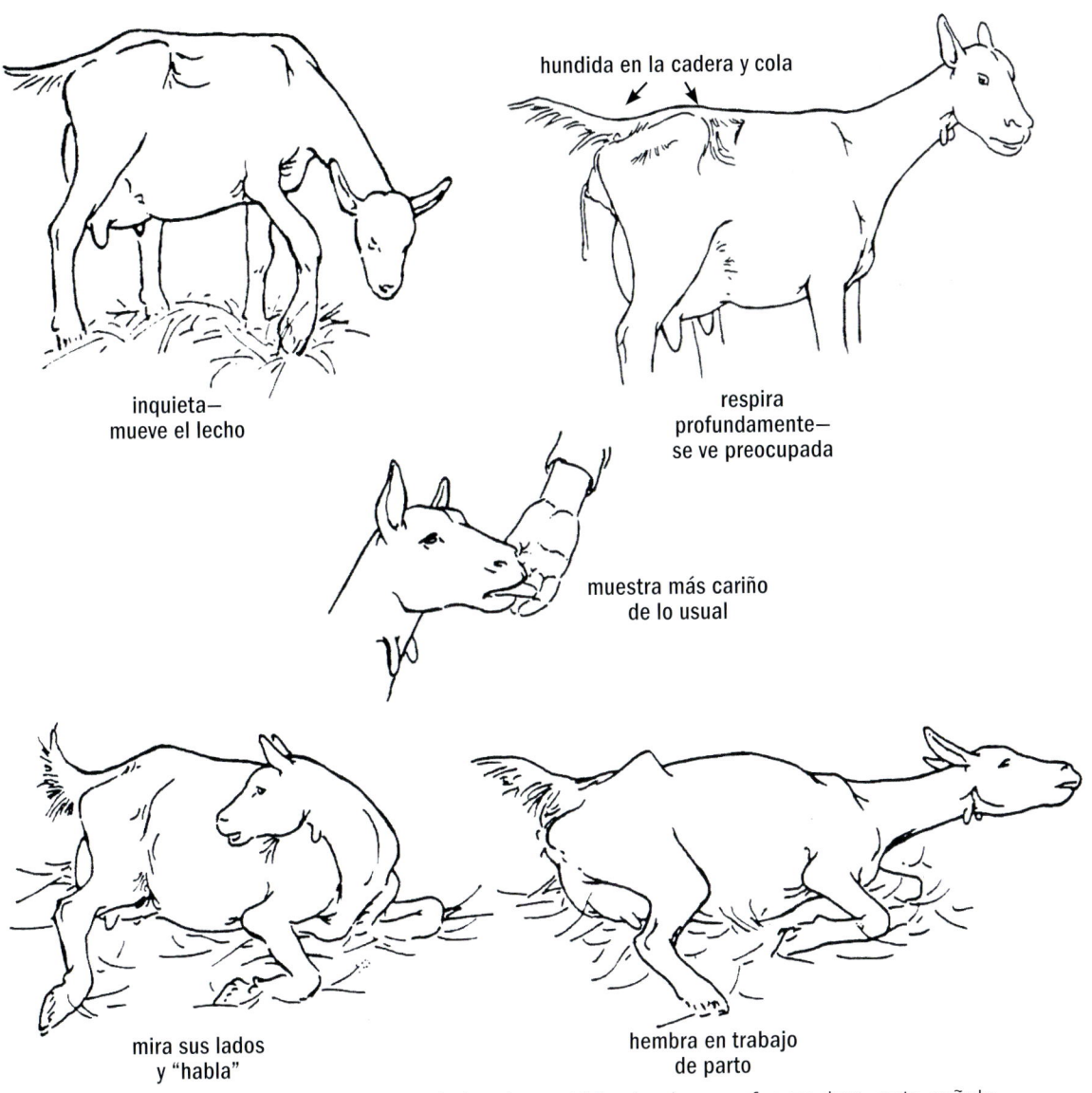

inquieta—
mueve el lecho

hundida en la cadera y cola

respira
profundamente—
se ve preocupada

muestra más cariño
de lo usual

mira sus lados
y "habla"

hembra en trabajo
de parto

Cuando se rompe la bolsa de agua y la hembra está haciendo un esfuerzo duro, esto señala la última etapa del trabajo de parto. Si no se rompe el agua de la fuente, usted puede ayudarle, rompiéndosela. La hembra puede tener una larga descarga colgada de la vulva. Las crías deben de nacer dentro de una hora. La cabra puede parir parada o acostada – ambas posturas son normales. Si las crías no nacen dentro de una hora, ella probablemente necesita ayuda.

POSICIONES NORMALES DE PARTO

Hay dos posiciones normales para el parto.
- Con la cabeza que zambulle entre las patas delanteras. (Figura A)
- Con ambas patas traseras juntas y los deditos rudimentarios posteriores hacia arriba.
  La cría debe estar con el lado derecho hacia arriba, con el rostro hacia abajo. (Figura B)

Cuando hay mellizos, uno saldrá siguiendo la cabeza, y el otro con las patas primero. (Figura C)
Si ambos estuvieran en la primera posición, pueden presentarse dificultades, si ambos tratan
de salir por el canal de parto al mismo tiempo.

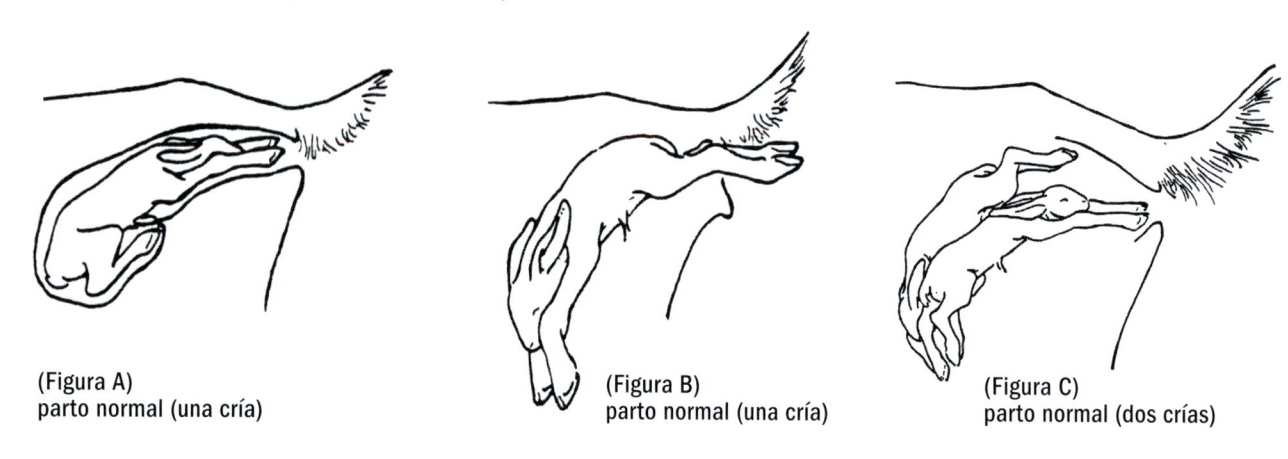

(Figura A)
parto normal (una cría)

(Figura B)
parto normal (una cría)

(Figura C)
parto normal (dos crías)

POSICIONES ANORMALES DE PARTO

- Cabeza normal, pero patas delanteras hacia atrás (Figura A)
- Patas normales, pero la cabeza torcida hacia atrás (Figura B)
- Presentación de lado (Figura C)
- Cabeza normal, pero una pata delantera hacia delante y la otra hacia atrás (Figura D)
- Cría al revés, patas arriba. Una pata adelante, una hacia atrás (Figura E)
- Dos crías, ambas con la cabeza adelante (Figura F)

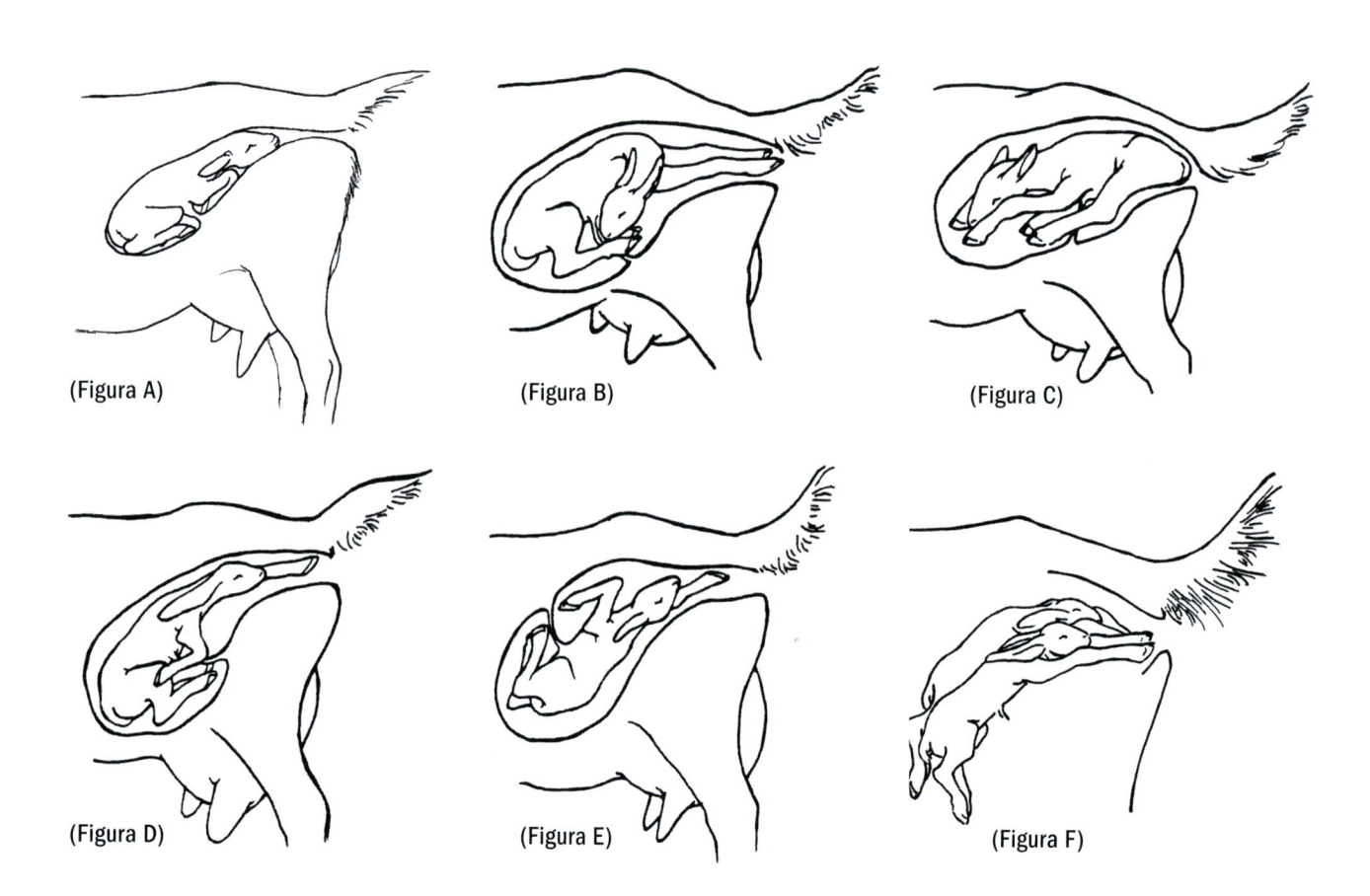

(Figura A)

(Figura B)

(Figura C)

(Figura D)

(Figura E)

(Figura F)

CÓMO AYUDAR CON UN PARTO DIFÍCIL

Si la cría no nace dentro de una hora después del inicio del trabajo de parto, busque la ayuda de alguien experimentado para ayudar a la madre. Si la madre continúa empujando duro pero el trabajo de parto parece que comienza y luego se detiene, ella también puede estar con problemas para el parto. Pueden asomar partes de la cría, pero la madre no le podrá parir.

Si no hay nadie disponible para ayudar, siga estas instrucciones para ayudar con el parto. Las personas con manos pequeñas usualmente tienen mayor facilidad de alcanzar dentro de la cabra para reubicar a las crías. Muchas veces las mujeres, que típicamente tienen las manos más pequeñas, tienen mayor facilidad para dar esta ayuda.

Antes de tocar dentro de la madre, lave la vulva con una solución de agua con un poco de jabón. Si es posible, haga que otra persona sujete a la cabra, o amárrela. Córtese las uñas. Quítese las joyas y anillos. Use agua caliente y limpia con jabón para lavar las manos y los brazos con bastante jabón, incluyendo todas las partes: adelante, atrás, dedos, uñas y cutículas. Quite toda la tierra visible. Enjuáguese. Séquese con una tela limpia, o al aire.

Suavemente inserte una mano dentro del canal de parto de la madre, para determinar la posición de la cría o crías. El canal de parto debe sentirse resbalosa y usualmente no hará falta ningún lubricante.

Mueva la cría hasta que esté en una posición normal para el parto, usando las siguientes guías. (En esta guía, "adelante" se refiere a la salida normal del canal de parto, y "atrás" significa de regreso al útero.)

- *Cabeza normal, pero patas delanteras hacia atrás (Figura A).* Busque dentro de la hembra, encuentre el pescuezo de la cría, y sígalo hasta el pecho de la cría y luego hasta el codo de una pata delantera (Figura G). A veces es necesario empujar el cuerpo de la cría hacia atrás dentro del útero para liberar las patas. Enganche la pata delantera con un dedo y hálela suavemente hacia adelante, recta, tratando de mantener la pata cubierta por su palma para proteger el útero, impidiendo que la pata le raspe (Figura H). Intente hacer lo mismo con la otra pata delantera (Figura I). Luego, saque un hombro y después el otro, suavemente, de la madre, con un movimiento que alterna suavemente al un lado y al otro. Hale cuando la hembra tiene sus contracciones, no oponiéndose a ella. Limpie la nariz de la cría con una tela limpia. Despeje la boquita con su dedo y asegure que comience a respirar. Seque la cría con una toalla, con movimientos rápidos.

- *Patas normales, pero la cabeza torcida hacia atrás (Figura B).* Ésta es una de las posiciones más difíciles. Deslice la mano dentro del útero y empuje las patas y el cuerpo de la cría de nuevo al canal de parto. Cubra la cabeza con la palma de la mano y sosténgala firme, usando los dedos para ubicar las patas en la posición para "zambullir". Guíe la cabeza con la palma de la mano y los dedos hasta que ingrese al canal de parto.

- *Presentación de lado (Figura C).* Está primero la cola, con las patas profundamente dentro del canal. Empuje el trasero más dentro del útero. Trate de agarrar las patas traseras individualmente, dóblelas y víralas un poco hacia

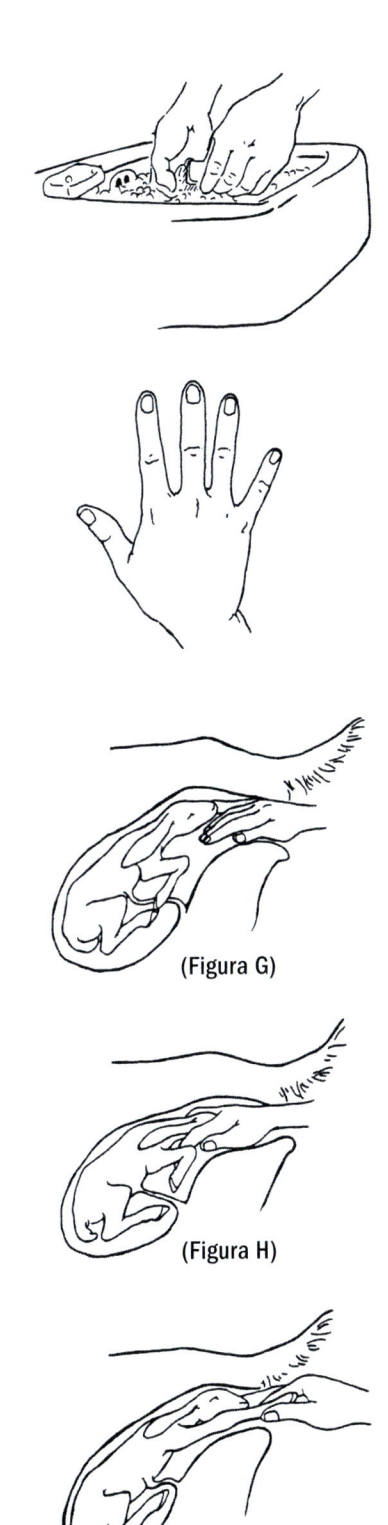

(Figura G)

(Figura H)

(Figura I)

Parto **89**

el lado para sacarlas fuera, hacia usted. Trate de cubrir las pezuñas con la palma para que no lastime el canal.

- *Cabeza normal, pero una pata delantera hacia delante y la otra hacia atrás (Figura D).* A veces un chivito nacerá así. Si es necesario, busque la segunda pata delantera y trate de agarrarla por el codo para ubicarla dentro del canal.

- *Cría patas arriba, con una pata adelante, una hacia atrás (Figura E).* Lentamente, déle la vuelta a la cría hasta que esté en la posición normal de parto.

- *Dos crías, ambas con la cabeza adelante (Figura F).* Este usualmente es un parto muy difícil. Se necesita empujar una cría, con mucho cuidado, de regreso dentro del útero. Se coloca a la otra cría en la posición de parto normal, para sacarla. Entonces, ubique a la segunda cría en la posición de parto y ayúdele suavemente.

Después de que la hembra haya recibido esta ayuda para sacar su cría de manera segura, vuelva a explorar el útero con la mano para asegurar que no quede ninguna criatura adentro.

ADVERTENCIA

Las hembras que han recibido ayuda durante el parto están más susceptibles de la infección uterina. Varios tratamientos son eficaces. Si estuvieran disponibles, se pueden insertar calas uterinas antibióticas para evitar la infección. Una inyección de oxitetraciclina o penicilina también puede detener una infección en sus comienzos. Puede hacerse un lavado de yodo, usando 2 litros de agua con ¼ de taza de tintura de yodo. El color debe ser como un té aguado.

BUENAS REGLAS GENERALES

Dentro de una hora del nacimiento un chivito debería:
- Mamar, tomando el calostro
- Desinfectarse el ombligo con tintura de yodo al 7 por ciento
- Identificarse con un arete o tatuaje
- Tener registro de nacimiento, con la fecha, el peso y el número del arete.

Las mujeres en edad reproductiva siempre deben usar guantes al ayudar con los partos, al tocar el líquido amniótico o la placenta. Si no, podrían contagiarse de toxoplasmosis o leptospirosis, enfermedades que pueden causar daño severo o muerte a cualquier feto que tengan.

EL PROCESO DEL PARTO

PRIMERA ETAPA: DILATACIÓN DE LA CERVIZ

- hundida en la cadera y cola
- bulliciosa, inquieta
- descarga
- ubre apretada

SEGUNDA ETAPA: CRÍA EN EL CANAL

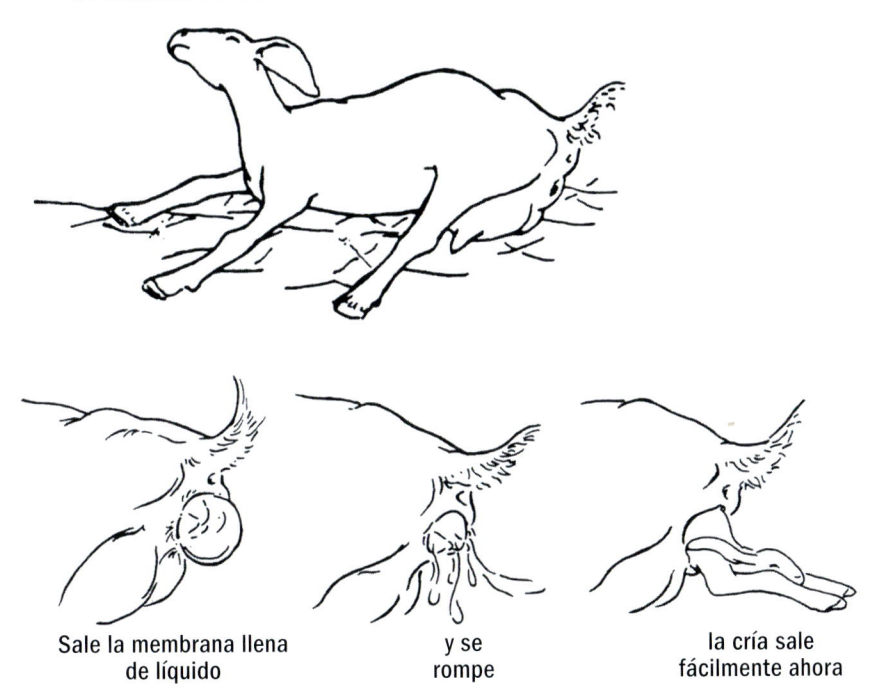

Sale la membrana llena de líquido — y se rompe — la cría sale fácilmente ahora

TERCERA ETAPA: NACE EL CHIVITO

La hembra debe limpiar a su cría a menos que otra esté saliendo. Termine esta limpieza secándole con una toalla.

Aplique yodo al ombligo. Déle calostro a la cría o crías lo antes posible.

AN PEISCHEL, GOATS UNLIMITED

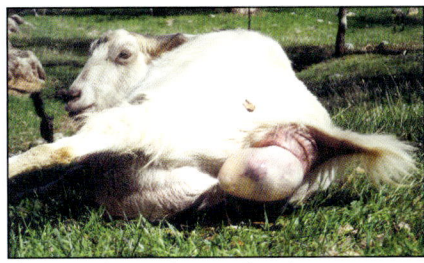

▲ Una madre se esfuerza en las primeras etapas del trabajo de parto. Se ven la nariz y patas delanteras de la cría.

▲ La hembra lame a la primera cría a la vez que comienza a parir a la segunda.

▲ La hembra limpia a la segunda cría. El primogénito comienza a pararse y se acerca a su madre.

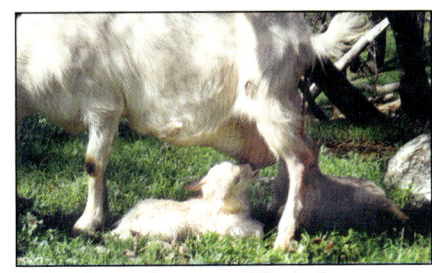

▲ La primera cría mama, recibiendo el calostro que contiene anticuerpos para protegerle de las enfermedades.

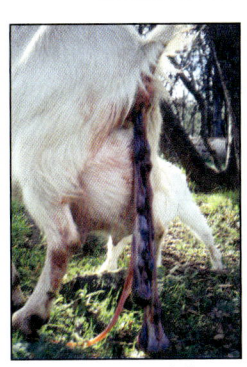

▲ La placenta continúa desprendiéndose y expulsándose del útero de la madre.

▲ Algunas hembras comerán la placenta después del parto. Si queda placenta, hay que enterrarla para que no atraiga a perros u otros predadores.

Parto **91**

CUIDADOS PARA LOS CABRITOS RECIÉN NACIDOS

Si no se rompe el agua de la fuente, usted puede ayudarle, rompiéndosela. Limpie la mucosidad de la nariz, garganta y boca del chivito. Si le mete una pajita por la nariz, esto provoca el estornudo, lo que ayuda a limpiar las vías respiratorias. Si la cría parece sin vida, hágale columpio por las patas traseras—rápido y duro, o use los dedos para dar golpes secos en medio del corazón del recién nacido. De todos modos, hacerle columpio normalmente es la mejor solución, ya que desaloja la mucosidad y aumenta la circulación rápidamente.

Después de que nazcan las crías, deje que el cordón umbilical se rompa naturalmente, para que toda la sangre que contiene regrese dentro de la cría. Tan pronto nazca la cría, hunda el cordón umbilical dentro de una solución de tintura de yodo al 7 por ciento para evitar que los microbios mortíferos ingresen a su cuerpito. Para hacer esto, cubra el ombligo con un pequeño recipiente que contiene la solución del yodo. Gire la parte abierta del frasco contra el cuerpo del chivito, sobre el ombligo, y sosténgalo durante un minuto.

Véase la sección sobre la Alimentación de las Crías Recién Nacidas en la Lección 3 para información completa sobre la dieta recomendada para las crías desde su nacimiento durante las primeras 12 semanas y consulte la Sección de Recursos para la Prevención de CAE.

CUIDADOS PARA LOS CABRITOS QUE ESTÁN CRECIENDO

Es importante observarles al diario. Asegure que estén abrigados y secos, hagan mucho ejercicio y reciban la luz del sol. Téngales comederos pequeños para el forraje y el concentrado de proteína disponibles, así como sales minerales y agua.

Dos o tres crías menores de un mes de edad, ya separados de la madre, podrán colocarse en una caja de 1 X 1 metro, con lados sólidos y lecho absorbente, para que no se enfríen con corrientes de aire. Cambie el lecho todos los días y que hagan ejercicio. Incluso cuando las crías están afuera de día, es una buena precaución tenerles dentro de esta "caja de chivitos". La caja hace falta únicamente con las crías tiernas. Y que no estén amontonados.

CÓMO DESCORNAR A LOS CHIVITOS

No es común descornar a los chivos fuera de los Estados Unidos. Esta práctica es para que los chivos no se enreden en la vegetación o el cercado y para limitar el comportamiento agresivo.

La decisión de descornar las crías depende de su criterio de manejo. Si decide hacerlo, debe descornarles cuando las crías estén entre los tres días y las dos semanas de edad. Después de las dos semanas, el cacho está demasiado grande. No se recomienda descornar a chivos de más edad, porque sólo hay una membrana que separa el cacho del cerebro, y es delgada.

CÓMO CONSTRUIR Y USAR UNA CAJA DE DESCORNE

En base a un diseño por Gordon Mills y Jan Kelley

Materiales para construir la caja

Una caja para descornar permite que una sola persona haga el trabajo. Los materiales requeridos son tablero contrachapado (plywood) de ¼ pulgada (6 mm), otras tablas, clavos, tornillos de madera, un martillo, un destornillador, y pega. También necesitará un bloque de 2" x 8" (5 x 20 cm) para recortar el hueco para la cabeza, en la parte final de ensamblar la caja. Se necesitarán dos conectores (ganchos, aldabas) para asegurar la tapa de la caja. Póngale una agarradera de cuero encima, para que sea fácil llevarla. La caja tiene que ser suficientemente robusta para poder sentarse encima.

- tablero de ¼ pulgada (6 mm) para la caja
  2 pedazos para los lados (24"W x 18"H = 61 cm de ancho por 46 cm de alto)
  2 pedazos para los extremos (6½"W x 18"H = 16,5 m de ancho por 46 cm de alto)
  1 pedazo para encima (24"W x 7"H = 61 cm de ancho por 18 cm de alto)
  1 pedazo para el fondo (23½"W x 6½"H = 60 cm de ancho por 16,5 cm de alto)
- 1 pedazo de madera de 2" x 8" = 5 x 20 cm para la cabecera
  (2"W x 7"L x 6"H = 5 cm de ancho por 18 cm de largo por 15 cm de alto)
  tiras de madera de
- 1"x1" = 2,5 x 2,5 cm para refuerzos esquineros
  4 pedazos (16¾"L = 42,5 cm de largo)
  2 pedazos para el lado del fondo (23½"L = 59,5 cm de largo)
  2 pedazos para el extremo del fondo (4½"L = 11,5 cm de largo)
- 1 bisagra de puerta
- 2 ganchos u otras aldabas
- Clavos
- Tornillos de madera
- Pega

Equipos Requeridos para Descornar
- Una varilla metálica gruesa – aprox. 1 cm en diámetro o más (debe tener un mango que no conduzca calor)
- Una fogata caliente o una herramienta eléctrica específicamente para descornar (véanse las fotos en la página siguiente)
- Una persona que ayude o una caja para descornar
- Tijera filuda para sacar el pelo alrededor de los cuernos nacientes

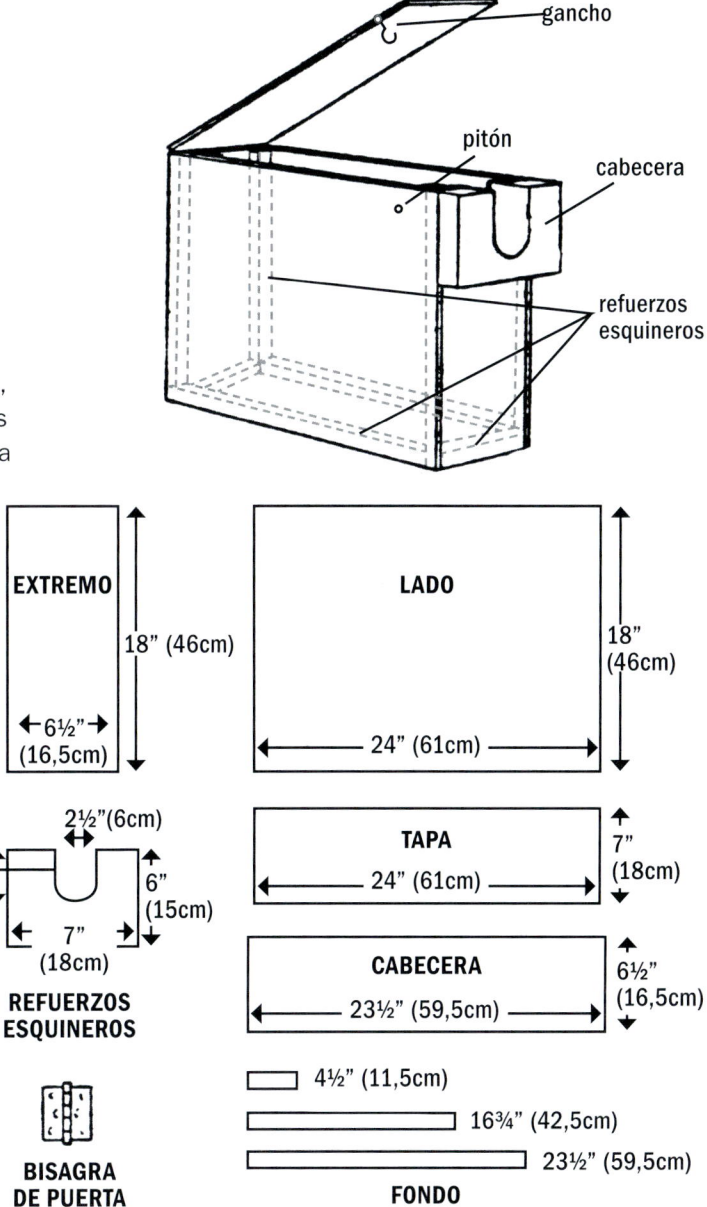

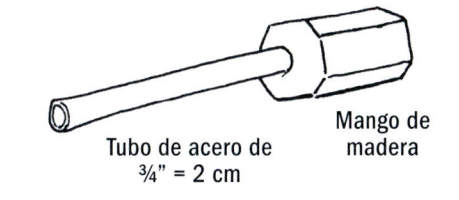

Cómo Descornar a los Chivitos

Seleccione a los chivitos para descornarlos y téngalos en un corral cercano. Hágalo suave y con cariño para cada chivito. Deben tener de tres días a dos semanas de edad.

Caliente la herramienta eléctrica, o el cautín no eléctrico en una fogata. Tenga estas herramientas sobre una piedra, donde las alcance fácilmente. Al usar una herramienta no eléctrica, probablemente convendrá que tenga un ayudante que pueda llevársela, para que esté siempre caliente "al rojo vivo". Una herramienta eléctrica debe tener el cordón lo suficientemente largo para llegar hasta la caja y hasta la cabeza del chivito. También debe estar al "rojo vivo". Si el cautín no está caliente, será imposible hacer el trabajo rápidamente. También hay que tener el desinfectante y una mamadera de leche tibia a la mano.

(Si ésta es su primera vez—practique con el cautín en la mano, contra un pedazo de madera, para acostumbrarse a manejarlo. Muévalo sobre la madera hasta que vea un círculo similar al que verá en la cabeza del chivito.)

Póngale al chivito en la caja, siéntese encima con una pierna a cada lado, para estar directamente sobre el chivo; o pida que un ayudante sostenga al chivito bien sujeto, entre las rodillas, con la cabeza accesible. Localice los cachos nuevos, palpando con los dedos. Saque algún pelo que está alrededor, usando la tijera filuda. Con una mano, estabilice la cabeza, sosteniendo el hocico y la mandíbula inferior. Coloque el cautín candente firme y

▲ *Descornar a un chivito*

▲ *Caja y herramienta de descorne*

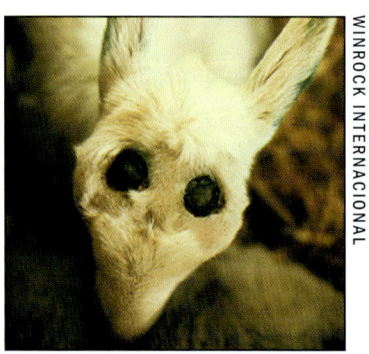

▲ *Chivito descornado*

directamente sobre el cuerno nuevo. Sostenga firmemente durante 10 segundos, empujando el cautín contra la cabeza y moviéndolo. Es de esperar que el chivito llore durante este procedimiento.

Mientras más candente el cautín, menos tiempo tendrá que durar. Un anillo color cobre es buena señal del éxito en inhibir el cuerno. Suéltele al animalito. Déle una mamadera de leche tibia o regréselo con su mamá.

Retoños de cacho

Pueden retoñar pequeñas porciones del cacho si no se descornó por completo. Usualmente son obvios entre dos a cuatro semanas de edad. Aplique el cautín de descornar a los filos del retoño hasta que se forme un anillo color cobre. El retoño debe caer por sí solo después de una semana. Si sólo se cortan los retoños, sin matar a las células que están debajo, continuará creciendo.

CUIDADO POSNATAL A LA HEMBRA

Tenga la hembra en el corral del parto hasta que haya descargado completamente la placenta. Aunque algunas cabras comerán su placenta, hay que tener cuidado de eliminar (enterrar, etc.) cualquier parte que sobre. Déle a beber agua tibia con algo de melaza o azúcar. Asegúrese de que la madre coma y beba. Observe la capacidad de la cabra de ser una buena madre.

Dentro de la primera hora después del parto, es importante que los chivitos mamen para recibir los anticuerpos contenidos en el calostro que la madre produce en las primeras 72 horas. Si la hembra produce mucha leche, luego de que hayan mamado sus hijos, se le puede ordeñar el resto y guardar ese calostro para chivitos huérfanos.

Ocasionalmente se ven ubres duras e hinchadas (edema de ubre) después del parto. Esto no es necesariamente una señal de mastitis (infección). Las hembras con edema de la ubre la tendrán hinchada y caliente, pero la leche será normal. Ordeñar a la hembra varias veces al día aliviará esta condición. La edema de ubre no afecta la calidad de la leche.

Loquios

Las hembras pueden tener una descarga vaginal sangrienta durante hasta dos semanas después del parto. Esta descarga, llamada loquios, es normal, siempre que no huela mal y la cabra camine y coma. Una infección uterina causa que la descarga sea una mezcla de pus y sangre, con un mal olor. La mayoría de las hembras con metritis (infección uterina) no comerán bien y se mostrarán deprimidas. La metritis es una condición médica grave y hay que darle antibióticos (por vía oral, inyección o por una cala en el útero). Busque ayuda profesional si la hembra presenta señales de metritis.

Mastitis

La mastitis es una infección de la ubre, causada por bacterias y otros microorganismos. La mastitis se caracteriza por dolor, calor e hinchazón de la ubre. Pueden sentirse como nudos duros en la ubre, y con leche decolorada y con cualidades anormales. La leche puede ser casi normal, aguada y pálida, amarilla oscura, espesa, con grumos, verdusca o sangrienta. La higiene es la mejor manera de evitar la mastitis. Una cabra que no tenga donde acostarse en un lugar limpio, echada en el lodo y estiércol, probablemente entrará en contacto con los organismos que causan la mastitis. Si la hembra tiene mastitis, ordéñela varias veces al día y deseche la leche.

> **ADVERTENCIA**
> No les dé leche mastítica a los chivitos ni a otros animales. Los estudios han mostrado que las chivas hembras que consumen leche mastítica tienen más probabilidad de que les dé mastitis después también a ellas. Después del tratamiento para la mastitis, hay que esperar tres a cuatro días antes de ordeñar para el consumo humano.

Un veterinario/a u otra persona con capacitación técnica fácilmente puede tratar la mastitis usando antibióticos intramamarios o intravenosos. De ser posible, haga cultivo de la leche infectada para determinar cuál antibiótico será el más útil. También puede utilizarse una bolsa de agua caliente para aliviar la incomodidad de la cabra. Siempre hay que consultar a un veterinario/a o extensionista cuando sea grave el caso de mastitis.

CICLO DE LACTANCIA Y SECAR A LA CABRA

La buena nutrición es lo más importante de todos los factores para la cabra lactante. Si su alimento contiene suficiente energía y proteína, con bastante agua limpia y fresca, y además tiene buena atención para la salud y ejercicio, podrá dar leche hasta 300 días al año. La duración de la lactancia variará según el ambiente y los recursos alimenticios. Si le dan afrecho de arroz o trigo, torta de algodón u otros suplementos proteínicos, la cabra dará más leche.

Deje de ordeñar a la madre al cumplir tres meses de preñez. Se le pondrá dura la ubre, pero gradualmente dejará de producir leche. Si está muy incómoda, se le puede ordeñar otra vez. En estos casos, hay que vaciarle la ubre cada vez completamente. Deje pasar unos días entre estos ordeños.

Es importante secarle a la hembra (dejar de ordeñarla) durante los últimos dos meses de la gestación porque los chivitos están creciendo rápidamente dentro de ella y necesitan todo el beneficio de su nutrición. La producción de leche competiría por ese beneficio a los fetos.

HISTORIA DE CHINA

Ganar Más que Sólo Dinero

Wu Yuantian es un campesino en la Aldea de Weijiaba en el Condado de Lezhi – China, que tiene cultivos y animales. Su familia vivía con un ingreso anual en 2005 de US$212. La familia quería mejorar su sustento económico, pero sin las destrezas y capital inicial que requerían, era difícil.

▲ *Wu Yuantian da de comer a sus cabras.*

En enero 2006, miembros de la Asociación Lezhi de Promoción para el Desarrollo Rural llegaron a la aldea de Wu Yuantian para explicar el programa de Heifer. Wu fue el primer miembro de la comunidad en anotarse. Le emocionaba saber cómo Heifer China ayudó a otras comunidades necesitadas a superar la pobreza y acercarse a la autonomía. Luego de conversarlo con su familia, ingresó al proyecto al día siguiente. El personal del proyecto aprobó su solicitud y, luego de la capacitación, en junio él recibió diez cabras de la raza Lezhi Negra.

La cabra Lezhi Negra es una raza criolla mejorada por la reproducción selectiva de las cabras negras criollas en los años 1990s. Los capricultores/as prefieren esta cabra Lezhi Negra porque tiene alta productividad de carne.

La familia de Wu trató a las cabras como otros miembros de la familia. Wu y su familia participaron activamente de todas las actividades del proyecto y siguieron estrictamente los requisitos del manejo caprino introducidos por la Asociación Lezhi de Promoción para el Desarrollo Rural.

Sus arduos trabajos han dado frutos. Ahora tienen 23 cabras, incluyendo 15 chivitos. Ocho cabras han subido de peso en un total de 354 libras. Wu y su familia vendieron dos cabras en US$76 cada una. Con ese ritmo, estiman que podrán ganar US$622 de la cría de cabras en el primer semestre del 2007.

El estiércol de su pequeño hato de cabras ha permitido fertilizar sus cultivos,

Continúa en página 98

▲ *Wu Yuantian con la señora, cortando forrajes para alimentar a sus cabras.*

ahorrándoles los US$50 que habrían tenido que gastar por abono. Su manejo caprícola también genera biogás para cocinar e iluminar, lo que ahorra leña y contribuye a conservar el ambiente en su comunidad. Y ahora la familia ha triplicado su consumo de carne. Antes, la familia de Wu comía carne una vez cada 10 días. Ahora, se sirven carne una vez cada tres días.

Antes de participar del proyecto, durante la época de poco trabajo, Wu se iba a pescar o simplemente daba vueltas por el pueblo, dejando a su esposa, Wen Yongqing, en casa haciendo las tareas. Ahora, ya que toda la familia se dedica a criar las cabras, Wu y la señora comparten las responsabilidades. Cuando uno de ellos está ocupado, el otro o la otra se hace cargo.

Han decidido que Wen reúna los ingresos de las ventas de las cabras, y cuando alguien en la familia necesita dinero, lo consultan entre todos/as. Las relaciones entre miembros de la familia mejoran continuamente.

Las relaciones con sus vecinos/as también han mejorado. Ya que Wu fue el primer participante del proyecto, los vecinos vienen a cada rato a aprender de él. Yu Yingsi es uno de ellos. "Wu Yuantian es trabajador, experimentado y de buen corazón," dice Yu. "Aprendo mucho de él, sobre cómo manejar las cabras y cuidar las crías."

Ante la pregunta sobre su futuro, Wu dijo, "Estoy contento de participar de este proyecto. Me da más que sólo dinero. Si sigo trabajando duro, completaré el pase de cadena antes de terminar este año y en tres años más podré renovar mi casa." ◆

GUÍA DE APRENDIZAJE

EL ORDEÑO

7

OBJETIVOS DE APRENDIZAJE
Para el final de la sesión, las/los participantes podrán:

Identificar los equipos y suministros de ordeño que se necesitan para el éxito
Ordeñar a una cabra
Pasteurizar la leche
Completar un registro diario de producción lechera
Hacer queso fresco.

TÉRMINOS QUE ES BUENO CONOCER
- Lactancia
- Pasteurizar
- Ubre
- Pezones
- Desinfección de pezones
- Mastitis
- Edema de la ubre

MATERIALES
- Por lo menos cuatro cabras lactantes
- Soporte de ordeño con un comedero para el alimento
- Alimento para la cabra
- Solución para desinfección de pezones
- Copas para desinfectar las pezones
- Balde de agua caliente y jabonosa para lavar las manos
- Balde de agua para enjuagar
- Balde de agua para que tome la cabra
- Telas limpias
- Balde para la leche
- Taza de examen de la leche
- Filtro o algo para filtrar la leche
- Hoja de registro diario de producción lechera
- Olla para pasteurizar
- Olla para hacer queso
- Fogata o cocina para pasteurizar
- Jugo de limón o vinagre
- Sal y hierbas para el queso
- Termómetro de leche (opcional)
- Cuchara de madera
- Tela para filtrar el queso
- Cuerda para amarrar la tela del queso y colgarlo

TAREA INICIAL
Ubique a un centro lechero caprino que está en actividad, para hacer la sesión allí. Verifique con el capricultor/a sobre cuáles equipos y suministros serán requeridos, siguiendo la lista de este capítulo. Asignar a dos miembros de la clase para que recojan las hierbas para hacer el queso.

TIEMPO (Puede variar según el grupo)	ACTIVIDADES
15 minutos	**Compartir entre el grupo** Pedir que los miembros del grupo compartan algo divertido que hayan hecho desde la última sesión. (Esto es para romper el hielo.)
30 minutos	**Todo el grupo piensa y conversa** ■ Divida a las/los participantes en grupos pequeños. ■ Pida a cada grupo que se inventen un sainete de cinco minutos sobre "Por qué la leche es un buen alimento." ■ Los grupos presentan sus sainetes. ■ Se invita a los otros/as participantes a hacer comentarios o preguntas.
60 minutos	**Practicar el procedimiento correcto de ordeño** ■ Demostrar el procedimiento correcto de ordeño, incluyendo revisar la leche en la copa de examen para detectar alguna señal anormal, usar la solución para desinfectar los pezones y registrar la producción en un control diario.
15 minutos	**Preparar la leche para pasteurizarla** ■ Demostrar métodos de filtrar la leche. ■ Pasteurizar la leche y determinar los procedimientos de enfriamiento.
20 minutos	**Hacer queso fresco.** (Véase el anexo para la receta e indicaciones.)

REPASO - 20 MINUTOS
- ¿Qué fue útil en esta lección?
- ¿Qué cosas le parecieron novedosas?
- ¿Qué no funcionó tan bien?
- ¿Qué cosas sabe ahora que no sabía antes?
- ¿Qué cosas podrá poner en práctica cuando llegue a casa?
- ¿Cuáles prácticas serán difíciles de hacer en casa?

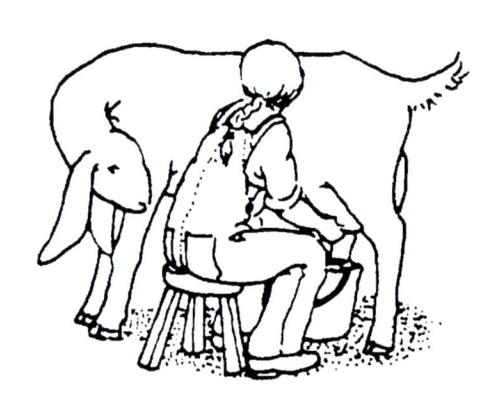

LECCIÓN

EL ORDEÑO

Las cabras lecheras saludables pueden ser una fuente continua de leche nutritiva. Con los equipos y procedimientos apropiados de ordeño, se pueden producir leche, queso y otros productos lácteos, no sólo para el consumo personal, sino también para la venta, generando así una fuente adicional de ingresos.

EQUIPOS Y SUMINISTROS DE ORDEÑO

Los siguientes equipos se recomiendan para comenzar a producir la leche en pequeña escala:

- Un soporte de ordeño (opcional, pero recomendable)
- Balde de cuatro a ocho litros (1-2 galones) de acero inoxidable o enlozado para la leche *
- Dos tazas (una para examinar la leche "del despunte" antes de ordeñar, y una para el lavado de los pezones)
- Un filtro, cedazo o tela limpia para filtrar la leche
- Una olla para pasteurizar la leche
- Un recipiente para almacenar la leche - evite el plástico, porque es difícil esterilizarlo.
- Un balde de agua fría para enfriar la leche
- Solución para desinfección de pezones**
- Jabón
- Agua
- Telas limpias
- Un cepillo suave para aflojar el pelo y la tierra de la ubre (cuando haga falta)

Be sure all of the milking equipment is kept clean. To do so, wash equipment with soap and warm water. Rinse well. Turn upside on a clean cloth and air or sun dry. You can dry on a rack outside in the sun as well as in the house. Cover the equipment with a clean cloth when not in use.

El plástico es poroso y absorbe bacterias y otros microorganismos. Por esa razón, se recomienda usar baldes de acero inoxidable o enlozados. Si sólo tiene baldes plásticos, asegúrese de lavar y enjuagar el balde bien y esterilizarlo con agua hirviendo.

**El desinfectante de pezones puede conseguirse comercialmente o hacerse en casa. Para la versión casera, use una solución del 0,5 por ciento de yodo y/ o haga una solución que tenga el 5 por ciento de blanqueador de cloro y el 95 por ciento de agua limpia. (Nota: El Ministerio de Agricultura de los EEUU (USDA) no aprueba esta solución de cloro para desinfección de pezones, pero en los países en vías de desarrollo puede ser la única opción.)*

PROCEDIMIENTOS CORRECTOS DE ORDEÑO

Hay que ordeñar a las cabras dos veces al día (mañana y tarde) con un horario regular. Lo ideal es poner un horario de cada 12 horas. Ordeñe aproximadamente a la misma hora cada mañana y cada noche (o tarde). Aunque hay personas que ordeñan sólo una vez al día, la mayor producción lechera se logra con dos ordeños diarios. Registre la hora del ordeño y la producción de leche para cada cabra, usando el cuadro de la sección de registros en este manual. Para iniciar una rutina de ordeño, siga estos pasos:

- Ponga el alimento en un balde o en el comedero del soporte de ordeño. Traiga la cabra hasta el lugar de ordeño.
- Póngala en el soporte de ordeño (si dispone del soporte) o amárrela para que pueda comer del balde.
- Lávese las manos con agua y jabón, enjuáguese y séquese.
- Comience el ordeño examinando la ubre visualmente. Si la ubre está sucia, quite la tierra suelta con el cepillo y, de ser necesario, lávela con agua y jabón. Si hubo que lavar la ubre, séquela con una toalla limpia. (Es imprescindible secar la ubre bien, porque si no puede acumularse agua contaminada en los pezones.)
- Sumerja el extremo de cada pezón en el lavado antes de ordeñar. Se usa una solución fresca para cada período de ordeño. Seque los pezones con una toalla de papel o una tela suave. Asegure que estén secos y que no haya quedado nada de la solución para desinfectarlos, que podría contaminar la leche. Con la práctica, usted se acostumbrará a esta rutina, que no es tan fastidiosa como parece.
- Saque una pequeña cantidad de leche de cada pezón en una taza. Este primer chorro limpia las bacterias del canal del pezón y permite examinar la leche detenidamente. Si el color y la consistencia son normales, bote esta primera leche de la taza, coloque el balde u otro recipiente bajo la cabra y continúe ordeñando.
- Siéntese sobre un taburete o sobre el soporte de ordeño, al lado de la cabra. Ponga ambas manos sobre los pezones de la cabra. Tome el pezón desde arriba con el pulgar y dedo índice juntos, para atrapar la leche dentro de la teta. Suave pero firmemente, aplique presión sobre el pezón con el dedo índice, para forzar la leche a bajar hasta el esfínter del pezón. El dedo del medio hace lo mismo y después el dedo meñique. No hale ni tire hacia abajo con la ubre. Use una presión estable y afloje todo antes de volver a apretar. Debe durar aproximadamente cinco minutos cada ordeño. Cuando parece que el flujo se ha detenido, hágale un masaje a la ubre y exprima la última leche.
- Vuelva a sumergir cada pezón en el lavado de nuevo. Deje que la cabra permanezca dentro del área de ordeño hasta que tenga secos los pezones, y luego hágala regresar al corral.

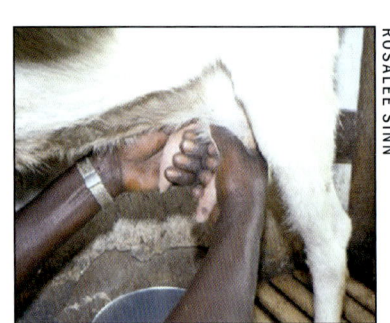

▲ Ordeñando una cabra en Camerún

> **ADVERTENCIA**
> Si la leche está con fibras, grumos o sangre, es una indicación de mastitis u otra enfermedad. Si esto ocurre, no hay que usar esa leche. Ordeñe toda la leche de esa ubre en un recipiente aparte, y deséchela. (Véase la Lección para información sobre la mastitis, y la Lección 8 para su tratamiento.)

102 Capítulo 7-Leccíon

PROCEDIMIENTOS CORRECTOS DE ORDEÑO

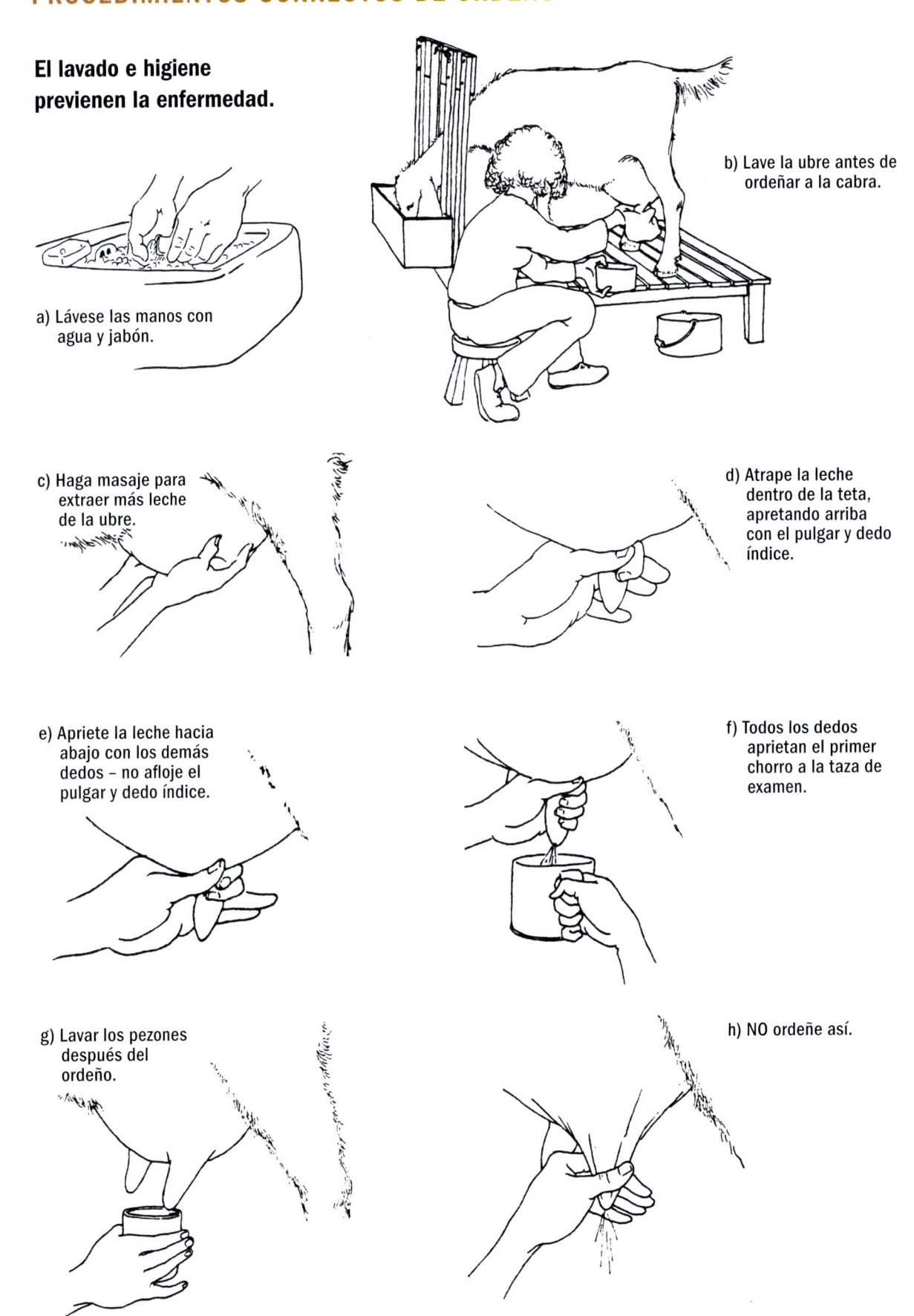

El lavado e higiene previenen la enfermedad.

a) Lávese las manos con agua y jabón.

b) Lave la ubre antes de ordeñar a la cabra.

c) Haga masaje para extraer más leche de la ubre.

d) Atrape la leche dentro de la teta, apretando arriba con el pulgar y dedo índice.

e) Apriete la leche hacia abajo con los demás dedos – no afloje el pulgar y dedo índice.

f) Todos los dedos aprietan el primer chorro a la taza de examen.

g) Lavar los pezones después del ordeño.

h) NO ordeñe así.

Ordeño 103

CÓMO CUIDAR LA LECHE

Filtre la leche por un filtro o tela y recoja en un recipiente limpio, para eliminar algún pelo o tierra que se haya introducido durante el ordeño. Si son filtros comerciales, sólo hay que usarlos una vez. Se puede volver a usar una tela si se la lava con agua y jabón, la enjuaga con agua caliente y luego otra vez con agua hirviendo, y la seca al sol.

Pasteurice la leche para matar microbios y evitar el contagio de enfermedades que podrían afectar a las crías o las/los humanos (enfermedades zoonóticas). Otra ventaja es que la leche pasteurizada normalmente sigue dulce durante varios días aunque no se la refrigere.

Para pasteurizar la leche, colóquela sobre la cocina o fogata y llévela casi al punto de hervir. Téngala así durante un minuto. Si dispone de un termómetro, es posible hacer un tratamiento más preciso, usando los siguientes lineamientos:

CENTÍGRADO	FAHRENHEIT	DURACIÓN
63°C	145°F	30 minutos
72°C	161°F	15 segundos
100°C	212°F	0,01 segundo (hirviendo)

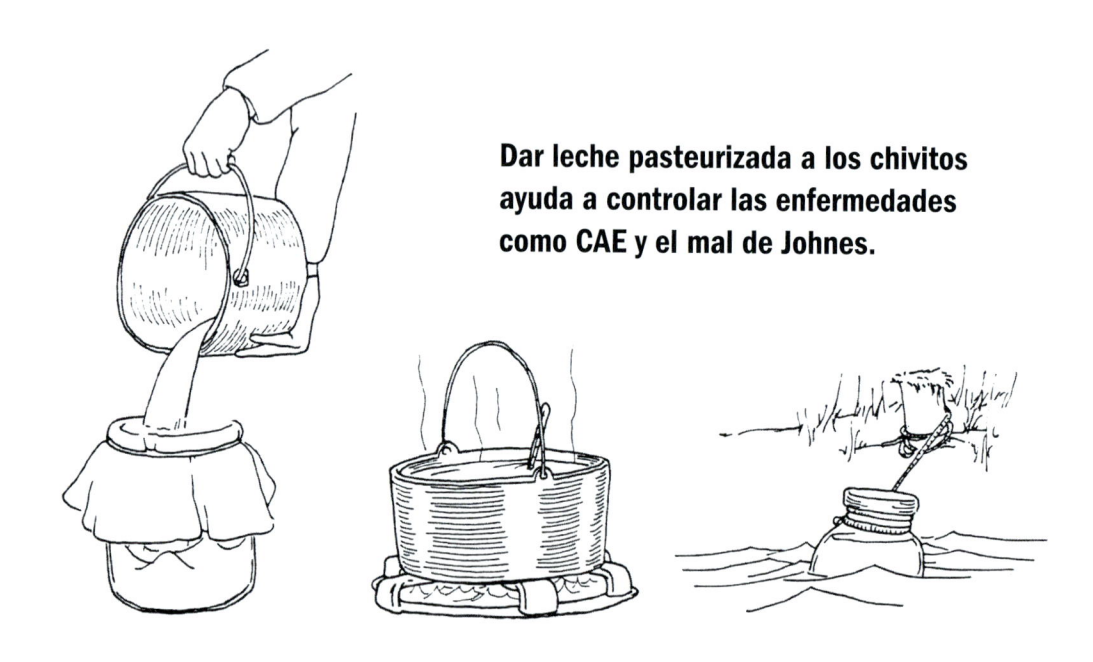

Dar leche pasteurizada a los chivitos ayuda a controlar las enfermedades como CAE y el mal de Johnes.

Inmediatamente después de filtrarla, ponga la leche en un recipiente limpio, enjuagado con agua hirviendo. Un frasco con tapa hermética es ideal. Ponga el recipiente en un balde de agua fría o en el río para que se enfríe. Si dispone de una refrigeradora, la leche será utilizable durante por lo menos una semana. La leche agria puede usarse para la cocina.

Si es posible, haga que un veterinario/a haga la prueba para Brucelosis y Tuberculosis cada año. Éstas son enfermedades zoonóticas que pueden trasmitirse a los seres humanos mediante el consumo de los productos lácteos.

HOJA INDIVIDUAL DE REGISTRO DIARIO DE LECHE

Pese la leche y registre en kilos o libras. Si no hay báscula, mida después del filtrado y registro en litros o cuartos.

Nombre de la Cabra: _____ No: _____ Año: _____

DÍA	ENE am	ENE pm	FEB am	FEB pm	MAR am	MAR pm	ABR am	ABR pm	MAY am	MAY pm	JUN am	JUN pm	JUL am	JUL pm	AGO am	AGO pm	SEP am	SEP pm	OCT am	OCT pm	NOV am	NOV pm	DIC am	DIC pm	TOTAL
1																									
2																									
3																									
4																									
5																									
6																									
7																									
8																									
9																									
10																									
11																									
12																									
13																									
14																									
15																									
16																									
17																									
18																									
19																									
20																									
21																									
22																									
23																									
24																									
25																									
26																									
27																									
28																									
29																									
30																									
31																									
TOTAL																									

Ordeño

HISTORIA DE RUMANÍA

Creando Oportunidades

La familia Comiza vive en la aldea de Nemsa, remota y predominantemente de la etnia Roma, en la parte central de Rumanía, lejos de las oportunidades que ofrecen las ciudades más grandes, y sin transporte público.

Iulius Comiza, el padre, sufre de tuberculosis y no puede trabajar. Su esposa, Dorina, es ama de casa. La pareja tiene dos hijas (Madalina, 14, y Diana, 21) y dos hijos (Darius, 10 y Flavius, 17). Diana y Flavius han salido de la aldea para encontrar trabajo en las ciudades más grandes.

La familia vive bajo condiciones muy difíciles, porque los trabajos en la aldea casi no existen. Un 80 por ciento de la población de la aldea está en el desempleo. Las fuentes de ingreso para la familia Comiza son la pensión de Iulius por su discapacidad y la asignación del Estado para los hijos menores de edad. Todo esto suma a un ingreso magro, apenas suficiente para cubrir las necesidades más básicas, como alimentación, gas, electricidad, ropa, suministros estudiantiles, medicinas y transporte.

En 2004, Heifer Rumanía inició el Proyecto Caprino con el Pueblo Roma en Nemsa. Desde entonces, Iulius ha sido uno de los más entusiastas y dedicados entre los Roma. Fue el primero en reunir a las/los vecinos para sesiones de capacitación y el primero en recibir la visita de la representación de Heifer en Nemsa. Pese a su enfermedad, ha participado con alegría en las reuniones de Heifer en todo el país.

Iulius decidió recibir cabras únicamente después de que las familias Roma más pobres hayan recibido sus animales. En 2005, la familia Comiza recibió sus primeras dos cabritas por pase de cadena. Otra beneficiaria del proyecto, una anciana de la aldea, se enfermó y ya no pudo cuidar a sus tres cabras de Heifer. Iulius ofreció adoptarlas, y además la familia adquirió ocho cabras más. Hoy en día la familia Comiza tiene la satisfacción de tener 13 cabras. Cada miembro de la familia ayuda a cuidar a las cabras, dándoles heno, maíz, cebada y a veces remolachas o papas. Darius se ha encariñado especialmente con los animales.

▲ Darius con su cabra.

Las cabras han mejorado la estabilidad económica y nutricional para esta familia Roma. La leche y el queso de cabra han mejorado la nutrición de la familia. Además, los Comiza venden parte de su leche de cabra para aumentar sus ingresos. Actualmente, cada cabra en Nemsa produce en promedio unos 2 litros de leche al día. La leche se vende a unos 33 centavos de dólar por litro, de modo que la familia Comiza puede ganar hasta US$227 por mes, el equivalente a un ingreso de bajo a promedio en Rumanía.

En vista de estos adelantos promisorios en Nemsa, Madalina ha decidido quedarse con su familia y adquiere destrezas caprícolas, en vez de seguir a sus hermanos a la ciudad en busca de empleo.

El éxito de la familia Comiza refleja el éxito que disfruta toda la aldea. En otoño del 2006, asistentes de campo de Heifer Rumanía tuvieron éxito cruzando 105 cabras de raza Carpathiana en Nemsa con la raza Saanen, mediante la inseminación artificial. Desde entonces, han nacido unas 75 crías cruzadas. Las crías cruzadas son más grandes y más fuertes que los animales de raza Carpathiana y con toda seguridad darán más leche al madurar.

Heifer ha ayudado al pueblo Roma en Nemsa a construir un centro de acopio de leche, donde pronto se podrá enfriar y almacenar la leche bajo condiciones higiénicas antes de venderla a plantas procesadoras más grandes. Además de las ventas de leche, la gente de la aldea aspira a ganar más dinero vendiendo las crías. Al aplicar el estiércol de las cabras en los huertos, habrá aún más beneficios. ◆

GUÍA DE APRENDIZAJE

8 CÓMO CUIDAR LA SALUD DE SUS CABRAS

Salud Preventiva y Curativa con Guía para el Diagnóstico y Tratamiento de las Enfermedades

OBJETIVOS DE APRENDIZAJE

Para el final de la sesión, las/los participantes podrán:
- Identificar una cabra saludable observándola
- Identificar las señales de una cabra enferma
- Describir la prevención y el tratamiento de los parásitos
- Tomarle la temperatura a una cabra y determinar si está anormal
- Administrarle a la cabra una medicina líquida o sólida por vía oral, y una vacuna
- Usar los cuadros de salud y saber cuándo llamar a un veterinario/a

TÉRMINOS QUE ES BUENO CONOCER

- Resistencia a los fármacos
- Tremátodo (duela, gusano del hígado)
- Ciclo de vida
- Cuadro FAMACHA
- Tiempo de retiro
- Insecticida
- Parásitos internos
- Parásitos externos
- Intramuscular
- Subcutáneo
- Infección
- Vacuna
- Trauma
- Desparasitar
- Saneamiento
- Cuidado y apoyo
- Zoonótico (o zoonósico)

MATERIALES

- Cabras de varias edades y condiciones*
- Un cuadro FAMACHA (de haberlo)**
- Hojas de Observación de este manual
- Cuadros de Salud de este manual
- Termómetro (digital preferiblemente)
- Tubo para administrar un bolo, y medicamentos apropiados en forma de bolo
- Botella o jeringuilla de tamaño apropiado para dar medicinas líquidas
- Jeringas y agujas para practicar las inyecciones subcutáneas e intramusculares
- Vacuna contra Clostridium perfringens tipo C y D.

TAREA INICIAL

Es ideal hacer esta lección en la finca. Esta actividad necesita planificarse por anticipado para contar con cabras apropiadas para las actividades. Imprima las Hojas de Observación y Cuadros de Salud para que cada miembro de la clase los tenga para su propio uso.

* *Si el grupo trabaja con cabras que están enfermas, asegúrese de desinfectar las manos y los zapatos al salir de la finca.*

** *Para recibir información sobre el Cuadro FAMACHA, envíe un correo electrónico a famacha@vet.uga.edu*

TIEMPO (Puede variar según el grupo.)	ACTIVIDADES
15 minutos	**Compartir entre el grupo** ■ ¿Hay alguna pregunta de la última sesión? ■ ¿Cuáles son algunas de las enfermedades comunes que enfrentamos como seres humanos? ■ ¿Hay enfermedades similares entre los humanos y los chivos?
30 minutos	**Todo el grupo piensa y conversa** ■ Pregunte a las/los participantes: ■ ¿Cómo se puede saber cuando sus animales están enfermos? ■ ¿Qué impacto tiene en la vida de la familia cuando un animal se enferma? ■ Reparta las Hojas de Observación y haga que cada miembro del grupo llene una Hoja de Observación sobre una de las cabras presentes. ■ Conversen sobre los resultados: ¿Cuáles señales encontraron? ¿Cuáles son las causas comunes?
20 minutos	**Observe las cabras para detectar parásitos internos y externos** ■ Observe la mucosa de varias cabras para detectar la anemia, usando el Cuadro FAMACHA (si está disponible). De otro modo, analice si la mucosa alrededor de los ojos o las encías de la cabra están pálidas o rosadas. ■ Verifique las muestras fecales, si es posible. ■ Analice los problemas con los parásitos en las cabras y enumere cuatro puntos sobre cómo prevenirlos.
20 minutos	**Tomarle la temperatura a una cabra** ■ Tómele la temperatura a una cabra ■ Determine si está dentro del rango normal.
20 minutos	**Practicar la administración de medicina por vía oral (líquida y sólida)**
20 minutos	**Practicar la vacunación de las cabras** ■ Vacunar a una o más cabras. ■ Hacer la anotación respectiva en el registro de la cabra.

REPASO - 20 MINUTOS

- ¿Qué fue útil en esta lección?
- ¿Qué cosas le parecieron novedosas?
- ¿Qué no funcionó tan bien?
- ¿Qué cosas sabe ahora que no sabía antes?
- ¿Qué cosas podrá poner en práctica cuando llegue a casa?
- ¿Cuáles prácticas serán difíciles de hacer en casa?

LECCIÓN

CÓMO CUIDAR LA SALUD DE SUS CABRAS

Salud Preventiva y Curativa con Guía para el Diagnóstico y Tratamiento de las Enfermedades

El buen cuidado y la salud preventiva en general son imprescindibles para el éxito de un emprendimiento caprino. Las enfermedades pueden frenar el crecimiento, rebajar la productividad y finalmente producir la muerte de un animal valioso. Además, es más barato prevenir las enfermedades que tratarlas. Véan a sus cabras como individuos. Esté consciente de algún cambio en el ambiente. Siempre hay que tratarlos con cariño. Los animales necesitan la luz del sol, el aire fresco y el ejercicio, pero necesitan protegerse de demasiado sol, lluvia y viento. Deles una nutrición adecuada: energía, proteína, vitaminas, minerales y agua. Ponga atención en el saneamiento: los corrales, comederos y baldes de agua limpios serán un factor importante en la salud de su hato. Dele apoyo y cuidado cuando parece que un animal está enfermo, y separe a los animales enfermos del resto del rebaño inmediatamente.

PRÁCTICAS PARA UNA BUENA ATENCIÓN A LA SALUD

- Observación diaria
- Buenas prácticas de manejo cotidiano
- Nutrición equilibrada, la que incluye forraje, alimentos con proteína y energía, sales, minerales y bastante agua limpia todos los días
- Medidas para prevenir los parásitos internos y externos
- Buen saneamiento
- Limpiar los corrales, comederos y baldes de agua
- Albergues apropiados
- Ejercicio, luz del sol y aire fresco
- Recortarles las pezuñas según sea necesario
- Un programa de vacunación para la enterotoxemia, tétano y otras enfermedades que pueden ser un problema en su área

SEÑALES DE UNA CABRA SALUDABLE

- Come bien y pasa rumiando
- Tiene el pelo brilloso
- Está libre de enfermedades
- Tiene las piernas y patas fuertes
- Está alerta y amigable
- Tiene los ojos brillantes y claros
- No tiene descarga de los ojos, la nariz o la boca
- Su estiércol es firme

MEDIDAS FISIOLÓGICAS NORMALES DE UNA CABRA SALUDABLE

Temperatura	38,6°C a 40,0°C ó 101,5°F a 104°F
Ritmo cardíaco (pulso)	70 a 80 por minuto, más rápido para los chivitos
Ritmo respiratorio	12 a 15 por minuto, más rápido para los chivitos
Movimientos del rumen	1 a 1,5 por minuto
Inicio del estro (celo)	6 a 12 meses de edad
Duración del celo	12 a 72 horas
Ciclo del estro	18 a 22 días – promedio 21 días
Duración de la preñez	145 a 156 días – promedio 150 días

SEÑALES DE ENFERMEDAD EN CAPRINOS MADUROS

- No come / no hay señal de rumiar
- Se cruje los dientes
- Se aleja de los demás animales
- Baja de peso
- Pierde pelo o tiene la piel irregular
- Ojos lechosos (opacidad de las córneas) o ceguera
- Camina con dificultad o no quiere estar parado
- Cambia de comportamiento (por ejemplo, da vueltas en círculos)
- Deshidratación*
- Fiebre (temperatura sobre los 40°C ó 104°F)
- Anemia: mucosa pálida alrededor de los ojos y dentro de la boca
- Diarrea
- Descarga de la nariz o boca
- Tos frecuente
- Hinchazón anormal de alguna parte del cuerpo
- Coágulos o sangre en la leche

Para comprobar la deshidratación, hale la piel de la nuca del animal, cerca de su hombro delantero. Si la piel se pega entre sí, y no se vuelve fácilmente a su lugar normal, el animal está deshidratado.

SEÑALES COMUNES DE ENFERMEDADES EN LOS CHIVITOS

Las enfermedades en las crías pueden ser más peligrosas porque, si no se tratan a tiempo, tienden a progresar más rápidamente y producir la muerte del chivito. Por lo tanto es esencial que se dé atención especial a la observación diaria de los pequeños, dando apoyo y cuidado apenas se note alguna anormalidad.

- Fiebre
- La cría no come
- Está débil o no puede levantarse o caminar
- Diarrea
- Descarga de mucosidad de la nariz o los ojos

- Respira profundamente
- Deshidratación
- Se cruje los dientes
- Articulaciones hinchadas u ombligo hinchado

PROGRAMA DE SALUD PREVENTIVA

El cuidado eficaz de la salud siempre comienza con la observación diaria. Los programas de salud preventiva incluyen las buenas prácticas de manejo, los planes rutinarios de vacunación y desparasitación, y la limpieza regularmente programada para que las cabras se mantengan con salud óptima. Las cabras tienen necesidades específicas de salud y cada edad y etapa de su desarrollo tiene sus susceptibilidades a las enfermedades. Por lo tanto, para ejecutar un programa de salud preventiva, cada grupo etario debe recibir su trato diferenciado.

Dos reglas generales para los programas de salud preventiva deben aplicarse en forma general, independiente a la edad o etapa de desarrollo. La primera es que los animales nuevos siempre deben vacunarse y mantenerse en cuarentena durante un mínimo de una semana antes de ponerlos con el resto del hato. La segunda es de separar a cualquier animal enfermo inmediatamente del rebaño.

Las siguientes secciones presentan listas de verificación para la salud preventiva en crías, hembras y machos.

Crías
- Cabritos recién nacidos

    Después de que nazcan las crías, deje que el cordón umbilical se rompa naturalmente, para que toda la sangre que contiene regrese dentro de la cría. Hunda el cordón umbilical dentro de una solución de tintura de yodo al 7 por ciento para evitar que los microbios mortíferos ingresen al cuerpo del chivito. Para hacer esto, cubra el ombligo con un pequeño recipiente de la solución de yodo, sosteniendo la apertura del frasco contra el cuerpo del chivito durante un minuto.

    Limpie la mucosidad de la nariz, garganta y boca del chivito. Haga que se levante y comience a moverse. Asegúrese de que la cría mame, que tenga su calostro dentro de una hora de su nacimiento. Es el único alimento que debe tener un recién nacido durante los primeros dos a tres días. El calostro contiene anticuerpos producidos por el sistema inmunológico de la madre que protegerán al cabrito de las enfermedades infecciosas.

    Crías – Desde las Cuatro Semanas hasta los Tres Meses de Edad
    Los chivitos tiernos son muy susceptibles de los parásitos internos y externos, los que les privan de la nutrición que requieren para su desarrollo. Si los parásitos internos son un problema, debe comenzar el programa de desparasitación para los pequeños, incluso desde un mes de edad. Prepare y lea las muestras fecales de las cabras para determinar si es necesario desparasitar. Pero no se deben dar estos remedios excesivamente, porque esto puede producir la resistencia a las medicinas.

    Si la diarrea es un problema, la causa puede ser un parásito llamado coccidia que principalmente afecta a los chivitos pequeños. La coccidiosis es una enfermedad manejable. Se puede controlar, reduciendo el amontonamiento y mejorando el saneamiento sacando el estiércol y el lecho de paja sucio frecuentemente. Si los necesita, use medicinas coccidiostatas, como decoquinato, monensina, lasalocida, amprolio, sulfametazina o sulfaquinoxalina para tratar a sus animales. Siga las indicaciones respectivas con estos medicamentos.

Dé tratamiento para los parásitos externos según sea necesario en las áreas donde las garrapatas o los piojos sean problemáticos. Pueden hacerse soluciones de plantas medicinales, como hojas o semillas del nim, así como de otras plantas, para rociarles a los chivos. En las zonas con problemas severos, puede ser necesario rociar con insecticida hasta cada dos a tres semanas. Las inyecciones de Ivermectina pueden usarse para tratar la mayoría de los parásitos internos y externos.

- **Programa de Vacunación para Crías Tiernas**
Toxoide de Tétano
Vacune dos veces a intervalos de cada cuatro semanas. Después de la dosis inicial, hay que dar un refuerzo anual a las cabras maduras.

Bacterina contra Clostridium Perfringens Tipos C y D
Ofrece protección contra la enterotoxemia (enfermedad de comer demás). Esto se combina en muchos casos con el Toxoide de Tétano. Vacune a los chivitos de 6 a 8 semanas de edad y nuevamente a las 12 semanas de edad, si la madre fue vacunada. Comience a las 4 semanas si la madre no fue vacunada antes del parto. Repita la vacuna contra la enterotoxemia cada seis meses en condiciones normales y cada cuatro meses en áreas problemáticas.

Ectima Contagiosa (dolor de hocico)
Un veterinario/a o técnico/a debe administrar esta vacuna porque la enfermedad puede contagiarse a los seres humanos. Esta vacuna debe administrarse únicamente si ésta enfermedad es un problema en el hato. La vacuna debe administrarse bajo la cola o sobre la piel desnuda bajo la pata delantera a nivel del codo. Verifique después de tres días para ver si hay una costra donde se administró la vacuna. La costra es señal de que la vacuna sí tuvo efecto. En los rebaños con problemas, vacune cada año a todos los animales nuevos y crías. Vuelva a vacunar cada dos años en las zonas fuertemente infectadas.

Selenio / Vitamina E
Las inyecciones pueden darse al cumplir una semana de edad, al mes y a los tres meses en las zonas con deficiencia en selenio (que causa la enfermedad de músculo blanco). Sin embargo, si el selenio se suplementa en los minerales o alimentos concentrados, sólo debe inyectarse la vitamina E.

Cabras preñadas y secas
- Haga un monitoreo de las cabras maduras, calificando su condición corporal
- Realice exámenes de heces para determinar las cargas parasitarias
- Observe la mucosa regularmente para detectar anemia
- Vacune contra Clostridium Perfringens C y D y Tétano de cuatro a seis semanas antes del parto (repita después de 6 meses)
- Desparasite a las hembras de dos a tres semanas antes del parto si son problemáticos los parásitos internos
- Recorte las pezuñas según sea necesario
- Si la deficiencia en selenio es un problema en la zona, administre vitamina E y selenio 60 días antes del parto. Tenga cuidado de no dar sobredosis.
- Vacune contra la rabia, leptospirosis y otras enfermedades que causan el aborto, si son problemáticas en su zona

Machos
- Haga un monitoreo de los machos maduros, calificando su condición corporal
- Realice exámenes de heces para determinar las cargas parasitarias
- Vacune contra Clostridium Perfringens Tipo C y D, y contra tétano (más la rabia y leptospirosis si son problemáticas en su zona) al mismo tiempo con las hembras preñadas
- Trate la quemadura por orina según sea necesario con vaselina (jalea de petróleo)
- Para prevenir la urolitiasis (bloqueo del canal urinario) tenga agua limpia y fresca disponible en todo momento. Dé sal en todo momento y mantenga una relación de calcio a fósforo de 2:1 en la dieta del macho.
- Deje que hagan ejercicio

DIAGNÓSTICO Y TRATAMIENTO

Cuidar a un animal enfermo requiere tanto el apoyo y cuidado personal como el tratamiento específico. El cuidado personal se dirige hacia las señales de la enfermedad, mientras que el tratamiento específico se dirige hacia la causa de estas señales. Por ejemplo, el cuidado personal para una cabra con diarrea es reducir el concentrado en su dieta y aumentar su consumo de agua. Pero ¿cómo se puede determinar si la diarrea es por causa de parásitos, toxinas, salmonela o comer demasiado? El arte del diagnóstico depende de observar detenidamente al animal, a sus compañeros/as de hato, su historia y su ambiente, para analizar todas las pistas que pueden llevar hasta la causa.

Acuda a un veterinario/a u otro técnico/a para lograr el mejor diagnóstico y elegir el tratamiento más apropiado. Los Cuadros de Salud en este libro pueden ser útiles para diagnosticar ciertos problemas y enfermedades mediante las señales observadas. Sin embargo, en ciertos casos, se requieren exámenes de laboratorio para un diagnóstico definitivo.

En las zonas remotas o condiciones del campo, el tratamiento puede comenzar con el mejor criterio de la experiencia, en base a las tendencias comunes del área. Recuerde que pueden existir varias enfermedades al mismo tiempo en un animal o en el rebaño, lo que puede complicar el diagnóstico y hacer más grave cada enfermedad. Por ejemplo, la desnutrición combinada con muchos parásitos puede agravar un caso de neumonía bacteriana y hacerlo más difícil de tratar.

Tomarle la temperatura a una cabra

La temperatura corporal normal de una cabra es de 38,7°C a 40°C (101,7°F a 104°F). Para tomarle la temperatura una lectura rectal de un termómetro digital (sin mercurio) es más exacta y siempre es mejor para el ambiente evitar el mercurio. Si no estuviera disponible un termómetro digital, el termómetro convencional de mercurio también se puede usar para tomar una lectura rectal de la temperatura del animal.

- *Termómetro Digital*
    - Limpie el termómetro y presione una vez el botón que está en un lado del termómetro.
    - Inserte el lado más pequeño del termómetro dentro del recto de la cabra.
    - Espere dos minutos. Un termómetro digital sonará cuando el tiempo esté completo.
    - Saque el termómetro, límpielo, lea y registre la temperatura.
    - Antes de guardarlo, esterilícelo con algún antiséptico (alcohol, yodo o blanqueador de cloro).

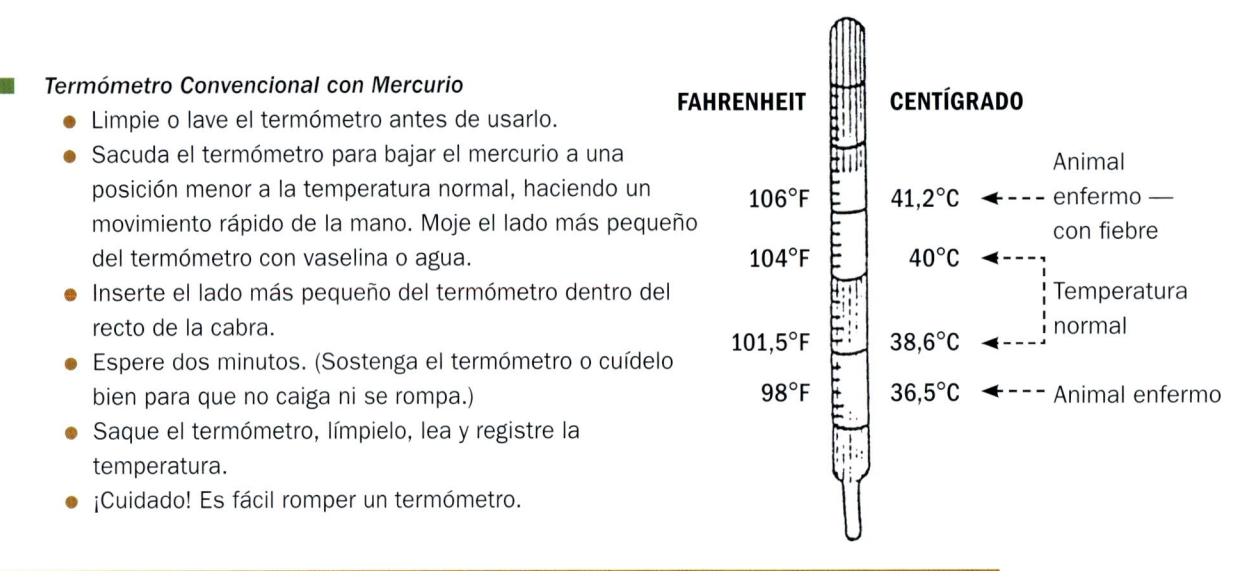

■ *Termómetro Convencional con Mercurio*
- Limpie o lave el termómetro antes de usarlo.
- Sacuda el termómetro para bajar el mercurio a una posición menor a la temperatura normal, haciendo un movimiento rápido de la mano. Moje el lado más pequeño del termómetro con vaselina o agua.
- Inserte el lado más pequeño del termómetro dentro del recto de la cabra.
- Espere dos minutos. (Sostenga el termómetro o cuídelo bien para que no caiga ni se rompa.)
- Saque el termómetro, límpielo, lea y registre la temperatura.
- ¡Cuidado! Es fácil romper un termómetro.

FAHRENHEIT	CENTÍGRADO	
106°F	41,2°C	← Animal enfermo — con fiebre
104°F	40°C	← Temperatura normal
101,5°F	38,6°C	←
98°F	36,5°C	← Animal enfermo

USO DE MEDICAMENTOS, ANTIBIÓTICOS Y DESPARASITANTES

Siempre hay que guardar todos los antibióticos, desparasitantes y otros medicamentos fuera del alcance de niños y niñas.

Antes de administrar algún medicamento, consulte a un/a extensionista en salud animal o veterinario/a. Lea todas las instrucciones que acompañan a las medicinas o vacunas completamente. Debe darse atención cuidadosa a la dosificación apropiada para cada animal tratado. La dosificación se basa, en general, sobre la edad y el peso de un animal y se detallará en las instrucciones.

Otra importante consideración es el tiempo de contaminación, es decir cuánto tiempo la leche y carne del animal están contaminadas después de la administración del fármaco. Una medicina puede permanecer en el cuerpo del animal durante pocas horas, o hasta varias semanas, dependiendo de sus características particulares. Es importante no usar la leche o carne de una cabra hasta cumplir este tiempo de suspensión. Por ejemplo, la carne que todavía contiene penicilina y ampicilina puede producir alergias severas en los seres humanos. El cloranfenicol puede producir una anemia severa en los humanos.

Un veterinario/a o extensionista también puede asesorar sobre los tiempos de espera si esta información no estuviera detallada claramente en las instrucciones de la medicina. Si no estuviera disponible algún especialista cuando se hace tratamiento con antibióticos y antihelmínticos (desparasitantes), averigüe el tiempo de contaminación según las instrucciones que deben estar incluidas. Si el período de espera no estuviera en las instrucciones, siga estas reglas generales:

■ no usar la leche – tres días
■ no usar la carne – dos semanas (4 semanas si se trata de estreptomicina o tiabendazola; cinco semanas para ivermectina.)

REMEDIOS NATURALES CON PLANTAS

En cada parte del mundo, se usan ciertas plantas para prevenir o tratar las enfermedades en los animales. Algunas plantas medicinales son muy eficaces. Un ejemplo es la sábila (aloe vera), que crece en muchos climas calientes, y es excelente para ayudar a curar las heridas y quemaduras. Muchas de estas plantas se usan en la fabricación de las medicinas comerciales. Los agricultores/as, así como curanderos/as y promotores/as de salud animal pueden conocer las plantas útiles de su zona. Algunas plantas se han investigado más que otras. El mecanismo de acción de algunos remedios naturales ha sido estudiado, como se muestra en el siguiente cuadro:

Componentes antimicrobianas de las plantas y el posible mecanismo de acción

COMPONENTE	MODO DE ACCIÓN ANTIMICROBIANA	CONTENIDA EN
Ácido cafeico	Oxidación	Estragón, tomillo
Flavonoides	Respuesta de la planta a la infección microbiana	Té verde
Taninas condensadas	Se liga con las membranas celulares de las bacterias	Sericea lespedeza, hojas de roble
Cumarinas	Estimula a macrófagos	Heno descompuesto (la descomposición se nota por el olor)
Terpenos	Rompe las membranas celulares de los microbios	Albahaca, ají, ajenjo (artemisa)
Berberina	Antibacteriana/antiamébica	Hydrastis canadensis, bérbero, uva de Oregón
Lectinas y polipéptidos	Impiden que los microbios se adhieran a los receptores del huésped	Amaranto, cebada, trigo

FUENTE: ANN WELLS, DVM, SPRINGPOND HOLISTIC ANIMAL HEALTH

CÓMO DARLE MEDICINA LÍQUIDA A UNA CABRA

Los medicamentos líquidos, como por ejemplo los desparasitantes, pueden darse por vía oral. Use una jeringa especial, o una botella como de refresco u otro tipo de botella con el cuello largo.

Mida la cantidad correcta del medicamento en la jeringa o botella. Es muy importante tener la cabeza de la cabra en posición normal. Si se inclina la cabeza, el medicamento podría entrar en los pulmones y causar neumonía. Poner el extremo de la jeringa o botella en el lado izquierdo del hocico, sobre la parte posterior de la lengua. Lentamente, ponga el líquido en la parte posterior del hocico, y observe al lado izquierdo para asegurar que el animal esté tragando. Suspenda temporalmente si la cabra tose o se atora.

CÓMO INTRODUCIR UNA SONDA A LA PANZA

Se puede usar una sonda estomacal para eliminar el gas en caso del timpanismo. Se usa una manguera de caucho limpio, de 1 a 2 cm en diámetro, con extremos no cortantes. Mida (contra el animal, por fuera) la longitud de manguera requerida para llegar al rumen, y señale esa longitud con una cinta adhesiva. Que alguien sujete firmemente al caprino. Use un espéculo o un pedazo de bambú para pasar la manguera, con el fin de que la cabra no la pueda dañar, mordiéndola. Lentamente, pase el tubo más allá de la parte más gruesa de la lengua, bajando la garganta, y continuando hasta el rumen. Se puede sentir la manguera, al lado izquierdo del pescuezo, dentro del esófago. Si no se le puede sentir, puede estar dentro de la tráquea, que está en el medio del pescuezo.

No inserte más manguera al llegar a la longitud señalada por la cinta adhesiva. Ponga el oído al lado izquierdo y pida que alguien sople la manguera — se deben escuchar sonidos de burbujeo cerca del rumen.

Asegure que la manguera no haya ingresado a los pulmones. Si la manguera está dentro de los pulmones, el animal toserá, aire entrará y saldrá por el tubo, y no se escuchará el burbujeo cuando se sople la manguera. En este caso, saque la manguera inmediatamente y haga otro intento.

Al sacar la manguera del rumen, doble su parte superior para sellar esa punta y crear un vacío, para que el líquido del rumen salga, lo que podría causar neumonía.

Al tratar el timpanismo, si no sale gas, saque la manguera y examínela para ver si hay espuma. Se puede introducir aceite mineral al rumen por la manguera para tratar esta condición.

CÓMO ADMINISTRAR MEDICINA EN FORMA DE BOLUS

Un bolus o bolo es una dosis medida de medicina en forma de una torta sólida que debe tragarse. Es más fácil dar la medicina sólida a un animal con una "bomba" que en realidad es un tubo hecho especialmente con este propósito. Se puede hacer una "bomba" con dos tubos plásticos, uno más grande del otro, para que el uno pueda deslizarse dentro del otro. El tamaño de los tubos será aproximadamente 1,2 cm y 2,5 cm en diámetro.

Saque el bolo de la dosificación apropiada del recipiente. Rompa el bolo si es necesario. Inserte el bolo al extremo de la bomba / tubo. Sostenga el tubo hacia arriba para que no se salga el bolo. Ponga el tubo en el lado izquierdo del hocico de la cabra y empuje suave pero firmemente más allá de la parte gruesa en la base de la lengua. Esto es importante porque si la bomba de bolos no entra más adentro de la base de la lengua, el animal terminará escupiendo el bolo. Empuje el émbolo hacia delante, forzando el bolo para que pase sobre la base de la lengua y entre al esófago. Empuje lentamente para no lastimar la garganta de la cabra.

Téngale cerrado el hocico y dele masaje hacia abajo hasta que trague el bolo. Espere para ver un movimiento que claramente sea de deglutir, para asegurar que el animal no esté reteniendo el bolo en el hocico para escupirlo. (Si lo logra escupir, hay que recogerlo y volver a intentar de nuevo.)

CÓMO DAR UNA INYECCIÓN

Las medicinas, agujas y jeringuillas deben almacenarse en un gabinete o cajón limpio y seco que esté libre de polvo y suciedad. Siempre hay que usar una aguja y jeringuilla estériles. Para dar múltiples inyecciones, use una aguja y jeringuilla estériles por animal, ya que algunas enfermedades se transmiten por la sangre o las agujas contaminadas. Las agujas y jeringuillas pueden esterilizarse sumergiéndoles en agua hirviendo durante 20 minutos. También pueden limpiarse o esterilizarse sumergiéndoles en alcohol.

Hay tres principales tipos de inyecciones: intravenosa (IV), intramuscular (IM) y subcutánea (SC). Sólo un veterinario/a u otra persona calificada debe administrar las inyecciones intravenosas (IV) porque, en esta técnica, se usa una aguja para perforar la vena del animal, y la medicina ingresa inmediatamente al torrente sanguíneo.

Antes de administrar cualquier inyección, siga los preparativos indicados a continuación:
- Reúna los materiales y medicinas requeridos con anticipación
- Lea las instrucciones sobre la medicina
- Sujete y pese al animal (use el método de la cinta métrica y el cuadro de pesos estimados, descrito en la Lección 1)
- Determine la dosificación apropiada en base al peso del animal
- Frote la parte superior del frasco del fármaco con alcohol
- Introduzca la dosis apropiada del fármaco en la jeringuilla, usando una técnica que garantice la esterilidad
- Seleccione el lugar apropiado para la inyección (dele en el mismo lugar en cada cabra)
- Frote el sitio de la inyección con alcohol o tintura de yodo

Entonces, administre inyecciones intramusculares y subcutáneas según los siguientes pasos:

IM – Intramuscular
- Use una aguja nueva o esterilizada, N°. 20, de una pulgada (2,5 cm) para cada caprino adulto
- Use una aguja nueva o esterilizada, N°. 20 ó 22, de una pulgada (2,5 cm) o media pulgada (1,25 cm) para cada cría
- Conecte la aguja a la jeringuilla y luego insértela en el músculo en la parte gruesa del pescuezo o muslo, en el mismo punto en cada animal (para que, si aparece alguna hinchazón, sea evidente la causa)
- Retire el émbolo para verificar que no entre sangre. Si entra sangre a la jeringuilla, retire la aguja y vuelva a intentar en otro sitio.
- Inyecte el fármaco lentamente
- Saque la aguja y haga masaje en el sitio de la inyección

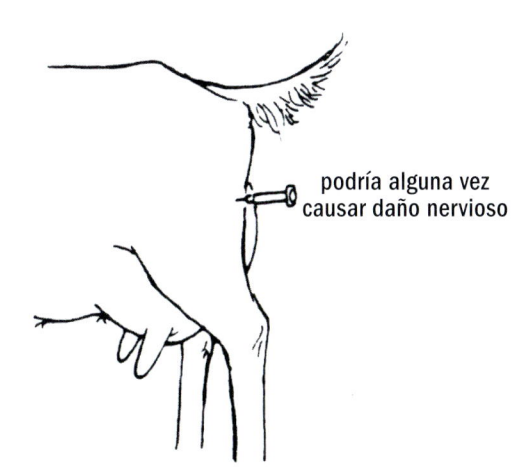

Cómo cuidar la salud de sus cabras **117**

SC - Subcutánea
- Use agujas del mismo tamaño como para las inyecciones IM
- Levante la piel floja del flanco, sobre las costillas, o debajo de la pierna
- Inserte la aguja a un ángulo agudo
- Retire el émbolo para verificar que no entre sangre, igual que con la IM
- Si aparecen burbujas, es posible que la aguja haya traspasado la piel y esté fuera
- Si se hace correctamente, debe aparecer un bulto debajo de la piel al aplastar el émbolo

PREVENCIÓN Y TRATAMIENTO DE PARÁSITOS INTERNOS

Los parásitos son pequeños animales que viven dentro o fuera del chivo, y derivan toda su nutrición del cuerpo del chivo. Causan enfermedades, consumiendo nutrientes que necesita la cabra, o causando impedimento intestinal o diarrea. Los parásitos externos como garrapatas y moscos también pueden transmitir enfermedades infecciosas.

Tanto los parásitos internos como los externos pueden hacer que el animal baje de peso y crezca poco, al consumir sus nutrientes. Por lo tanto, la prevención y el tratamiento son importantes para la productividad del hato.

Los parásitos internos se encuentran en la panza, los intestinos o pulmones. Éstos incluyen nemátodos, vermes pulmonares, platelmintos, coccidia y tremátodos. Ciertos parásitos internos, especialmente el nemátodo Haemonchus contortus, chupan la sangre, causando severa anemia en las cabras, que puede producir hasta la muerte. Otros, como Ostertagia y Trichostongylus, causan diarrea, crecimiento deficiente y una forma menos aguda de anemia. Los tremátodos hepáticos residen en el hígado y la vesícula biliar de las cabras, causándoles dolor, pérdida de apetito, baja producción y en algunos casos la muerte.

La mejor prevención para cualquier tipo de parásito es el buen manejo, como la nutrición, saneamiento, rotación de pastizales, manejo estabulado, no dejar que el alimento caiga al suelo, y hacer exámenes fecales regulares para detectar los huevos de parásitos. Otras sugerencias importantes para evitar los parásitos internos son:
- Practicar la rotación de pastizales
- Dos días después de desparasitarles, saque las cabras a un pastizal limpio
- Corrales para manejo estabulado con pisos ranurados. Se cosecha el forraje para llevárselo en el corral
- Nutrición adecuada y equilibrada para sus cabras
- Alternar el uso del suelo entre pastizal y cultivos
- Aislar a los animales que bajen de peso, o que tengan diarrea o anemia
- Dar cuidado y apoyo y consultar a un técnico/a para determinar la causa
- Desparasitar a las cabras apenas aparezcan las señales de parásitos internos como la anemia, pérdida de peso, crecimiento deficiente, pelaje irregular o hinchazón de la mandíbula. Los climas tropicales y otros lugares húmedos requieren desparasitar más frecuentemente que en los climas frescos y secos.
- Use el cuadro FAMACHA* para evaluar la anemia, si lo tiene disponible

FAMACHA—Sistema de examen que utiliza un cuadro de colores de la membrana del párpado para determinar el nivel de anemia de la cabra. El color del interior del párpado ayuda a determinar el daño causado por el nemátodo parásito Haemonchus contortus (porque consume la sangre y produce anemia). Ésta es la lombriz más prevalente y más perjudicial para las cabras. La presencia de otros nemátodos no puede determinarse con el Cuadro FAMACHA. Este kit puede obtenerse mediante un veterinario/a y otros profesionales de la salud, ya que requiere capacitación para poderlo usar correctamente. Sólo sirve un cuadro original; las fotocopias pueden dar un diagnóstico inexacto. Para pedir el cuadro, envíe un correo a famacha@vet.uga.edu

Si los parásitos internos son un problema en su zona, puede administrarse el tratamiento según el siguiente cuadro.

Cuadro de Tratamientos para los Parásitos Internos

DESPARASITAR A LOS CAPRINOS (PERÍODO ANTES DE FAENARLOS)	TIPO DE PARÁSITO INTERNO	INOCUO PARA CABRAS PREÑADAS
Albendazola (10 días)	■ Nemátodos ■ Platelmintos ■ Tremátodos del hígado	No durante los dos primeros meses de la preñez
Fenbendazola (8 días)	■ Nemátodos ■ Ciertos Platelmintos ■ Vermes pulmonares	Sí
Levamisola (3 días)	■ Nemátodos ■ Vermes pulmonares	Sí
Oxfendazola (4 semanas)	■ Nemátodos ■ Platelmintos ■ Vermes pulmonares	Sí
Tartrato de Morantel (30 días)	■ Nemátodos	Sí
Ivermectina (5 semanas) Doramectina	■ Nemátodos ■ Vermes pulmonares (tipo Dictyocaulus) ■ Ácaros (algunos tipos)	Sí

Hay ciertas plantas con propiedades antihelmínticas conocidas. Éstas incluyen Dorycnium pentaphyllum (escobizo, boja, bocha blanca, mijediega); Onobrychis vicifolia (esparceta, pipirigallo), Lotus pedunculatus (aldo, maku), Rumex sp. (muchas variedades), Dorycnium rectum, Lotus corniculatus (trifolio pata de pájaro, loto corniculado), Cichorium intybus (achicoria), Lespedeza cuneata (Sericea lespedeza) y nim.

La resistencia de los parásitos a los desparasitantes es ahora un problema mundial. El tratamiento frecuente deja sólo a las lombrices resistentes, las que trasmiten su capacidad de supervivencia a la siguiente generación de lombrices. Las cabras con lombrices resistentes continuarán con su aspecto demacrado, anémico y sin crecer una semana después del tratamiento. Hay que volver a desparasitar a estas cabras de nuevo con un fármaco diferente (no a todo el hato). Luego estas cabras tratadas de nuevo pueden regresar con sus compañeras de rebaño en los pastizales originales.

Nota: En el pasado, los expertos/as recomendaron cambiar a un desparasitante diferente cada año. La nueva recomendación es usar el mismo desparasitante hasta que ya no tenga eficacia con su hato. La observación y el uso del cuadro FAMACHA y exámenes de huevos en las heces ayudarán a determinar esto. Las siguientes ilustraciones muestran cómo las lombrices del estómago e hígado perjudican a sus animales.

Ciclo de Vida del Típico Parásito Estomacal

① La lombriz adulta vive en la panza o intestino y pone huevos.

② Los huevos se trasmiten en el estiércol.

③ Los huevos persisten en el ambiente.

④ Los huevos maduran y se convierten en larvas.

⑤ Las larvas se trepan el pasto.

⑥ El animal come el pasto con las larvas.

⑦ Las larvas maduran hasta adultas en la panza o intestino, completando el ciclo de vida.

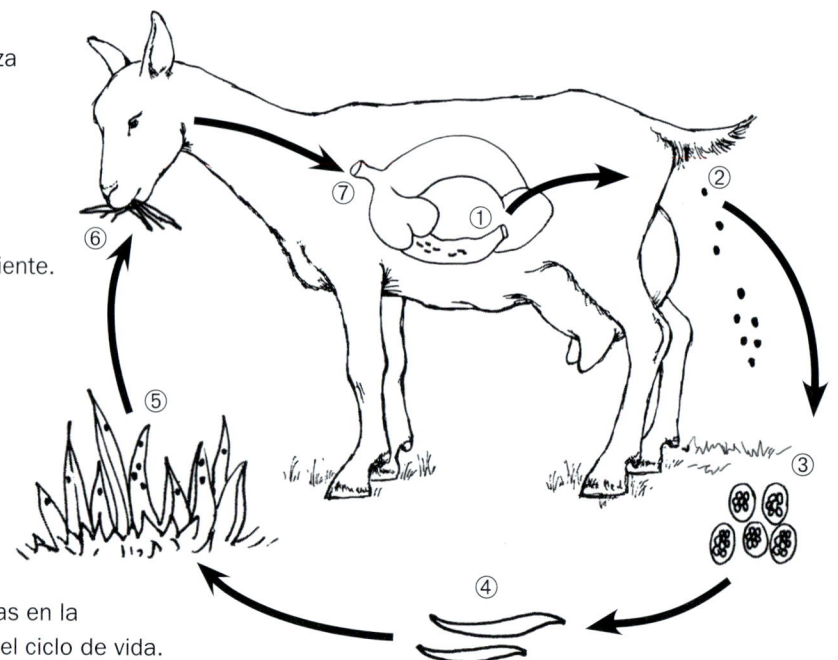

Ciclo de vida de un Tremátodo Típico del Hígado

① La adulta en el hígado pone los huevos.

② Las heces salen con huevos de tremátodo.

③ Las larvas nacen de los huevos.

④ Las larvas penetran a un caracol, o son comidas por él.

⑤ Salen los tremátodos inmaduros del caracol.

⑥ Forman quistes en las plantas que son comidas por las cabras.

⑦ Los tremátodos maduran en el hígado o los conductos biliares.

PREVENCIÓN Y TRATAMIENTO DE PARÁSITOS EXTERNOS

Los parásitos externos son garrapatas, piojos, ácaros, pulgas y moscas. Las garrapatas son un problema grave, particularmente en el trópico. Las garrapatas se aferran a la cabra, alimentándose de su sangre, robándole nutrición y trasmitiendo enfermedades mortales. Estas enfermedades incluyen la anaplasmosis, babesia, hidropericardia, y fiebre. Otros parásitos externos que pueden difundir enfermedades entre las cabras durante sus actividades para alimentarse son zancudos y las moscas tsetse.

Algunas estrategias comunes de manejo para reducir las garrapatas incluyen la rotación de pastizales o el manejo estabulado y soltar aves de corral para que se paseen libremente por los mismos pastizales como sus cabras.

La inmersión y el rociado de insecticidas también se usan comúnmente para controlar los brotes de garrapatas. Dependiendo del nivel de infestación, puede ser necesario hacer estos tratamientos hasta cada quince días. En las áreas donde las garrapatas y otros parásitos externos sean problemáticos, suelen encontrarse en diferentes partes del cuerpo de los animales, incluyendo las orejas, la cara y las ternillas de la nariz. Los insecticidas son venenos y pueden causar enfermedades graves en los seres humanos, de modo que deben guardarse, manejarse y desecharse con especial cuidado. Consulte a un veterinario/a local para que le aconseje.

Ciclo Vital de una Garrapata de un solo Hospedero

① Eclosionan los huevos. Salen las larvas y se suben a la cabra para alimentarse de su sangre.

② Las larvas alimentadas se mudan y las resultantes ninfas se alimentan de la sangre.

③ Las ninfas alimentadas se mudan a adultas.

④ Las adultas se alimentan de la sangre y se aparean.

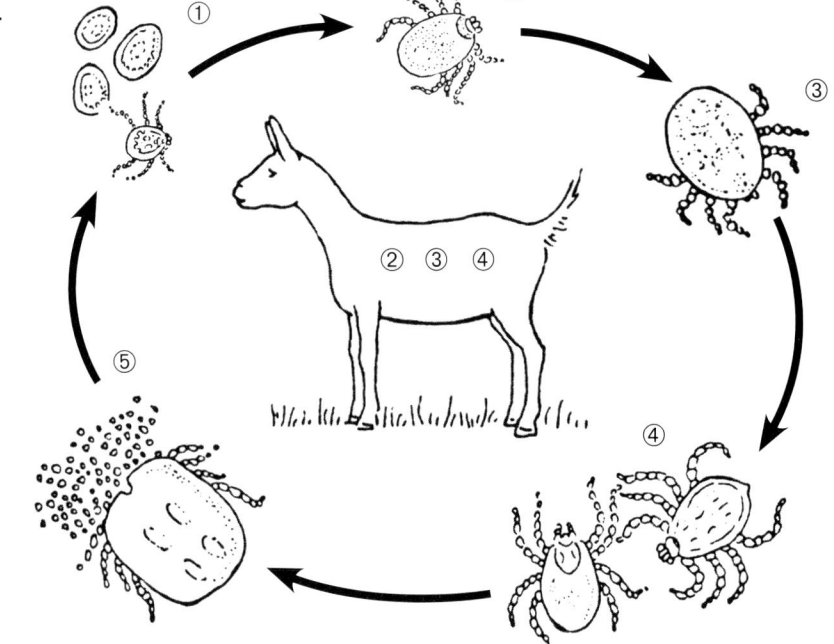

⑤ La hembra alimentada cae al suelo, pone huevos, y se repite el ciclo.

Precauciones para Manejar los Insecticidas

Al usar los compuestos para inmersión y rociado, siga las recomendaciones de la etiqueta. Muchos insecticidas que matan a los parásitos externos también son tóxicos para otros animales, peces, pájaros y en algunos casos para los humanos. Guarde todos los insecticidas fuera del alcance de los niños/as. Hay que poner un rótulo claro a cualquier recipiente con la palabra "veneno" para evitar un uso incorrecto.

Al mezclar o rociar estos compuestos, el capricultor/a debe proteger su piel con guantes y otra ropa protectora. Al rociar, use guantes y una máscara para evitar el vapor y demás exposición. Luego de manejar los insecticidas, báñese completamente con agua y jabón cuando haya terminado. Los equipos de mezcla deben lavarse por completo y el agua contaminada debe enterrarse.

Los recipientes usados de estos productos deben quemarse. Es peligroso volver a utilizarlos con cualquier fin. Deseche el sobrante de la solución de inmersión o rociado u otro insecticida lejos del agua, de los huertos o de las áreas donde jueguen niños/as. El método más seguro de evitar la contaminación ambiental es crear un "sitio para desechos peligrosos" en su comunidad.

Cómo cuidar la salud de sus cabras

Los tiempos de suspensión para consumo de la leche después de usar los insecticidas en las cabras no han sido determinados científicamente para la mayoría de estos tóxicos, de modo que el uso de cualquier producto en las cabras debe incluir un período largo antes de volver a usar su leche para consumo humano. El siguiente cuadro enumera los insecticidas más comunes. Hay muchos más, pero favor notar que el Lindano y Methoxychor no se recomiendan por la posibilidad de contaminar el ambiente. Asegúrese de seguir todas las indicaciones detalladamente para optimizar el efecto del insecticida.

Insecticidas Selectos para Tratar a Cabras con Parásitos Externos

INSECTICIDA	FORMULACIÓN	SEGURIDAD GENERAL
Coumafos	Polvo o líquido	Diluir según las instrucciones.
Azufre de Cal	Líquido	Ocasionalmente irritante. Aparte de eso, muy inocuo.
Malatión	Polvo o líquido	Uno de los organofosfatos menos peligrosos.
Piretrinas y Piretroides (Deltametrina)	Líquido	Los piretroides causan menos irritación de la piel que las piretrinas.
Triclorfón	Polvo o líquido	Seguro si se usa según las indicaciones.
Nim	Solución en agua	Muy seguro. Requiere tres tratamientos. No es eficaz contra los ácaros.

Insecticidas de Plantas Medicinales

También hay tratamientos locales que han mostrado alguna eficacia para los parásitos externos, y pueden ser menos tóxicos y menos costosos. Un ejemplo es el aceite de las cáscaras de frutas cítricas. Otro ejemplo es usar las hojas y semillas del árbol de nim, mencionado en el cuadro. Las hojas pueden hervirse y se rocía la resultante solución a las cabras para controlar los piojos. Puede haber otros tratamientos con plantas en su zona. A continuación, algunos remedios naturales para controlar las moscas.

MEDIOS NATURALES PARA CONTROLAR LAS MOSCAS		
Aceite de cedro	Rociar o untar según se necesite	Repelente
Lechada de ajo con agua	Rociar o untar según se necesite	Repelente
Aceites esenciales de citronela, eucalipto, hierba luisa en aceite mineral, o en agua con jabón	Rociar o untar según se necesite	Repelente
Aceite de nim con agua	Rociar o untar según se necesite	Repelente

FUENTE: ANN WELLS, DVM, SPRINGPOND HOLISTIC ANIMAL HEALTH

HOJA DE OBSERVACIÓN

Nombre del Observador/a: _____ Fecha de Observación: _____

Nombre de la Cabra: _____ ID #: _____

Raza: _____ Edad _____

Tatuaje: _____ Sexo: ❏ Macho   ❏ Hembra

Peso: _____ Hembra: ❏ Preñada   ❏ No preñada

Último Tratamiento contra Parásitos: Internos ____/____/_____ Externos ____/____/_____

Plan de Alimentación: _____

Observe a sus cabras todos los días. Registre los datos por lo menos dos veces al mes. Anote más frecuentemente si el animal está enfermo, no sube de peso o no come bien. Aprenda a evaluar a sus animales. Es un paso importante hacia la salud y productividad de su hato.

Apariencia General: _____
_____

Nivel de Actividad: _____
_____

Piernas y Patas: _____

Algún problema externo como abscesos, parásitos, etc.: _____
_____

Condición de ojos, nariz, hocico: _____

Condición de heces (estiércol): ❏ bolitas ❏ montones ❏ sueltas ❏ diarrea ❏ _____

Producción de Leche – si está lactante: _____ libras _____ kilos o _____ litros por día

Señales de mastitis: ❏ Sí   ❏ No

Forma de alimentarse: ❏ Come bien ❏ Agua disponible ❏ Pasta libremente ❏ Estabulado

Alguna de las siguientes señales de enfermedades:

❏ No come bien   ❏ Se aleja del grupo
❏ Deshidratación   ❏ Temperatura anormal _____
❏ Camina con dificultad   ❏ Mucosa pálida alrededor de los ojos y dentro del hocico
❏ Ceguera   ❏ Mucosidad viscosa en la nariz u hocico
❏ Diarrea   ❏ No hay señal de rumiar
❏ Secreciones de los ojos   ❏ Hinchazón anormal de alguna parte del cuerpo
❏ Movimientos en círculo   ❏ Cae el pelo o parece irregular
❏ Coágulos o sangre en la leche

Consulte los Cuadros de Salud para el diagnóstico y tratamiento sugerido.

GUÍA PARA EL DIAGNÓSTICO Y TRATAMIENTO DE LAS ENFERMEDADES

La siguiente información describe cómo usar esta guía de salud para las cabras. Sin embargo, los problemas y tratamientos comunes pueden ser diferentes en su región. Siempre hay que consultar con las/los profesionales de salud locales.

Usted encontrará muchas de las enfermedades, sus causas comunes, las señales, la prevención y el tratamiento enumerados más de una vez, si reflejan varias señales clínicas que usted podrá observar. Estas duplicaciones de la información son para su comodidad.

PROBLEMA DE SALUD	CAUSAS Y CARACTERÍSTICAS COMUNES	OTRAS SEÑALES	PREVENCIÓN	TRATAMIENTO
En esta columna se enumera una señal clínica común de la enfermedad, o un problema común, en letras mayúsculas, por ejemplo: ■ Comportamiento anormal ■ Aborto ■ Anemia ■ Tos o descarga nasal ■ Diarrea ■ Dystocia ■ Secreción de los ojos ■ Fiebre y sin apetito ■ Infertilidad ■ Cojera – No camina bien ■ No quiere pararse ■ Dystocia ■ Problemas dermatológicos ■ Muerte súbita ■ Panza hinchada ■ Ubre hinchada ■ Baja de peso	En esta columna se anotarán las enfermedades o condiciones que podrían causar la señal o el problema de salud de la primera columna. Recuerde que, en su zona, puede haber otras causas de problemas con la salud que no están enumeradas aquí.	Esta columna enumera la mayoría de las señales de la enfermedad. Posiblemente su cabra no tenga todas las señales, sino sólo algunas. Observe su animal muy detenidamente para determinar todas las señales visibles de la enfermedad. Entonces use esta columna para ayudarla a hacer el diagnóstico correcto.	Éstas son las sugerencias para el buen manejo que ayudará a prevenir la enfermedad. Recuerde que siempre es menos costoso y más eficaz prevenir un problema de salud o enfermedad que tratarlo.	Puede haber tratamientos alternativos para cada una de estas condiciones. Siempre es conveniente consultar a un promotor/a de salud animal o veterinario/a, pero puede ser imposible en las áreas remotas. Los remedios locales y personas conocedoras vecinas pueden ser de mucha ayuda.

PROBLEMA DE SALUD	CAUSAS Y CARACTERÍSTICAS COMUNES	OTRAS SEÑALES	PREVENCIÓN	TRATAMIENTO
Comportamiento anormal	**Toxemia de la preñez (quetosis)** ■ Puede ocurrir en las últimas 6 semanas de la gestación ■ Más común dentro de los 10 días del parto	■ En el tercer trimestre ■ Olor dulce del hálito ■ No come bien ■ Falta de coordinación y otros problemas neurológicos como temblores o mirada arriba a la distancia. ■ Temperatura normal	■ Evitar la obesidad al comienzo de la preñez ■ Ejercicio diario ■ Mejor nutrición durante los últimos dos meses de preñez	■ Cesárea, si se detecta con suficiente anticipación.
	Listeriosis (Enfermedad de las vueltas)	Véase la sección de "Fiebre"		
	Rabia ■ Mortal para humanos	■ Cambio de comportamiento y/o ataques agresivos ■ Parálisis progresiva ■ Exceso de salivación ■ Progresa a la muerte en 1-5 días	■ Vacunación anual en las zonas donde la rabia es problemática	■ NO ES TRATABLE. ■ Hay que faenar a los animales. ■ Verifique con el médico cuando ha habido contacto humano con los animales afectados.
	Cálculos Urinarios ■ En machos reproductores o castrados	■ Animal estresado, trata de orinar ■ Inquieto, pujando, lamiendo la panza ■ Orina que sale a gotas, con sangre, dejando cristales en los vellos de la panza ■ Muere en 5-7 días	■ Dar bastante agua limpia y bloque de sales o ■ Agregar sal común a la ración de alimento ■ Déjeles que hagan ejercicio. ■ Reducir el concentrado. ■ Cuidar la relación de Ca a P – debe ser de 2 a 1.	■ Si el cálculo está en el conducto de la uretra, córtelo (para salvar a los animales para poderlos faenar) ■ Otra cirugía es costosa y usualmente no es eficaz a largo plazo.
	Polioencefalomalacia ■ Se ve en las crías de 2 a 6 meses que comen concentrado	■ Diarrea ■ Ceguera, presión contra la cabeza ■ Convulsiones, coma y muerte	■ Evitar los cambios súbitos a concentrados con alto contenido energético ■ Suplemento con tiamina ■ Evitar el amprolio.	■ Inyección IV de tiamina seguida por una IM o SC cada 6 horas ■ Cuidado y apoyo

Cómo cuidar la salud de sus cabras **125**

PROBLEMA DE SALUD	CAUSAS Y CARACTERÍSTICAS COMUNES	OTRAS SEÑALES	PREVENCIÓN	TRATAMIENTO
Comportamiento anormal (continúa)	**Coenurosis (vértigo)** ■ Raro en Norteamérica ■ De platelmintos (tenia) en perros	■ Comportamiento anormal durante un mes o más ■ Inclina la cabeza, da vueltas, es ciego en un ojo, no puede pararse, queda rígido	■ No permitir contacto con perros callejeros ■ Tratar a los perros que viven cerca del ganado para eliminar sus platelmintos	■ No hay ningún tratamiento eficaz a menos que el quiste esté visible en la cabeza y el cráneo está blando – entonces, a veces es posible aspirar el quiste.
Aborto El aborto espontáneo puede ocurrir naturalmente en un 15 por ciento de las gestaciones. Es muy difícil determinar la causa del arrojo sin pruebas veterinarias específicas.	**Anaplasmosis** ■ Trasmitida por las garrapatas y posiblemente otros insectos y por los instrumentos y agujas contaminados con sangre	■ Fiebre alta ■ Mucosa pálida (anemia) ■ Aborto en casos agudos ■ Los animales mueren rápidamente	■ Control de garrapatas mediante inmersión y rociado regulares ■ Haga pruebas de sangre anualmente y elimine a los animales infectados ■ Limpie los instrumentos de descorne y otros entre un animal y el siguiente.	■ Oxitetraciclina o tetraciclina-hidrocloruro o imidocarbo.
	Brucelosis ■ Causada por Brucella melitensis ■ Se difunde en la orina, leche y descargas vaginales ■ Contagiosa para las personas mediante la leche contaminada. Llamada fiebre de Malta en seres humanos	■ Cojera – No camina bien ■ Abortos hacia el final de la preñez ■ Mastitis en algunos casos ■ Problemas con las articulaciones ■ En machos, testículos hinchados	■ Vacunación, cuando sea permitida ■ Alejar a los animales del feto abortado, las membranas y la descarga uterina ■ Enviar las muestras de tejidos al veterinario/a ■ Entierre o queme todo el resto del tejido infectado ■ Para evitar la infección humana, haga hervir o pasteurice toda leche antes de consumirla ■ Use guantes para manejar los fetos abortados y membranas	■ No existe ningún tratamiento eficaz ■ Eliminar al animal

PROBLEMA DE SALUD	CAUSAS Y CARACTERÍSTICAS COMUNES	OTRAS SEÑALES	PREVENCIÓN	TRATAMIENTO
Aborto (continúa)	**Chlamydia psittaci** ■ Contagiosa para humanos, especialmente peligrosa para las mujeres embarazadas	■ Fiebre y sin apetito ■ Puede tener una descarga sangrienta ■ Hasta un 60 por ciento abortará, usualmente en el tercer trimestre, placenta anormal	■ Si se diagnostica, se recomienda una vacuna anual, pero deja al animal adolorido. Dejar 8 y 4 semanas antes de que se reproduzcan. ■ Sacar las hembras afectadas del hato durante 3 semanas	■ Tratar todas las hembras no afectadas con tetraciclina 4 semanas antes del final de la gestación si se diagnostica clamidia en el rebaño
	Leptospirosis ■ Contagiosa para las personas mediante la orina	■ Anemia, ictericia ■ Reducción en la producción de leche La leche puede ser espesa, amarillenta o teñida de sangre, sin señales de inflación mamaria	■ Alejar a animales de la orina de animales infectados (roedores) ■ Vacuna ■ Control de roedores	■ Penicilina o dihidrostreptomicina
	Listeriosis (Enfermedad de las vueltas) ■ El agente etiológico se encuentra en el suelo y en ensilaje ■ Se trasmite por la orina, por la leche y por las descargas vaginales ■ Contagiosa para humanos por la leche	■ Aborto sin otras señales ■ Da vueltas en un solo sentido ■ Fiebre sobre 104°F a 107°F (40,2°C a 43,2°C) ■ Se aleja del grupo y no tiene apetito ■ Saliva fibrosa ■ Descarga nasal ■ Parálisis de los músculos de la mandíbula, el ojo y las orejas, usualmente solo en un lado ■ Algunos animales se recuperan o, si no, mueren en 1-2 días	■ Discontinuar la alimentación con ensilaje ■ Mantener limpios los comederos ■ Asegurar la nutrición adecuada para que las cabras no coman tierra (geofagia)	■ Altas dosis de penicilina o tetraciclina pueden ayudar, pero muchas veces no son exitosas ■ Líquidos y solución de rehidratación oral (véase la página 143)
	Mala Nutrición	■ No crece bien ■ Baja de peso	■ Nutrición equilibrada, incluyendo fuentes de proteína, energía, vitaminas y agua adecuada	■ Mejorar la nutrición de la hembra Combinar gramíneas digeribles para energía y plantas leguminosas para proteína ■ Tratar para parásitos

Cómo cuidar la salud de sus cabras **127**

PROBLEMA DE SALUD	CAUSAS Y CARACTERÍSTICAS COMUNES	OTRAS SEÑALES	PREVENCIÓN	TRATAMIENTO
Aborto (continúa)	**Venenos, plantas tóxicas, insecticidas o ciertos fármacos**	■ Aborto después del contacto con las sustancias	■ Evitar el uso o ingestión de sustancias tóxicas ■ Aprender a reconocer las plantas venenosas de la zona y evitar que las cabras las coman. Pedir ayuda al personal local de salud animal	■ Leer las etiquetas para ver si existe un antídoto ■ Asesorarse con un/a profesional de la salud animal
	Toxoplasmosis ■ Se trasmite por las heces de gato. Se puede trasmitir a humanos por la leche contaminada o contacto con heces de gato. Puede producir abortos o defectos congénitos en humanos.	■ Aborto en los últimos dos meses de gestación ■ Rara vez se ven otras señales ■ Fiebre ■ Falta de apetito	■ Evitar el contacto con las heces de gato	■ Usualmente no es tratable.
	Trauma (lesiones)	■ Si están hacinados, o son agresivos, los animales pueden lastimar a las hembras preñadas	■ Evitar el amontonamiento ■ Mantener aparte a las cabras preñadas	■ Tratar las lesiones pero, una vez que se aborte, está perdido el feto.
Anemia o debilidad	**Anaplasmosis** ■ Trasmitida por las garrapatas (y quizá otros insectos) y por los instrumentos y agujas contaminados con sangre	■ Conjuntiva y encías pálidas u ocasionalmente amarillas (ictericia) ■ Fiebre alta ■ Aborto en casos agudos ■ El animal puede morir pronto ■ Más severa en animales adultos	■ Control de garrapatas y moscas mediante inmersión o rociado regular con insecticida ■ Limpie los instrumentos de descorne y otros entre un animal y el siguiente.	■ Oxitetraciclina o tetraciclina-hidrocloruro o imidocarbo. ■ Cuidado y apoyo atendiendo al animal
	Babesiosis ■ Trasmitida por garrapatas y por agujas, y por instrumentos contaminados ■ Común en el Medio Oriente, partes del África y el subcontinente índico	■ Más severo en animales de 6-12 meses de edad ■ Mucosa (conjuntiva y encías) pálida u ocasionalmente amarilla (ictericia) ■ Orina roja-marrón ■ Fiebre alta ■ Falta de apetito ■ Diarrea ■ Aborto ■ Colapso, coma y muerte	■ Reducir las garrapatas Boophilus ■ Inmersión o rociado regulares	■ Difícil de tratar ■ Diminazeno, acaprina, o pireván o imidocarbo – tiempo muy largo de espera antes de usar la carne – revise las indicaciones en la etiqueta

PROBLEMA DE SALUD	CAUSAS Y CARACTERÍSTICAS COMUNES	OTRAS SEÑALES	PREVENCIÓN	TRATAMIENTO
Anemia o debilidad (continúa)	**Coccidiosis** ■ Una causa común de la diarrea en crías (un parásito de los intestinos)	■ Aparece en chivitos ■ Diarrea muy aguada ■ Heces con sangre o mucosidad ■ Debilidad ■ No crece bien ■ Baja de peso ■ Falta de apetito ■ Deshidratación ■ Coccidia se ve con el microscopio en el examen de heces	■ Buen saneamiento ■ Evitar el hacinamiento ■ Mantener limpios y secos los corrales ■ Evitar la contaminación de los alimentos y el agua con el estiércol ■ Separar a las crías de los animales mayores ■ Aislar a los animales enfermos ■ Dar agua limpia	■ Amprolium (no usar demasiado tiempo) o decoxquinato o sulfadimetoxina o ciertos otros fármacos sulfa o monensina ■ Dejar de dar cereales y alfalfa mientras dure el problema ■ Dar solución de rehidratación oral libremente o por mamadera 6 veces al día (véase la página 143)
	Lice, mites and other external parasites	■ El animal se hurga el pelo ■ Mucosa pálida (encías y dentro de los párpados) ■ El animal se rasca contra la cerca, los árboles o los comederos ■ Puede producir la muerte, especialmente con animales tiernos	■ Buena nutrición y saneamiento ■ Tratamiento rutinario con polvos, inmersión o rociado	■ Cuando sea necesario, rocíe, espolvoree o sumerja a los animales con insecticidas naturales o comerciales ■ Siga todas las advertencias y precauciones
	Mala Nutrición ■ Especialmente deficiencia de hierro	■ Señales similares a los parásitos	■ Asegurar alimentación equilibrada en cantidad suficiente ■ El hierro se encuentra en las hojas verdes y los tomates	■ Asegurar alimentación equilibrada en cantidad suficiente
	Lombrices estomacales Lombrices intestinales Tremátodos del hígado	■ Mucosa pálida ■ Baja de peso ■ Panza y mandíbula inferior hinchadas ■ Pelaje irregular ■ No crece bien ■ Poco crecimiento en las crías ■ Diarrea ■ Apetito reducido	■ Programa de control de parásitos ■ Buena nutrición ■ Rotar y manejar los pastizales o amarrar a las cabras en un sitio nuevo cada día ■ Eliminar a los animales fuertemente infectados	■ Fenbendazola ■ Inyecciones de Ivermectina o doramectina o levamisola (Tramisola) o albendazola ■ (Nota: No todos los fármacos eficaces contra las lombrices son eficaces contra los tremátodos – hay que leer sus etiquetas ■ Véase el tratamiento de los tremátodos del hígado bajo la sección "Baja de Peso".

Cómo cuidar la salud de sus cabras **129**

PROBLEMA DE SALUD	CAUSAS Y CARACTERÍSTICAS COMUNES	OTRAS SEÑALES	PREVENCIÓN	TRATAMIENTO
Tos y descarga nasal	**Vermes pulmonares**	■ Tos ■ Dificultad para respirar ■ Baja de peso ■ Descarga nasal ■ Señales similares a la neumonía	■ No dar acceso al pastizal mojado ■ Desparasitar regularmente	■ Programa de desparasitación con levamisola, fenbendazola u oxfendazola
	Neumonía ■ Causada por bacterias, viruses o micoplasma.	■ Fiebre normal a alta ■ Tos y descarga nasal ■ Respiración rápida, exagerada o difícil ■ Sonido áspero en los pulmones ■ Lágrimas en los ojos ■ Crujido de los dientes ■ Falta de apetito ■ Falta de energía ■ No puede pararse	■ Corral / casa sin corrientes de aire ■ Buena ventilación ■ Protéjales del viento y lluvia ■ Evitar el amontonamiento ■ Reducir el estrés ■ Vacuna contra micoplasma específica para el organismo CCPP	■ Antibióticos como: tetraciclina, tilosina, penicilina, ampicilina o penicilina estreptomicina ■ Sulfonamidas (usar con las crías) ■ Buena nutrición ■ Dar bastante agua limpia
	Pleuroneumonía Caprina Contagiosa ■ Un tipo de neumonía que causa la muerte dentro de los dos días	■ Señales similares a la neumonía pero más severa y aguda ■ Se para con los codos hacia fuera ■ No quiere moverse por el dolor causado por la pleuritis		■ Tetraciclina o tilosina.
	La viruela caprina también puede causar tos o neumonía.		Véase la sección de "La piel parece anormal".
Diarrea	**Coccidiosis** ■ Una causa común de la diarrea en crías. Un parásito de los intestinos	■ Aparece en chivitos ■ Diarrea muy aguada ■ Heces con sangre o mucosidad ■ Debilidad ■ No crece y baja de peso ■ Falta de apetito ■ Deshidratación ■ Muerte súbita	■ El saneamiento es muy importante ■ Evitar el amontonamiento ■ Mantener limpios y secos los corrales ■ Evitar la contaminación de los alimentos y el agua con el estiércol ■ Separar a las crías de otros animales ■ Aislar a los animales enfermos ■ Dar agua limpia	■ Dar solución de rehidratación oral libremente (véase la página 143) ■ Amprolium, decoxquinato, o ciertos fármacos sulfa (sulfaquinoxaline) o monensina ■ Dejar de dar cereales y alfalfa mientras dure el problema ■ Dar heno de pasto.

PROBLEMA DE SALUD	CAUSAS Y CARACTERÍSTICAS COMUNES	OTRAS SEÑALES	PREVENCIÓN	TRATAMIENTO
Diarrea (continúa)	**Diarrea Bacteriana como Salmonelosis (o E. Coli**	■ Diarrea con sangre (si es por la salmonela) ■ Baja de peso ■ Deshidratación ■ Fiebre ■ Pérdida del apetito ■ Muerte	■ Aislar a los animales enfermos ■ Comprar sólo cabras saludables de hatos saludables ■ Asegurar que las crías tomen el calostro cuando nacen ■ Aislar a los animales enfermos en un lugar limpio y seco ■ Mantener limpios y secos a todos los chivitos	■ Antibióticos (tetraciclina o neomicina) o fármacos sulfa ■ Dar solución de rehidratación oral (véase la página 143) ■ Ofrecer heno seco y agua limpia
	Enterotoxemia (enfermedad de comer demás). ■ Afecta a animales que están en buenas condiciones	■ Depresión ■ Tambalea ■ Pierde el control de sus movimientos ■ Mira fijamente hacia arriba a la distancia ■ Fiebre alta ■ Dolor abdominal ■ Diarrea que huele mal ■ Muerte dentro de las 24 horas	■ Vacunación – dos veces, la segunda después de dos semanas y luego dos, e incluso tres veces al año si el problema es severo ■ Evitar cambios súbitos en la alimentación ■ No dar demasiados cereales	■ No existe ningún tratamiento eficaz
	Plantas venenosas ■ Usualmente es más problemático en la época seca	■ Heces sueltas ■ Timpanismo, cólico ■ Tambalea ■ Convulsiones ■ Tiene espuma en el hocico ■ Mucosa (conjuntiva y encías) pálida o azulado	■ Identificar las plantas venenosas de su zona y alejar a las cabras de éstas ■ Dar heno antes de sacar a las cabras a pastar ■ Buenas prácticas en la alimentación	■ Dar laxantes como el aceite mineral ■ Dar carbón activado oralmente para contrarrestar la toxina ■ El tratamiento varía según la planta y tiene limitada eficacia dependiendo de la cantidad de plantas venenosas ingeridas.
	Lombrices estomacales Lombrices intestinales (nemátodos)	■ Anemia especialmente con Haemonchus contortus ■ Baja de peso ■ No crece bien ■ Poco crecimiento en las crías ■ Panza y mandíbula inferior hinchadas ■ Pelaje irregular	■ Revisar la muestra de las heces ■ Usar el cuadro FAMACHA ■ El programa para la prevención de parásitos incluye la rotación de los pastizales, saneamiento, y aislamiento de animales nuevos. ■ Programa desparasitante, si es necesario. ■ Buena nutrición	■ Fenbendazola o ivermectina o levamisola o albendazola o mebendazola

Cómo cuidar la salud de sus cabras **131**

PROBLEMA DE SALUD	CAUSAS Y CARACTERÍSTICAS COMUNES	OTRAS SEÑALES	PREVENCIÓN	TRATAMIENTO
Diarrea (continúa)	**Cambios repentinos en la alimentación o al ingerir pasto muy abundante**	■ Timpanismo ■ Muerte súbita ■ Antecedentes de un cambio reciente de alimentación o pastos	■ No dejar que pasteen más de lo debido ■ Cambiar la alimentación gradualmente	■ Tratar para el timpanismo ■ Recurrir al heno de pasto seco
Dystocia (nacimiento difícil) y problemas con el nacimiento	■ Dos o más crías en el útero ■ Cría(s) muy grande(s) ■ Posición anormal de las crías en el útero ■ Obesidad	■ El trabajo de parto más de una hora o una descarga anormal	■ No es fácil prevenirlo. Hay que estar preparado para ayudar con el parto, si resulta necesario, para salvar las vidas de la cría y la hembra ■ No cruzar una hembra pequeña o muy joven con un macho grande. ■ Controlar la dieta para que la hembra no se engorde ■ Evitar la obesidad al comienzo de la preñez	■ Ayudar a la hembra con el parto, cuidadosamente. ■ Véase el Capítulo 6. ■ Puede ser necesaria una cesárea, hecha por un veterinario/a.
	Fiebre de Leche Hipocalcemia ■ Raro en cabras. Ocurre principalmente con las que producen mucha leche, cerca de la fecha del parto.	■ Se reduce el apetito ■ Leve timpanismo ■ Estreñimiento ■ Tiembla ■ Músculos rígidos ■ Tambalea ■ No puede pararse ■ Temperatura baja ■ Ritmo cardíaco acelerado ■ Muerte	■ Reducir el calcio en la dieta hacia finales de la preñez	■ Emergencia – tratar con lenta inyección IV de una solución de calcio borogluconato al 25 por ciento por un/a profesional de salud animal (50-100cc)
	Toxemia de la preñez (quetosis) ■ Tercer trimestre: Más común dentro de los 7 a 10 días del parto	■ Olor dulce del hálito ■ Rechaza el alimento ■ Depresión, no puede levantarse ■ Falta de coordinación. ■ Otros problemas neurológicos: Tiembla, mira fijamente hacia arriba a la distancia ■ Muerte	■ Ejercicio diario ■ Mejor nutrición durante los últimos dos meses de preñez	■ Cesárea lo antes posible. ■ 15cc de propileno glicol dos veces al día ■ Una sola inyección IV de dextrosa al 50 por ciento (100-200cc) por un/a profesional de salud animal

PROBLEMA DE SALUD	CAUSAS Y CARACTERÍSTICAS COMUNES	OTRAS SEÑALES	PREVENCIÓN	TRATAMIENTO
Dystocia (nacimiento difícil) y problemas con el nacimiento (continúa)	**Retención de la Placenta** ■ Parte de la bolsa fetal no se expulsa	■ Parte de la placenta queda colgada de la vulva, o no se encuentra ■ Varios días más tarde: descarga vaginal y mal olor. ■ Nota: una descarga sangrienta, llamada loquios, es normal durante dos semanas después del parto, pero no huele a podrido.	■ Buena nutrición y cuidado general de la salud	■ Un promotor/a de salud animal puede sacar la placenta lentamente con la mano después de 5 días. ■ Ayude a la prevención ingiriendo adecuadamente el selenio y la vitamina E ■ Dar antibióticos.
Secreción de los ojos	**Lesión de los ojos**	■ Lágrimas ■ Ojos rojos	■ Descornar a los chivos para que no se lastimen. ■ Quitar los objetos puntiagudos de los corrales.	■ Ungüento antibiótico para los ojos como terramicina: 2 ó 3 veces al día.
	Queratoconjuntivitis ■ Trasmitida por insectos ■ La causa puede ser por bacterias, viruses, micoplasma o clamidia.	■ Ojos cerrados, pegados ■ Lágrimas ■ Conjuntiva roja (dentro del párpado) ■ Córnea anublada u opaca ■ Ceguera	■ Controlar las moscas ■ Separar a los animales infectados ■ Reducir las condiciones de mucho polvo	■ Administrar ungüento antibiótico con tetraciclina para los ojos (como terramicina) 2 ó 3 veces al día. Asegúrese de no tocar el ojo al aplicar la medicina. ■ Si es posible, use un tubo por separado para cada animal infectado ■ No usar polvos, ya que irritan los ojos ■ Aplicar un parche sobre el ojo durante 2 a 3 días
	Neumonía u otras infecciones respiratorias	■ Fiebre normal a alta ■ Descarga de la nariz, ojos u hocico ■ Respiración rápida y exagerada ■ Crujido de los dientes ■ Falta de apetito ■ Falta de energía	■ Corrales / casas libres de corrientes de aire ■ Protéjales del viento y lluvia	■ Tetraciclina ■ Tilosina ■ Penicilina ■ Ampicilina ■ Penicilina-estreptomicina ■ Sulfanamidas (para crías) ■ Buena nutrición ■ Dar bastante agua limpia

PROBLEMA DE SALUD	CAUSAS Y CARACTERÍSTICAS COMUNES	OTRAS SEÑALES	PREVENCIÓN	TRATAMIENTO
Secreción de los ojos (continúa)	Septicemia Hemorrágica	■ Descarga de los ojos ■ Fiebre ■ Depresión ■ Tos	■ Reducir el estrés ■ Vacunar ■ Evitar el amontonamiento en los corrales y establos	■ Antibióticos ■ Sulfas ■ Reducir el estrés
	Peste de los Pequeños Rumiantes (PPR)	Véase la descripción en la sección de "Fiebre" a continuación		
Fiebre y sin apetito	Cabras dejadas en el sol y sin agua	■ Jadea ■ Inquietos ■ Temperatura alta ■ Muerte súbita	■ No amarrar a las cabras bajo el sol durante períodos largos sin sombra, refugio ni agua.	■ Dar sombra y agua limpia
	Alguna infección incluyendo las siguientes: **Ántrax (bacera, lobado)** ■ Enfermedad mundial en las zonas áridas y después de las inundaciones – pueden infectarse los humanos y enfermarse gravemente. ■ No comer la carne de animales que pueden haber muerto con ántrax.	■ Fiebre ■ Descarga sangrienta de la nariz, hocico o recto. ■ Encías moradas ■ Convulsiones ■ Fiebre alta ■ Muerte súbita ■ Fiebre—más de 104°F a 107°F (40-42°C)	■ Aislar a los animales enfermos y vacunar al resto ■ Vacuna ■ Aislamiento y cuarentena de animales infectados ■ Eliminación de cuerpos infectados, quemándolos o enterrándolos muy profundo ■ No cortar / abrir los cuerpos muertos.	■ Oxitetraciclina o penicilina al doble de la dosis normal ocasionalmente salvará a un animal
	Listeriosis (enfermedad de las vueltas) ■ El agente etiológico se encuentra en el suelo y en ensilaje ■ Se difunde en la orina, leche y descargas vaginales	■ Da vueltas en una dirección, presiona su cabeza ■ Se aleja del grupo ■ Falta de apetito ■ Aborto sin otras señales ■ Saliva fibrosa ■ Descarga nasal ■ Parálisis de los músculos de la mandíbula, el ojo y las orejas, en un lado solamente ■ Muerte en 1-2 días	■ Discontinuar la alimentación con ensilaje ■ Mantener limpios los comederos ■ Asegurar la nutrición adecuada para que las cabras no coman tierra (geofagia)	■ Altas dosis de penicilina o tetraciclina pueden ayudar, pero muchas veces no son exitosas ■ Líquidos y solución de rehidratación oral (véase la página 143)

PROBLEMA DE SALUD	CAUSAS Y CARACTERÍSTICAS COMUNES	OTRAS SEÑALES	PREVENCIÓN	TRATAMIENTO
Fiebre y sin apetito (continúa)	Ombligo III (Articulaciones III)	■ Ombligo inflamado, hinchado, posiblemente con larvas ■ Fiebre en recién nacidos ■ Articulaciones hinchadas ■ Depresión, no quiere pararse	■ Ambiente limpio y seco ■ Esterilizar el ombligo sumergiéndolo en tintura de yodo al 7 por ciento inmediatamente después del parto ■ Repetir a las 12 horas ■ Dar calostro lo antes posible después del parto.	■ Penicilina y estreptomicina ■ Cuidado y apoyo
	Peste de los Pequeños Rumiantes (PPR)	■ Fiebre 104°F-107°F (40-42°C) ■ Descarga nasal y de los ojos ■ Erosiones y úlceras en el hocico ■ Neumonía ■ Diarrea, dolor abdominal ■ Enflaquecimiento. Muerte en 5-7 días o más.	■ La vacuna contra la PPR es muy eficaz. Sin embargo, no hay que vacunar durante el brote. ■ No se debe usar la vacuna Rinderpest. ■ Aislar a los animales infectados. Notificar a las autoridades si sospecha que hay esta enfermedad.	■ No existe ningún tratamiento. ■ El cuidado y apoyo, mejorando la nutrición, y con antibióticos puede reducir las muertes.
	Neumonía ■ Más severa en animales jóvenes	■ Fiebre normal a alta ■ Lágrimas en los ojos ■ Descarga nasal ■ Respiración rápida y exagerada. Sonido áspero en los pulmones	■ Buena ventilación ■ Reducir el estrés ■ Protéjales del viento y lluvia y evitar el amontonamiento	■ Tetraciclina, tilosina, penicilina, ampicilina o penicilina estreptomicina ■ Mejorar la nutrición ■ Bastante agua limpia ■ Ventilación del establo
	Otras causas de la fiebre alta: Anaplasmosis, Mastitis, Tétano, Fiebre Aftosa, Pleuroneumonía Caprina Contagiosa, Viruela Caprina	Véanse las otras páginas en esta sección de "Salud" sobre estas enfermedades.		
Infertilidad, esterilidad	Obesidad	■ Exceso de nutrición durante la preñez o para el macho reproductor	■ Dieta y ejercicio apropiados	■ Limitar la ingestión de alimentos hasta que baje de peso, pero dando una dieta equilibrada y con ejercicio

PROBLEMA DE SALUD	CAUSAS Y CARACTERÍSTICAS COMUNES	OTRAS SEÑALES	PREVENCIÓN	TRATAMIENTO
Infertilidad, esterilidad (continúa)	**Hermafroditas** ■ Son animales que muestran características tanto de macho como de hembra.	■ Tejido ovario y testicular a la vez.	■ No hay que cruzar dos animales que nacieron sin cuernos. ■ Un caprino en cada pareja de reproductores debe haber nacido con cachos.	
	Metritis (Útero infectado)	■ Descarga de la vulva con sangre o pus ■ Olor fuerte ■ Fiebre ■ La hembra no entra en celo	■ Buen saneamiento para el parto ■ Corrales limpios ■ Desinfectar las manos antes de ayudar con el parto	■ Antibióticos aplicados al útero y por inyección ■ Igual que la prevención
	Mala Nutrición ■ Especialmente deficiencia en fósforo o en vitamina E y selenio	■ No crece bien	■ Equilibrar la proteína, energía, vitaminas y minerales en la dieta	■ Dar una ración alimentaria equilibrada.
	Testículos no desarrollados	■ No tiene líbido ■ Testículos pequeños o ausentes	■ Evitar la endogamia	■ No hay
	Enfermedad	■ Las señales varían según el tipo de enfermedad	■ Usar un macho con buena salud. ■ Todo cuidado para la salud preventiva ayudará a tener a sus animales reproductores saludables y reducirá la infertilidad.	■ Tratar cualquier infección existente antes de tratar de aparear a los animales. Se requieren 3 semanas después de una fiebre para que el macho recupere su fertilidad. ■ Tratar cualquier enfermedad tan pronto ocurra
	Estrés térmico	■ El macho no quiere aparearse ■ Respiración rápida	■ Tener a los machos en un lugar con buena sombra y ventilación ■ No tratar de aparear a los animales cuando sean muy altas las temperaturas ambientales.	
Cojera	**No camina bien por la Artritis**	■ Articulaciones hinchadas ■ Dolor ■ Dificultad para pararse y caminar ■ Ombligo hinchado	■ Elegir a animales robustos con buenos huesos ■ No usar pisos de cemento. ■ Recortar las pezuñas regularmente ■ Buena nutrición ■ Desinfectar los ombligos en el parto	■ Recortar las pezuñas ■ Quitarles del cemento u otras superficies duras ■ Antibióticos y medicamentos anti-inflamatorias (pero no esteroides)

Capítulo 8–Leccíon

PROBLEMA DE SALUD	CAUSAS Y CARACTERÍSTICAS COMUNES	OTRAS SEÑALES	PREVENCIÓN	TRATAMIENTO
Cojera – No camina bien (continúa)	**Encefalitis Artrítica Caprina (EAC)** ■ Enfermedad viral causada por un retrovirus y probablemente trasmitida por el calostro y la leche	**En las crías:** ■ Parálisis progresiva que comienza con debilidad de las patas traseras ■ Falta de coordinación ■ Convulsiones, muerte ■ No da fiebre **En caprinos adultos:** ■ Articulaciones hinchadas y dolorosas ■ El animal camina sobre sus articulaciones carpales (rodillas delanteras) ■ Baja de peso, ubre dura, poca leche	■ No deje que el cabrito tome leche de su madre. ■ Separe las crías de la madre luego de nacer ■ Dé calostro tratado por calor a las crías ■ Dé leche pasteurizada o sustituto de leche a los chivitos ■ Para tratar el calostro con calor: véase el Capítulo 3. ■ De ser posible, deles la prueba a las cabras anualmente ■ Elimine a los animales que den el examen positivo ■ Elimine a los animales con señales clínicas de EAC.	■ No existe ningún tratamiento eficaz
No quiere pararse	**Hongo de las patas**	■ Cojera – No camina bien ■ Mal olor de las patas ■ Alza la pata ■ No puede caminar ■ Produce menos	■ Recorte regular y correcto de las pezuñas ■ No sacarles a pastizales mojados	■ Recortar las pezuñas ■ Aplicar vendas con antibióticos ■ Ponga en corral con lecho de heno seco
	Cascos Excesivamente Crecidos ■ Especialmente un problema con las cabras confinadas y que no hacen ejercicio ni salen a pastar	■ Cojera – No camina bien ■ Cascos largos y curvos como zapatillas	■ Recorte regular ■ Ejercicio ■ Pisos planos y lisos de listones de madera en el corral, no palos ni bambú redondos.	■ Recortar las pezuñas regularmente
	Enterotoxemia (enfermedad de comer demás).	■ Véase la sección sobre la Muerte súbita	■ Vacunar	■ No existe ningún tratamiento eficaz
	Fiebre de Leche (hipocalcemia) ■ Usualmente en las cabras lecheras muy productivas	■ Se reduce el apetito ■ Leve timpanismo ■ Estreñimiento ■ Tiembla ■ Músculos rígidos ■ Tambalea ■ No puede aguantar la temperatura baja ■ Ritmo cardíaco acelerado ■ Muerte	■ Una baja de calcio en la dieta hacia finales de la preñez puede ayudar a prevenirla.	■ Emergencia – tratar con lenta inyección IV de una solución de calcio borogluconato al 25 por ciento realizado por un/a profesional de salud animal (50-100cc)

PROBLEMA DE SALUD	CAUSAS Y CARACTERÍSTICAS COMUNES	OTRAS SEÑALES	PREVENCIÓN	TRATAMIENTO
No quiere pararse (continúa)	Toxemia de la preñez	Véase la sección sobre la "Muerte súbita"		
	Hongo de las patas - Severo	Véase la sección sobre la "Cojera – No camina bien"		
	EAC Avanzada	Véase la sección sobre la "Cojera" para una descripción de la EAC		
	Tétano	■ Mandíbula fija, piernas rígidas ■ Postura rígida y tiesa (piernas abiertas, pescuezo y cabeza estirados) ■ Contracciones tetánicas de los músculos, rigidez ■ Saca el tercer párpado ■ Fiebre ■ Muerte súbita	■ Vacunar con el Toxoide de Tétano: 2 dosis, a los 30 días la una de la otra	■ Dar la antitoxina del tétano, y dosis dobles de penicilina diariamente durante 5 días ■ Tener en un lugar tranquilo lejos de la luz del sol para reducir las contracciones musculares tetánicas. ■ Cuidado personal – ofrecer comida y agua manualmente ■ Puede ser necesario tratar para el timpanismo (manguera a la panza)
La piel parece anormal	Abscesos (Linfadenitis caseosa - seudotuberculosis)	■ Los nódulos linfáticos hinchados bajo la mandíbula y oreja, delante del hombro, sobre el flanco, sobre la ubre o escroto. ■ Los nódulos pueden estar calientes o hinchados y pueden contener pus verduzca o espesa como un queso.	■ Aislar a los animales infectados ■ Evitar la contaminación ■ No comprar cabras con abscesos ni nódulos linfáticos hinchados	■ Difícil de tratar ■ Abrir los abscesos quirúrgicamente, irrigar con yodo al 7 por ciento o con agua oxigenada (peróxido de hidrógeno), lavar diariamente. ■ Separarlas de las cabras saludables antes de abrir el absceso para evitar la contaminación. Tenerle aparte al animal hasta que se cure. ■ Quemar o enterrar todo el material de los abscesos.
	Ectima Contagioso (dolor de hocico) ■ Contagiosa para los humanos, especialmente de la vacuna	■ Pústulas, y luego costras en el hocico, las patas, los párpados y los pezones ■ Desnutrición ■ Baja de peso ■ Deshidratación en las crías	■ En los hatos infectados, las personas que trabajan con la salud animal deben primeramente vacunar a todos los animales y luego los que se agregan al rebaño y las crías. ■ Cuidado con el manejo de la vacuna.	■ Cuidado personal, incluyendo darles de comer manualmente a las crías, hasta que se recuperen totalmente. ■ No existe ningún otro tratamiento.

138 Capítulo 8–Leccíon

PROBLEMA DE SALUD	CAUSAS Y CARACTERÍSTICAS COMUNES	OTRAS SEÑALES	PREVENCIÓN	TRATAMIENTO
La piel parece anormal (continúa)	**Ácaros de oídos**	■ Sacude la cabeza ■ Descarga negra como migas en el oído	■ Limpiar los oídos una vez por semana con aceite mineral.	■ Mezclar un desinfectante (cresol) con aceite mineral o de palma y limpiar el oído
	Viruela caprina	■ Áreas circulares y alzadas en la piel, especialmente en el hocico y las orejas ■ Párpados hinchados ■ Neumonía, descarga de la nariz ■ Puede producir la muerte	■ Vacunar con vacuna de virus vivo ■ Aislar a los animales infectados.	■ Rociar o sumergir con insecticidas como coumafos (Asuntol)
	Piojos	■ Los animales se frotan contra objetos y hurgan su pelaje ■ Pelaje irregular con parches escasos y pérdida de pelo ■ Piojos visibles– revisar la piel de la espalda ■ Mucosa pálida ■ Puede producir la muerte en las infestaciones fuertes, si los piojos consumen mucha sangre	■ Tratamiento rutinario con insecticida, polvos, inmersión o rociado ■ Buena nutrición ■ Evitar el hacinamiento de los animales en el establo, cuando el clima esté inclemente	■ Inyecciones de Ivermectina (observar el período de suspensión para leche o carne) ■ Muchos tratamientos locales eficaces existen, incluyendo el preparado de las hojas y semillas del árbol de nim. Consulte con capricultores/as experimentados sobre estos tratamientos.
	Sarna ■ Ácaro de la escabiosis (Sarcoptes y Psoroptes) ■ Demodex	**Sarcoptes y Psoroptes:** ■ Comezón severa ■ Pérdida de pelo, a veces extensamente ■ Piel seca y pasposa ■ Formación de costras **Demodex:** ■ Pequeños bultos bajo la piel (ácaros Demodex)	**Sarcoptes y Psoroptes:** ■ Rociar o sumergir a las cabras regularmente ■ Mejorar la nutrición ■ Aislar a los animales infectados ■ Evitar el amontonamiento de los animales (por ejemplo, cuando hace clima inclemente)	**Sarcoptes y Psoroptes:** ■ Tratar cada quince días con insecticida hasta que se acabe la sarna. Se puede aplicar aceite mezclado con cresol. ■ El azufre de cal es muy eficaz para psoroptes. ■ Use guantes durante el tratamiento. ■ Ivermectina para psoroptes y sarcoptes: 35 días de espera para usar la leche y carne. **Demodex:** ■ La sarna demodéctica es difícil de tratar ■ Se puede abrir los bultos y aplicar yodo.

Cómo cuidar la salud de sus cabras **139**

PROBLEMA DE SALUD	CAUSAS Y CARACTERÍSTICAS COMUNES	OTRAS SEÑALES	PREVENCIÓN	TRATAMIENTO
La piel parece anormal (continúa)	**Tiña** ■ Un hongo que afecta la piel y el pelo ■ Contagiosa en humanos y otros animales	■ Mancha circular y escamosa que puede ser de color gris, con pelo escaso ■ Comezón	■ Mantener aislados los animales infectados ■ Evitar el hacinamiento ■ Ambiente seco ■ Quitar los objetos puntiagudos de los corrales	■ Aplicar yodo, tiabendazola o blanqueador de cloro diluido—tenga cuidado de no salpicar los ojos de la cabra. ■ La pasta de dientes contiene zinc, y puede ayudar si se aplica untando.
	Heridas	■ Área ensangrentada en la piel ■ Pueden asomar larvas de moscas ■ Cuidado – si no se tratan estas larvas, pueden causar la muerte ■ Mal olor (si la herida está infectada o está infestada por larvas de moscas)	■ Controlar las moscas ■ Descornar, pero no durante la temporada de moscas	■ Lave las manos con agua y jabón y luego desinfectante. Aplique una venda protectora durante la temporada de moscas. ■ Si hay larvas, aplicar un aerosol contra el gusano barrenador, coumafos, o cresol. ■ Si hay fiebre, use antibióticos. ■ Si el corte es grande, puede ser necesario suturarlo (coserlo) para proteger al tejido muscular bajo la piel.
Muerte súbita, después de comportamiento anormal	**Ántrax** ■ Enfermedad mundial en las zonas áridas y después de las inundaciones – pueden infectarse los humanos y enfermarse gravemente. ■ No comer la carne de animales que pueden haber muerto con ántrax.	■ Fiebre ■ Descarga sangrienta de la nariz, hocico o recto. ■ Encías moradas ■ Convulsiones ■ Fiebre alta ■ Muerte súbita ■ Fiebre—más de 104°F a 107°F (40-42°C)	■ Aislar a los animales enfermos y vacunar al resto ■ Vacuna ■ Aislamiento y cuarentena de animales infectados ■ Eliminación de cuerpos infectados, quemándolos o enterrándolos muy profundo ■ No cortar / abrir los cuerpos muertos.	■ Oxitetraciclina o penicilina al doble de la dosis normal ocasionalmente salvará a un animal
	Timpanismo ■ Usualmente por consumir pastizales muy verdes y abundantes o leguminosas, por un exceso de granos o por plantas venenosas	■ Panza hinchada (se ve al lado izquierdo) ■ Cólico, comportamiento inquieto y ansioso ■ Dificultad para respirar y luego la muerte	■ Véase la sección a continuación: "Panza Hinchada" para la prevención del timpanismo.	■ Véase la sección a continuación: "Panza Hinchada" para el tratamiento del timpanismo.

140 Capítulo 8–Lección

PROBLEMA DE SALUD	CAUSAS Y CARACTERÍSTICAS COMUNES	OTRAS SEÑALES	PREVENCIÓN	TRATAMIENTO
Muerte súbita, después de comportamiento anormal (continúa)	**Enterotoxemia (enfermedad de comer demás).**	■ Muerte dentro de las 24 horas ■ Tambalea ■ Mira fijamente hacia arriba a la distancia ■ Fiebre alta ■ Dolor abdominal ■ Diarrea que huele mal ■ Afecta a animales que están en buenas condiciones	■ Vacuna ■ Evitar cambios súbitos en la alimentación ■ No dar demasiados cereales ■ Dar aceite mineral cuando comió demás	■ Usualmente no hay ningún tratamiento eficaz, pero un/a especialista en salud animal puede intentar con penicilina, líquidos y atención personal.
Panza hinchada	**Timpanismo** ■ Usualmente por consumir pastizales muy verdes y abundantes o leguminosas, por un exceso de granos o por plantas venenosas	■ Panza hinchada (se ve al lado izquierdo) ■ Cólico, comportamiento inquieto y ansioso ■ Dificultad para respirar y luego la muerte	■ Limitar los pastizales muy abundantes y las leguminosas de crecimiento rápido. ■ Gradualmente aumentar el tiempo en tales pastizales ■ Dar heno no leguminoso antes de sacar a las cabras a pastar ■ Evitar el exceso de cereales ■ Alejar a las cabras de las plantas venenosas	■ Emergencia – tratar rápidamente ■ Tenerle al animal de pie, caminando ■ Amarrar un palo o soga en el hocico de la cabra para que salive. ■ Introducir una sonda a la panza. Véase la página 115. ■ Timpanismo con espuma: dé una mezcla de aceite de palma, de maní, aceite vegetal o mineral ■ En una emergencia (si el animal ya está echado y no puede levantarse) introduzca un punzón o cuchillo filudo en el rumen, alto al lado izquierdo y tras la última costilla – luego trate para que no se infecte. ■ Esto lo debe hacer una persona experimentada.
	Lombrices estomacales e intestinales	■ Diarrea ■ Anemia ■ No crece bien	Véase la descripción completa en la sección sobre la "Baja de Peso".	
	Bloqueo de la uretra en los machos	Véase la sección sobre el "Comportamiento Anormal"		

Cómo cuidar la salud de sus cabras **141**

PROBLEMA DE SALUD	CAUSAS Y CARACTERÍSTICAS COMUNES	OTRAS SEÑALES	PREVENCIÓN	TRATAMIENTO
Ubre hinchada	**Mastitis** ■ Inflamación de la glándula mamaria	■ Ubre hinchada, caliente, roja, a veces dura y adolorida ■ Fiebre ■ Leche anormal (fibrosa, sangrienta, aguada) ■ Falta de apetito ■ Puede causar gangrena o muerte	■ Saneamiento de los equipos de ordeño ■ Limpiar la ubre (si elige lavar los pezones de la cabra antes de ordeñarle, use agua de jabón o yodo con agua) Las cabras son mucho más limpias que las vacas y usualmente no es necesario lavarles la ubre. Se puede limpiar los pelos y suciedades con un cepillo. Asegúrese de secarle los pezones totalmente. Use una taza de prueba para examinar la leche del despunte antes de ordeñar. ■ Ordeñe con la mano entera, y con las manos lavadas. ■ Use la solución para desinfección de pezones** ■ Ordeñe al final a las cabras infectadas	■ Vacíe la ubre infectada frecuentemente ■ Hágale masaje a la ubre ■ Compresas calientes ■ Infusión del pezón con antibióticos (use la mitad de un tratamiento para vaca — es más eficaz durante el período cuando no está dando leche) ■ Si hay fiebre, usar antibióticos sistémicos como penicilina (si es posible hacer un cultivo de las bacterias, los antibióticos pueden ser más específicos) ■ * Solución para desinfección de pezones: (Use una solución comercial o una solución del 0,5 por ciento de yodo o 0,5 por ciento de clorhexidina o solución que tenga el 5 por ciento de blanqueador de cloro y el 95 por ciento de agua limpia.)
Baja de peso	**Parásitos internos que hacen bajar de peso (Lombrices estomacales e intestinales)**	■ Anemia – mucosa pálida ■ Panza hinchada ■ Pelaje irregular y sin brillo ■ Diarrea ■ No crece bien	■ Programa desparasitante ■ Rotar los pastizales ■ Buena nutrición	■ Fenbendazola o ivermectina, doramectina o levamisola o albendazola o mebendazola ■ (Existen muchos tratamientos locales para los parásitos)
	Tremátodos del hígado ■ El hospedero es el caracol ■ Los tremátodos causan daño al hígado.	■ Debilidad ■ Depresión ■ Abdomen hinchado y adolorido ■ Baja de peso, mandíbula inferior hinchado ■ Anemia ■ Ictericia ■ Puede producir la muerte súbita	■ Difícil de prevenir ■ Evitar que los animales estén en pastizales húmedos o canales de riego ■ Mandar patos a los pastizales húmedos para comer los caracoles ■ Tratamientos rutinarios con desparasitantes contra tremátodos ■ Buena nutrición	■ Albendazola o clorsulona u oxiclozanida o niclofolán o rafoxanida o triclabendazola. ■ Fasinex es el mejor tratamiento disponible porque mata al tremátodo en todas sus etapas. No está aprobado en los EEUU.

Capítulo 8–Leccíon

PROBLEMA DE SALUD	CAUSAS Y CARACTERÍSTICAS COMUNES	OTRAS SEÑALES	PREVENCIÓN	TRATAMIENTO
Bajoa de peso (continúa)	**Mala Nutrición** Número excesivo de animales para el espacio	■ Señales similares a los parásitos internos	■ Evitar el hacinamiento en los corrales y establos ■ Asegurar la nutrición adecuada y equilibrada	■ Igual que la prevención
	Enfermedad de Johnes ■ Paratuberculosis ■ Enfermedad que hace al animal demacrado	■ Baja de peso crónica y progresiva ■ Falta de apetito y depresión ■ Estiércol suelto, pero es raro que sea diarrea.	■ Haga pruebas y elimine a las cabras infectadas ■ Separe las crías de la madre luego de nacer. ■ Dé calostro tratado con calor y leche pasteurizada o sustituto de leche a los chivitos ■ Hay una vacuna disponible en algunos países (no en los Estados Unidos)	■ No hay
	Piojos	Véase la sección de "La piel parece anormal".		

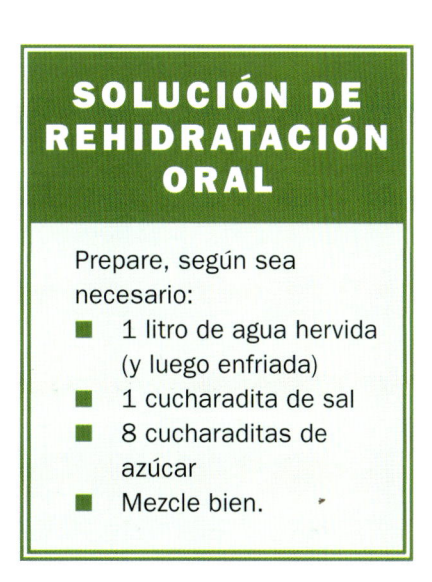

SOLUCIÓN DE REHIDRATACIÓN ORAL

Prepare, según sea necesario:
- 1 litro de agua hervida (y luego enfriada)
- 1 cucharadita de sal
- 8 cucharaditas de azúcar
- Mezcle bien.

PROBLEMA DE SALUD	CAUSAS Y CARACTERÍSTICAS COMUNES	OTRAS SEÑALES	PREVENCIÓN	TRATAMIENTO
Use esta página para enumerar otras enfermedades locales que sean problemáticas en su área.					

HISTORIA DE LOS ESTADOS UNIDOS DE NORTEAMÉRICA

Las Cabras Dan Vida a una Pequeña Finca en el Nordeste

Las Cabras dan Vida a una Pequeña Finca en el Nordeste Ann Starbard observa sus pastizales en su finca "Riachuelo de Cristal" en Sterling, Massachusetts. Cabras de todos los tamaños y colores ramonean por los arbustos y árboles y descansan a la sombra, rumiando.

Una cabra se levanta, pone sus patas delanteras sobre los hombros de Ann, y le mira directamente a los ojos. "Para mí, las cabras tienen el secreto para reducir el estrés del mundo exterior," dice Ann.

▲ Ann Starbard (izquierda) y Rosalee Sinn con chivitos.

"Parece que comprenden la sencillez de la vida y la comparten contigo cuando les miras a los ojos." Ann reflexiona sobre su rol como parte de círculo grande de capricultores/as que da la vuelta alrededor del mundo.

Ann aprendió sobre las cabras cuando trabajaba para Heifer Internacional. Con su título en zootecnia de la Universidad Estatal de Pensilvania, estaba a cargo de adquirir cabras y organizar los embarques de animales para la Región del Nordeste de Heifer a fines de los años 1980s. Visitó las fincas con cabras, observó muchos sistemas de manejo, y desarrollo un gran cariño y aprecio por los caprinos.

En 1998, Ann y su esposo Eric decidieron ser productores agropecuarios a tiempo completo, comenzando con 40 vacas y vendiendo la leche al por mayor. Con las presiones económicas de su pequeña operación, Ann tuvo su trabajo fuera de la finca, y ayudó a Eric a cuidar las vacas y cultivos en la mañana y noche. Buscando una manera de aumentar su rentabilidad, Ann aprovechó la oportunidad de desarrollar un negocio de queso de cabra. Las 40 hectáreas de la finca "Riachuelo de Cristal" fueron el sitio ideal. Entonces, Ann y Eric compraron un hato de 40 cabras y los equipos para hacer quesos, y enrumbaron sus vidas hacia una nueva aventura. Los equipos que acompañaron al rebaño incluyeron un sistema de ordeño al vacío con baldes, seis puestos de ordeño, un tanque de acopio de 150 galones, una pasteurizadora de 80 galones y baldes de acero inoxidable. Con el tiempo, desarrollaron estrategias eficaces de gestión. La empresa quesera resultó ser el componente más rentable de la finca, de modo que Ann y Eric vendieron su hato de vacas. En 2006 los esposos Starbard invirtieron US$18.000 para construir un salón de ordeño moderno, incluyendo una plataforma de ordeño en hormigón, un puesto articulado para sujetar a la cabra, y un sistema de ordeño por tuberías.

Continúa en página 146

Historia

Continued from page 145

Cuando comenzaron a vender queso de cabra, recibían el 70 por ciento de sus ingresos de las ventas a un distribuidor mayorista. Ahora el 75 por ciento de sus ingresos son por ventas directas en ferias de productores/as. Ann usa sólo la leche de su propio hato para producir el queso de cabra. Esto asegura la frescura, pureza y calidad de su producto. El concepto de consumir alimentos producidos en la localidad está arraigándose fuertemente en la región, lo que abre oportunidades adicionales en las ferias de productores/as.

▲ *Cabras alimentándose en el pastizal.*

Actualmente, Ann ordeña a 65 cabras lecheras de varias razas: Saanens, Alpinas y LaManchas. Cada cabra produce en promedio un galón de leche diaria y cada galón produce una libra de quesillo fresco. Ann usa esta proporción básica para estimar sus costos de producción sus ganancias y para realizar ajustes en su manejo del rebaño. "¡El rendimiento de las cabras en términos de leche y reproducción versus su peso corporal me asombra!" exclama Ann.

El hato se reproduce en otoño y todas las cabras suspenden su lactancia en el invierno durante siete a ocho semanas. En la actualidad, la reproducción es natural, con reproductores. Las hembras paren a fines del invierno y producen leche durante 10 meses. Cada día, el rebaño recibe cuatro a cinco libras de heno de pasto / leguminosas producido por la propia finca. Tienen libre acceso al ramoneo estacional, mediante un sistema de rotación de áreas de pastoreo. Ann considera que el material herbáceo fresco que está disponible en el área de ramoneo es la mejor fuente de nutrición para las cabras. "Mi momento preferido cada día es cuando escucho a las cabras cuando mastican las hojas de los arbustos, el pasto fresco, o el heno del invierno. Pienso en los miles de personas alrededor del mundo que disfrutan de esta misma experiencia. Las cabras son animales mágicos y me siento bendecida al tenerlas." Además del pastoreo, les da una a tres libras de concentrado cada día, y las propias cabras tienen libre acceso a sal y a una tina de minerales / vitaminas.

Ann ha aprendido a usar la buena nutrición y el ejercicio para reducir las dificultades con el parto. "La parte más importante de la salud durante la gestación es el peso del animal," dice Ann. "Las cabras necesitan estar en óptima condición en la época reproductiva y deben mantener un peso saludable durante los inicios de la preñez para minimizar los problemas con el parto. Es importante que hagan ejercicio y que ramoneen hasta lo último de la temporada." Las cabras maduras viven en un establo abierto. Se crían los chivitos con un programa para prevención de la EAC (Encefalitis Artrítica Caprina). "Estoy orgullosa de nuestra pequeña empresa agropecuaria," afirma Ann. "Heifer Internacional me dio mi amor por las cabras, y ahora estoy en posibilidad de donar cabras a Heifer. Tengo la satisfacción de ser socia con las cabras, de ver cómo un niño pequeño/a prueba el queso y pide más, y de escuchar la alabanza de la calidad de nuestro producto de las/los clientes en la feria." ◆

GUÍA DE APRENDIZAJE

9 PERSONAS, ECONOMÍA Y MERCADEO

OBJETIVOS DE APRENDIZAJE
Para el final de la sesión, las/los participantes podrán:
- Identificar las maneras en que cada miembro de la familia contribuye a la empresa de su finca y por qué cada aporte es importante
- Identificar todos los pasos en la producción caprina y por qué cada paso es importante
- Enumerar los beneficios y costos (monetarios, ocultos y de oportunidad) asociados con su empresa caprina

TÉRMINOS QUE ES BUENO CONOCER
- Género
- Familia
- Cadena de valor
- Presupuesto
- Mercados: local, nicho, nacional
- Costos
- Ganancias
- Activos

MATERIALES
- Un afiche grande de un perfil de actividad en blanco
- Afiche en blanco o papelote para elaborar una "Cadena de valor"
- Crayolas, lápices de colores o pequeños rótulos autoadhesivos
- Copias de un formulario para hacer el Presupuesto de la Finca
- Papel y esferográficos
- Un letrero que dice "Un Año Más Tarde"

TAREA INICIAL
- Seleccione a cuatro miembros de la clase para analizar el sainete y prepararlo para presentarlo al grupo. Deles una copia del libreto de muestra para leerlo.

TIEMPO (Puede variar según el grupo.)	ACTIVIDADES
15 minutos	**Compartir entre el grupo** ■ El grupo se habrá reunido durante 7 a 10 semanas en las clases hasta la fecha. Analicen con el grupo qué es lo que ha sido más útil durante este tiempo.
20 minutos	**Todo el grupo piensa y conversa** Sainete ■ Vean el ejemplo de libreto al final de esta Guía de Aprendizaje para hacer un drama sobre el Mercadeo y la Toma de Decisiones. Las/los actores inventan sus intervenciones una vez que conozcan cómo va el argumento del sainete. Se modifica o aumenta la conversación para adaptarla a la situación dentro de la comunidad. ■ ¿Qué aprendimos del drama? ■ ¿Cómo tomó decisiones el grupo?
20 minutos	**Realizar un Perfil de Actividades** ■ Use el afiche en blanco del Perfil de Actividades y Trabajos. Decida sobre los colores para las mujeres, hombres y niños/as. ■ Divídanse en grupos de todos los hombres y todas las mujeres, con un máximo de cinco por grupo. ■ Identifiquen las tareas y muestren quiénes las hacen. Analicen si es así para todas las familias. Conversen sobre algún cambio que necesitarían hacer. ■ Examinen el afiche de actividades y conversen sobre cómo las personas se sienten sobre el trabajo. ¿Qué les hace sentirse felices al contribuir a la empresa caprina? ¿Qué podría ser aún mejor? ■ Identifiquen maneras de reconocer el trabajo que hacen las personas.
25 minutos	**Llenar el Cuadro de Acceso y Decisiones y Analizarlo (el mismo grupo)** ■ ¿Cuál es la mejor manera para que las familias tomen sus decisiones? ■ ¿Cómo se siente sobre las decisiones vigentes en su propia finca?
20 minutos	**Cadena de valor** ■ Revise la Cadena de Valor en el libro y en un afiche grande hagan entre todos/as una Cadena de Valor que represente los insumos y productos de un posible proyecto caprino en la comunidad. Comiencen determinando si el proyecto caprino es para producir leche o carne.
45 minutos	**Presupuestación** ■ Divídanse en parejas. Los cónyuges deben hacer pareja si los dos están presentes. Si no estuviera presente el/la cónyuge de un/a participante, se debe sugerir que él/ella revise esto con su pareja en casa. ■ Reparta los formularios del presupuesto para que todo el mundo comience a elaborar los presupuestos para sus fincas. Cada persona hará un presupuesto individual, pero lo tratará con su pareja. Debe haber varios facilitadores/as que puedan ayudar a iniciar la actividad.

REPASO - 20 MINUTOS

- ¿Qué fue útil en esta lección?
- ¿Qué cosas le parecieron novedosas?
- ¿Qué no funcionó tan bien?
- ¿Qué cosas sabe ahora que no sabía antes?
- ¿Qué cosas podrá poner en práctica cuando llegue a casa?
- ¿Cuáles prácticas serán difíciles de hacer en casa?

LIBRETO MODELO PARA EL SAINETE: MERCADEO CAPRINO Y TOMA DE DECISIONES

Siéntanse libres para modificarlo según su contexto (cambiando los nombres, etc.)

Actores: Cuatro personas están reunidas, sentadas sobre el suelo o en sillas.

Surya: Hoy les convoqué a la reunión porque, como oficiales de nuestro grupo de capricultores, creo que tenemos que volver a pensar lo que estamos tratando de hacer. Todos/as creíamos que queríamos cabras lecheras. Pero ¿qué resultados hemos logrado?

Sita: Bueno, yo tengo leche para mi familia, pero el concentrado que tengo que comprar casi cuesta igual que el valor de la leche. Y la otra cosa es que estoy pasando cada vez más tiempo con mis cuatro cabras y menos tiempo con mis hijos y esposo. ¡Ojalá no tuviera que ordeñarles dos veces al día!

Mahendra: Traté de vender la leche y el queso en la feria de productores/as, pero la gente aquí no está acostumbrada a tomar la leche de cabra, y tampoco les llama la atención el queso de cabra. Entonces, usualmente la tengo que volver a llevar de regreso a la casa. Por supuesto que la aprovechamos – incluso la leche que se corta, que la usamos en la cocina – pero no es lo que esperábamos. Lo que quiere la gente es la carne de chivo, no la leche de cabra.

Dilip: ¿Podemos ser lo suficientemente valientes para cambiar nuestro rumbo y comenzar de nuevo, con cabras del tipo que más produce carne? Incluso los animales cruzados que estamos usando para la leche podrían adaptarse para producir carne.

Surya: Será difícil, pero yo estoy lista para intentarlo. Si la carne de chivo es el nicho de mercado, entonces es lo que deberíamos producir.

Sita: De acuerdo.

Uno/a de los actores levanta un letrero que dice: "Un Año Más Tarde". Las cuatro personas están reunidas y las encontramos contando dinero.

Mahendra: ¿Puedes creerlo que fue hace apenas un año que nos quejábamos de no tener ingresos de nuestras cabras? Ahora, vean: incluso tenemos dinero para dar préstamos de micro-crédito a otros vecinos para que puedan comenzar con los chivos de carne.

Dilip: La demanda es mucho mayor de lo que pensamos. Nuestra cooperativa está creciendo, y el carnicero local está tan agradecido, ahora que tiene muchos clientes más, ahora que estamos vendiendo los chivos para carne.

FIN

LECCIÓN

PERSONAS, ECONOMÍA Y MERCADEO

INTRODUCCIÓN

La capricultura es un pequeño negocio, para productores/as a tiempo completo y a tiempo parcial. Usualmente es un negocio familiar, y todos los miembros de la familia tienen responsabilidades importantes pero diferentes. Es imprescindible para el éxito llevar buenos registros y analizar los costos y beneficios. Las cabras rara vez son la única empresa de una finca, y por eso cada productor/a debe calcular cómo se combinan las cabras con las demás actividades (como por ejemplo para decidir si adquirir más cabras). Por ejemplo, si el hato de cabras crece de cuatro a 20, ¿habrá suficiente forraje, pasto y otros recursos para atenderles? ¿Hay suficientes personas para hacer todo el trabajo? La finca individual es uno de múltiples negocios dentro de una red más amplia de fincas similares y oportunidades de mercado.

ECONOMÍA Y PRESUPUESTOS

Antes de decidirse a criar cabras, usted debe identificar sus objetivos. ¿Quiere criarlos para el consumo de su familia – para leche y carne? ¿Quiere criarlos para vender la leche, o para vender chivos vivos? ¿Hay un nicho de mercado para otros productos de valor agregado?

Determine cuáles recursos están disponibles. ¿Será que las cabras hacen parte del plan general de su finca? ¿Podrán cultivar parte del forraje, o habrá que comprarlo? ¿Es posible cambiar con algún vecino para que él aporte su trabajo a cambio de leche o estiércol o crías? ¿Se podrían cortar suficientes árboles delgados para hacer una unidad de manejo estabulado o un cerramiento para crear un patio donde las cabras harán ejercicio? ¿Es fácil conseguir alimentos concentrados y suplementos? Para las cabras lecheras, ¿tenemos la madera que necesitaríamos para construir una tarima de ordeño, o el dinero para comprar un balde de acero inoxidable? ¿Tenemos cerca un profesional en salud animal, y si se nos enferma un animal, nos visitará?

Un presupuesto nos permite ver todos los costos para el producto, sea un litro de leche, un chivo vivo para carne o un kilo de queso. Algunos costos son obvios, como el precio de un kilo de concentrado. Hay costos ocultos, como el valor del tiempo invertido en la cría, o el vagón o camión del vecino que nos presta para llevar a los animales al mercado. Y hay el "costo de oportunidad" – el valor de algo, si no lo usáramos para las cabras. Por ejemplo, si siembra un campo con alfalfa, no se puede sembrar maíz al mismo tiempo en ese mismo campo. El valor del maíz (no sembrado) es el costo de oportunidad. El valor de mercado de la alfalfa puede ser menos que el maíz, pero después de dar la alfalfa a las cabras, y vender su leche, se puede ganar más dinero que simplemente vendiendo el maíz. El presupuesto ayuda a identificar cuáles actividades de la finca proporcionan más ingresos.

La ganancia es la diferencia entre el costo de producir algo, y el beneficio que dará. Si cuesta $10 criar un chivo hasta que pese 40 kg, pero que se puede vender ese chivo para carne en $50, la ganancia es $40 por chivo. El dinero puede reinvertirse en la finca comprando más chivos, o usando una parte para mejorar la casa, pagar los costos educativos, comprar ropa, alimentos o materiales para hacer salchichas caseras.

PERFIL DE ACTIVIDADES Y TRABAJOS

En las pequeñas fincas familiares, la cantidad de mano de obra familiar disponible puede limitar la producción caprina, igual que la cantidad de terreno y agua disponibles. Cada finca debe elaborar un perfil de actividades para comprender quiénes actualmente cumplen cuáles trabajos en la finca, y quiénes los harán a futuro, a medida que crezca el rebaño. ¿Todavía hay suficiente mano de obra familiar? ¿Los hijos e hijas podrán ayudar y seguir con sus estudios también? ¿Habrá suficiente tiempo para otros trabajos, como cuidar a los hijos/as, cocinar, cargar agua y leña, y trabajar en empleos fuera de la finca? ¿Hay dinero para contratar a trabajadores/as adicionales?

El siguiente cuadro es un ejemplo para ayudar a entender "quiénes hacen qué" para una empresa caprina familiar. También es útil para hacer después un análisis de quiénes hacen qué para toda la finca y el hogar, incluyendo los trabajos fuera de la finca, los quehaceres domésticos no remunerados (cocinar, limpiar, reparar la casa) y las reuniones comunitarias en las que se comparte información.

Persona	Cuidar a los hijos/as	Cocinar y Limpiar	Dar de comer Animale	Ordeñar	Procesar los productos lácteos	Mercadeo	Reuniones de capacitación	Cuidar el huerto familiar	Total de Horas Diarias
Adulto hombre									
Adulta mujer, mayor									
Adulta mujer, más joven									
Niño varón									
Niña mujer									
Hombre de la tercera edad									
Hombre contratado para trabajar									
Mujer contratada para trabajar									
Vecinos hombres									
Vecinas mujeres									

Hay dos categorías para las "mujeres adultas": las mayores (suegras) y menores (nueras o recién casadas). En algunas áreas del mundo, el mayor desafío es lograr que las esposas jóvenes lleguen a la capacitación, porque se considera que es el privilegio o la recompensa para las mujeres mayores que dominan a las más jóvenes.

Los cuadros también pueden determinar cuál miembro de la familia o del personal asistirá a las sesiones de capacitación. Todos/as sabemos que la persona que hace el trabajo se beneficiará más de la capacitación. Sin embargo, en algunos lugares no es tradicional que las mujeres viajen ni que reciban educación. Es importante que tanto las mujeres como los hombres que trabajen con los animales tengan tiempo para asistir a la capacitación y las reuniones de grupo. A veces hay que tomar especiales medidas para asegurar el cuidado de los niños/as y de los animales si las mujeres deben asistir a la capacitación fuera de sus casas, especialmente si dura varios días. El análisis de actividades puede resaltar las situaciones de la finca que hay que examinar, como cuando una persona tiene a su cargo demasiadas tareas. Las soluciones, como compartir las tareas, o invertir en equipos que ahorran el tiempo (como picadoras de forraje o carretillas) pueden explorarse.

CUADRO DE ACCESO Y DECISIONES

Después del Perfil de Actividades y Trabajos, el Cuadro de Acceso y Decisiones en la siguiente página muestra cuáles tipos de beneficios provienen de las cabras, y quiénes de la familia participan de la actividad y quiénes reciben los beneficios.

Por ejemplo, en una aldea de Tanzania, sólo los hombres pueden decidir (D) cuándo faenar un chivo para carne, aunque las mujeres sí tienen acceso (A) a la carne después de que sea cocinada y servida a los hombres. Otro ejemplo: en un grupo Fulani, la leche de cabra pertenece exclusivamente a las mujeres, y ellas deciden si servirla a la familia o venderla en el mercado. Los hombres pueden consumir la leche que les dan las mujeres, pero también deciden cuándo destetar y vender los chivitos.

La persona que alimenta, ordeña y cuida a las cabras necesita buena capacitación y buenos incentivos. En muchos casos, si las mujeres pueden quedarse con el dinero producto de la venta de la leche o carne para utilizar ese dinero, serán más eficientes y empeñadas en su trabajo. Por otro lado, cuando se considera que las mujeres son mano de obra gratuita para la familia, pero el esposo se queda con toda la ganancia para él, puede decaer la calidad del trabajo y la producción.

Cuando comparamos las diferentes percepciones de los hombres y las mujeres, y analizamos cómo las familias pueden mejorar su cooperación y apoyo mutuo, comprenderemos mejor los roles de cada persona en el emprendimiento caprino. ¿Cuáles incentivos tienen las personas que trabajan con los animales para que hagan un trabajo excelente? En general, mientras mayores sean los incentivos para las personas que trabajan (sean miembros de la familia o contratados) mayor será el éxito. Los incentivos pueden ser dinero, oportunidades de capacitación, crías, uso de las ganancias, e incluso el reconocimiento público.

CUADRO DE ACCESO Y DECISIONES								
Persona	Carne	Leche	Estiércol	Dinero	Pieles	Regalos	Otros Beneficios *Capacitación, Reconocimiento público, Satisfacción personal*
Poner A para Acceso y D para Decisión							
Adulto hombre							
Adulta mujer, mayor							
Adulta mujer, más joven							
Niño varón							
Niña mujer							
Hombre de la tercera edad							
Mujer de la tercera edad							
Hombre contratado para trabajar							
Mujer contratada para trabajar							

PRESUPUESTOS

Primeramente, enumere los objetivos generales de su empresa caprina. Entonces, use el cuadro en la página 155 para enumerar sus recursos, dónde los conseguirá, y a qué costo. La segunda columna es para los beneficios, como el precio al que usted venderá cada litro de leche. El valor para el hogar es el costo que la leche consumida habría costado de otra manera, más otros beneficios "intangibles" como hijos/as más saludables por la mejor nutrición. Incluya todos los beneficios de las cabras, incluyendo el estiércol y la venta de crías para carne.

Otros rubros pueden agregarse para hacer un presupuesto de gastos e ingresos para la empresa caprina. Haga también un presupuesto anual para toda la finca, incluyendo todos los cultivos, los árboles y el empleo fuera de la finca. Trabaje con un/a extensionista para asegurar que esto se adapte a su situación personal.

LA CADENA DE VALOR

La cadena de valor es un diagrama de todos los "eslabones" en una cierta actividad económica, como por ejemplo la producción de leche de cabra. Todos los eslabones – desde la compra de las cabras, hasta su alimentación, el cuidado de su salud, el procesamiento, el transporte y los mercados – deben funcionar bien para que cada participante tenga éxito. Además, dibujar o anotar los eslabones de la cadena de valor le ayuda a ver en dónde está la mayor ganancia, y sugiere las maneras en que los productores/as puedan aumentar su porción de los ingresos generados en la cadena. El productor/a que vende un producto sin procesar – como la leche líquida o los chivos vivos – suele recibir tan sólo una mínima parte del valor total de los animales. Una mayor cooperación con las procesadoras o la formación de una cooperativa de productores/as puede incrementar las ganancias, en beneficio de todos/as. Por ejemplo, si un grupo de capricultores/as convierten su leche en queso, y luego celebran un contrato para vender una cantidad definida de queso de una calidad específica a la

PRESUPUESTO ANUAL DE LA FINCA PARA LA EMPRESA CAPRINA					
Rubro	Dónde está disponible	A qué costo (gasto)	Con qué beneficio	Valor para el hogar (ingresos)
Cuatro cabras	Dos de Heifer, dos compradas	Dos crías para el pase de cadena–$80 para comprar chivitos		$
Unidad para manejo estabulado y cerramientos	Se puede cortar la madera de árboles tiernos al lado de la calle o comprar tablas del mercado.	$		$
Forrajes	Hay algo de forraje y sembraremos más.			$
Concentrados y sales minerales	Comprar del mercado local	$		$
Equipos de ordeño	Construir el andén de ordeño – comprar los baldes y otros equipos del mercado	$		$
Cuidados de salud		$		$
Venta de la leche y los productos lácteos		$		$
Venta de la carne y los productos cárnicos		$		$
Venta de cabritos		$		$
Trueque de leche y estiércol a cambio de trabajo		$		$
Estiércol para abonar el huerto		$		$
Leche y carne para la familia		$		$
Mano de obra contratada		$		$

distribuidora, podrán vender a un mejor precio por kilo que si cada uno vendiera sus propios quesos en el mercado local.

La cadena de valor muestra que el mercado necesita estar presente antes de que se aumente la producción, no después. No hay nada más desalentador que tener un buen producto, como la leche de cabra, y no poder venderlo, o tener que venderlo por un precio que no cubre el costo de la producción.

La ventaja del enfoque de la cadena de valor es que muestra cómo la producción caprina se encuadra en la finca en su totalidad, para producir ingresos, beneficios para la familia, y desarrollo rural. Cada eslabón de la cadena es importante y debe estar listo antes de que comience la producción. Un eslabón débil puede dañar el trabajo esmerado en todas las demás áreas.

Los eslabones en esta cadena de valor caprícola son: Insumos, Servicios de soporte, Producción, Mercadeo y Ventas, y Productos (Resultados, Ambiente).

Insumos
- ¿Cuáles son las materias primas para la producción? (animales, tierra, agua, mano de obra, alimentación para las cabras, cultivos, equipos y construcciones) ¿Todas son fácilmente disponibles, o hay que buscar nuevas fuentes?
- ¿Hay suficiente dinero para hacer las compras iniciales?
- ¿Cuáles son las actividades actuales para la familia, trabajando en la finca y en otros lugares?
- ¿La familia tiene el tiempo, los conocimientos y la capacidad de realizar el trabajo requerido?
- ¿Cómo participarán las mujeres y hombres en el trabajo?
- ¿Quiénes participarán en la toma de decisiones?
- ¿Los beneficios de la empresa serán compartidos?
- ¿Cuáles son los riesgos para agricultores/as que ingresan (o expanden) en la producción caprina? ¿Qué puede aliviar algunos de estos riesgos?

Servicios de Soporte
- ¿La capacitación está disponible para todas las personas que estarán trabajando en la empresa caprina? Esta capacitación puede ser ofrecida por extensionistas, veterinarios/as, promotores/as comunitarios de salud animal o dirigentes/as de proyectos. Las mujeres pueden requerir instalaciones aparte o adicionales para la capacitación o pueden asistir a los mismos grupos de capacitación como los hombres, dependiendo de las normas culturales. Las facilidades de cuidado infantil permitirán que más mujeres puedan participar.
- ¿Hay micro-crédito u otros préstamos para ayudar con los costos adicionales de iniciar la empresa caprina? ¿Qué subsidios gubernamentales existen para la agricultura o el procesamiento de los alimentos, que podrían afectar la producción caprina? (alimentos subsidiados, fertilizantes, instalaciones que producen quesos, cooperativas) ¿Es probable que estos subsidios continúen en el futuro?
- ¿Están disponibles medicinas y servicios veterinarios?
- Cuando las sociedades tienen la cultura de compartir los beneficios, esto les ha ayudado a sobrevivir y prosperar, pero algunos individuos pueden aprovechar esto y amenazar la rentabilidad de su empresa. Las soluciones pueden incluir las cuentas bancarias, ofrecer empleos a los miembros de la familia que necesitan ayuda, o ayudarles con préstamos formales. Una vez que se establezcan ingresos de las cabras, los productores/as necesitan decidir cómo manejar la situación si su familia ampliada le pide leche gratuita o dinero. Estos problemas han hundido muchos proyectos caprinos, y requieren planificación anticipada.

Procesamiento, Producción Minorista y Mercadeo
Los productos de la finca caprina pueden incluir chivos vivos, carne, leche, queso, yogurt, estiércol y pieles. En un sistema familiar, el procesamiento puede hacerse en casa, o si varios vecinos se unen para trabajar juntos. Sin embargo, aumentar la escala o ampliarse comercialmente pueden incrementar los ingresos.

Los productos crudos, como la leche fresca y chivos vivos, pueden venderse a consumidores/as locales, pero a menudo son comprados por intermediarios que los procesan en lugares distantes. El proceso la leche haciendo queso o faenando el chivo para vender la carne al detalle se llama "agregar valor" porque sus clientes le pagarán más. Agregar valor mediante el procesamiento es la mejor manera de aumentar las ganancias, pero los productores/as no pueden hacerlo sin una buena planificación.

Explore los mercados para los productos caprinos crudos y procesados. ¿Hay mercados especiales en la población para vender la leche, la carne o los cabritos? Visite los diferentes mercados, y aprenda sobre el rango de precios. Sería difícil negociar un buen precio sin saber su valor al consumidor final. Un mercado puede estar más cerca de lo que usted se imagina. Es posible que los vecinos quieran comprar un producto o hacer un trueque de su trabajo a cambio de productos. Si los mercados más distantes son mejores, organice un grupo de agricultores/as para transportar un lote grande de los productos de todos/as, y compartan los costos de transporte.

Los grupos de productores/as también pueden organizar redes para compartir la información sobre los precios de diferentes regiones del país, usando teléfonos celulares, o anuncios por radio o Internet. En muchos países, el gobierno o cooperativas rurales tienen la responsabilidad de mantener la "transparencia de precios" como una manera de ayudar a los productores/as a negociar un precio justo.

Si no hay ningún mercado, quizá se pueda crear uno. Planifique esto cuidadosamente. Los consumidores/as deben estar conscientes de que existe el producto y cual es su valor. En algunos lugares, los consumidores urbanos/as, hoy en día, prefieren la carne de chivo por sus preferencias de salud, buscando productos menos grasosos, con menos calorías y un bajo contenido de colesterol. Para mejorar el mercadeo, los productores/as mantienen la alta calidad y consistencia de sus productos. La retroalimentación de los consumidores/as es un vínculo importante en este proceso.

Hay muchos recursos para ayudar a las personas a comercializar sus productos. Comience conversando con las cooperativas locales y sus vecinos/as. Busque mercados actuales que las personas están utilizando, especialmente cuando las mujeres están participando. Hay que estar consciente de la diferencia en precios por los productos de alta calidad sobre los de baja calidad. Un paquete atractivo también ayuda a atraer a clientes.

Muchos mercados locales son centros en donde la gente no sólo vende sus productos sino que intercambia información, aprende nuevas destrezas, se socializan entre sí y desarrollan un fuerte espíritu comunitario.

Ambiente
El ambiente representa el conjunto de los aspectos del desarrollo de una empresa caprina. En el contexto más amplio, estamos pensando del entorno local y mundial. Algunas de las cosas que consideraremos son el cambio ambiental, las normas culturales, las exigencias del mercado, los tratados mundiales de comercio y el liderazgo político.

¿Cuáles reglas e inspecciones oficiales regulan la producción animal, el tratamiento de la salud, el uso de las sustancias químicas, el procesamiento, el mercadeo y el desposte? ¿Cómo se obtienen las licencias e inspecciones requeridas? ¿Cuánto es el costo? Averigüe si los productos como la leche de cabra necesitan examinarse o inspeccionarse previo a la venta.

SU PROPIA CADENA DE VALOR

Los eslabones en esta cadena de valor son un ejemplo, pero es posible que no coincidan con su situación. Usted tendrá que aplicar los aspectos que son útiles y desarrollar otros eslabones, según sea apropiado.

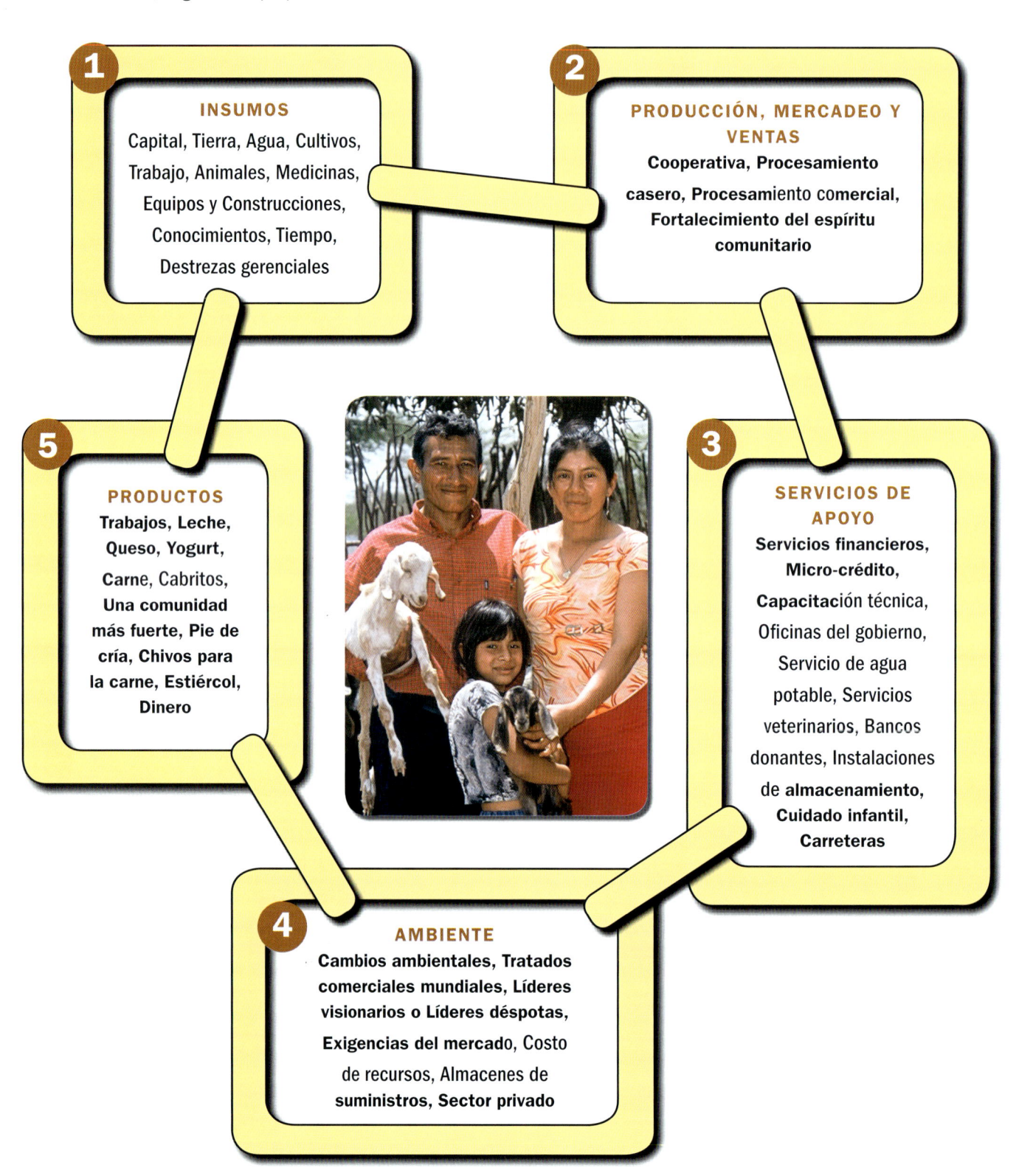

1. INSUMOS
Capital, Tierra, Agua, Cultivos, Trabajo, Animales, Medicinas, Equipos y Construcciones, Conocimientos, Tiempo, Destrezas gerenciales

2. PRODUCCIÓN, MERCADEO Y VENTAS
Cooperativa, Procesamiento casero, Procesamiento comercial, Fortalecimiento del espíritu comunitario

3. SERVICIOS DE APOYO
Servicios financieros, Micro-crédito, Capacitación técnica, Oficinas del gobierno, Servicio de agua potable, Servicios veterinarios, Bancos donantes, Instalaciones de almacenamiento, Cuidado infantil, Carreteras

4. AMBIENTE
Cambios ambientales, Tratados comerciales mundiales, Líderes visionarios o Líderes déspotas, Exigencias del mercado, Costo de recursos, Almacenes de suministros, Sector privado

5. PRODUCTOS
Trabajos, Leche, Queso, Yogurt, Carne, Cabritos, Una comunidad más fuerte, Pie de cría, Chivos para la carne, Estiércol, Dinero

158 Capítulo 9–Leccíon

HISTORIA DE MARRUECOS

Mujeres y Cabras en Marruecos

¿Qué tiene que ver el género con la cría de cabras? ¿Acaso no es igual el animal, independientemente a que lo tenga un hombre o una mujer? Lo interesante es que sí importa si tiene dueño o dueña, especialmente en los países en vías de desarrollo, en donde los hombres y mujeres a menudo tienen acceso muy diferente a los recursos como terreno, información e incluso tiempo.

Marruecos es el ejemplo de un país en donde la capricultura es una parte importante de la economía rural, y en donde el género es importante para el crédito, los programas de extensión, la toma de decisiones y el mercadeo. Al avanzar la transición de una economía de subsistencia a la de mercado, muchas mujeres pierden los beneficios de las cabras a menos que las políticas y prácticas de desarrollo presten atención al género.

En la economía de subsistencia en Marruecos, hay una división de trabajo por género, pero algunos roles son flexibles. Típicamente, los hombres llevan las cabras (y en muchos casos los borregos) a pastar durante el día, pero también muchas mujeres o niños/as cuidan estos rebaños. Durante la temporada respectiva, las mujeres ordeñan las cabras, y usan la leche para alimentar a sus familias. Cuando sobra la leche, hacen queso para el consumo familiar o para la venta. Los hombres venden el queso a los vecinos o mediante mercados informales, ya que se supone que las mujeres deben permanecer en el hogar. Aunque es un país musulmán, y los ingresos generados por una mujer deben ser exclusivamente de ella, en la práctica el dinero no siempre le regresa. Cuando se venden los caprinos para carne o se faenan para el consumo familiar, ésta es la decisión del hombre. Nótese que los chivos para carne son importantes para los feriados religiosos, las bodas, los funerales y otras ocasiones sociales.

▲ *Mujer marroquí con su cabra*

Siendo un país musulmán, los roles tradicionales de género son importantes, especialmente en las áreas rurales. La mujer tiene la responsabilidad de manejar el hogar, y el hombre se responsabiliza de todo lo demás, incluyendo la tierra, agricultura, transporte, compras y hacerse miembro de las organizaciones. Aunque las mujeres hacen el trabajo en la agricultura, para las cabras y los cultivos, la mayoría de los hombres no consultan a sus esposas para las decisiones relacionadas con la tierra, los cultivos o animales.

Al igual que muchos otros países, Marruecos está tratando de generalizar la producción comercial de leche de cabra, para dar un ingreso estable a su población rural. Sin embargo, una vez que la leche de cabra se convierta en un producto de valor, los hombres comienzan a hacerse cargo de este campo que ha sido de las mujeres. Antes las mujeres usaban sus ingresos de las ventas de leche y queso, pero ahora deben pedir dinero a sus esposos para comprar los productos que requiere el hogar, lo que produce conflicto doméstico. La nutrición de los hijos/as puede sufrir si se vende toda la leche, sin guardar parte para el consumo propio.

Una solución en Marruecos ha sido la creación de cooperativas de mujeres para las cabras lecheras, en las

Continúa en página 160

Historia **159**

cuales los ingresos de las cabras entran a la cuenta bancaria de la cooperativa, a la cual tienen acceso sólo las mujeres. La cooperativa puede acceder a crédito aunque las mujeres no tendrían este acceso individualmente, ya que no tienen propiedad de la tierra para darla en garantía.

Otro enfoque es incluir la sensibilización y análisis del género en el desarrollo de las cooperativas, e incluir a todos los miembros de la familia en la planificación del proyecto. Una conversación explícitamente sobre los roles de género en la familia permite que los esposos y otros hombres comprendan la posición y responsabilidades de las mujeres, para que puedan decidirse por brindar un apoyo más eficaz, en beneficio de toda la familia.

Otro programa asegura que las mujeres y los hombres se beneficien de la extensión pecuaria. Una encuesta reveló que las prioridades para las mujeres eran la salud de sus hijos/as y la salud reproductiva para sí mismas. Se desarrolló un programa de capacitación en salud y crianza de cabras, en base a los conocimientos existentes de las mujeres y su interés en la salud humana. Por ejemplo, el tratamiento de la diarrea en los infantes humanos y en los chivitos tiernos es similar, y comprender el uno puede ayudar a las mujeres a comprender el otro.

Otro beneficio de los proyectos caprinos para las mujeres ha sido la capacitación técnica para sus esposos. En Marruecos, aunque las mujeres rurales tienen un mayor índice de analfabetismo que los hombres, son más abiertas al cambio y a probar nuevas tecnologías. La capricultura moderna (usando vacunas, desparasitantes y suplementos alimenticios) es aceptada más fácilmente por las mujeres que por los hombres. Sin embargo, finalmente los hombres sí aceptan las nuevas prácticas cuando atestiguan la mejor salud de los animales.

La crianza de cabras continuará dando un importante sustento económico a la gente rural de Marruecos. Durante la transición de la producción de subsistencia a la comercial, es esencial que los trabajadores/as del desarrollo recuerden estas sencillas reglas sobre el género:

▲ Alfombra berberí hecha de la fibra de cabras.

1. El género significa incluir a hombres y mujeres, no sólo proyectos especiales para las mujeres.
2. Los proyectos caprinos son populares con hombres y mujeres, y son una buena oportunidad de analizar cómo los hombres y las mujeres colaboran en beneficio de toda la familia.
3. La capricultura puede ser un medio exitoso de organizar a las mujeres y aumentar sus ingresos, pero sólo si pueden quedarse con los ingresos que generan, lo que requiere el apoyo de sus esposos.
4. Los trabajadores/as por el desarrollo deben comprender las diferentes oportunidades y limitaciones para las y los agricultores, especialmente la fuerte carga de trabajo sobre las mujeres rurales.
5. La extensión para las mujeres analfabetas tiene que darse en el idioma local. Evite el vocabulario técnica, válgase de gráficos en vez de materiales escritos, y aproveche sus conocimientos e intereses existentes.
6. Los/las extensionistas y otros profesionales de la salud se benefician de la capacitación en "Métodos Participativos" que aumenta el impacto para la capacitación de hombres y mujeres rurales.

La equidad de género significa familias más fuertes y saludables, hoy y mañana. ◆

GUÍA DE APRENDIZAJE

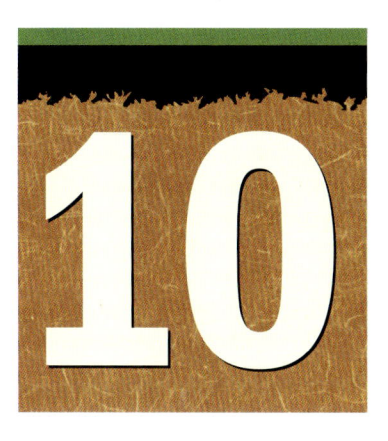

10 TRANSPORTE Y FAENAMIENTO HUMANITARIOS DE CAPRINOS

OBJETIVOS DE APRENDIZAJE

Para el final de la sesión, las/los participantes podrán:
- Dar el tratamiento apropiado a un animal antes de faenarlo
- Despostar un caprino para uso de la familia o para el mercado
- Comprender las regulaciones locales sobre el faenamiento y mercadeo caprinos
- Preservar la piel del caprino

TÉRMINOS QUE ES BUENO CONOCER
- Piltrafas
- Caballete de desposte
- Canal
- Vísceras
- Saneamiento
- Ayunar
- Tejido conjuntivo (o conectivo)
- Asadura

MATERIALES
- Caprinos para faenarlos (asegurando que hayan ayunado durante al menos 12 horas.)
- La madera para construir el caballete de desposte y el palo para colgar la canal
- Martillos, clavos (la madera puede estar cortada de antemano para que el ejercicio no dure tanto tiempo.)
- Cuchillos afilados
- Un lugar para colgar al animal luego de matarlo
- Un serrucho para cortar el esternón
- Baldes de agua de jabón y de agua limpia para lavarlo
- Pala para enterrar las vísceras y piltrafas del animal faenado
- Sal para preservar la piel del caprino
- Un pequeño barril para hacer un tambor

TAREA INICIAL

Debe seleccionarse un área limpia para el desposte. Los animales que serán faenados deben seleccionarse por anticipado para hacerles ayunar durante al menos 12 horas antes de sacrificarlos. Decida cómo será utilizada la carne. Esta lección podrá dividirse en varias secciones.

- Discusión y preparación de los materiales necesarios
- Faenamiento del animal
- Preparar la piel (cuero)
- Hacer un tambor con el pellejo

TIEMPO (Puede variar según el grupo.)	ACTIVIDADES
20 minutos	**Compartir entre el grupo** ■ Conversar sobre cómo se sienten las personas sobre la actividad de la matanza. ■ Hablar sobre el valor sagrado de la vida y los animales como una fuente importante de alimentos.
15 minutos	**Presentación sobre las Regulaciones Locales**
30 minutos	**Construir el caballete de desposte y el palo para colgar la canal**
30 minutos	**Observar la Preparación y Faenamiento de un Caprino**
1 hora	**Practicar el faenamiento de un caprino**
1 hora	**Practicar la preservación de la piel caprina**
20 minutos	**Enterrar las vísceras y piltrafas**
1 hora	**Repartir la carne o Preparar una comida festiva para los miembros y sus familias**
45 minutos	**Hacer un tambor (Opcional)**

REPASO - 20 MINUTOS

- ¿Qué fue útil en esta lección?
- ¿Qué cosas le parecieron novedosas?
- ¿Qué no funcionó tan bien?
- ¿Qué cosas sabe ahora que no sabía antes?
- ¿Qué cosas podrá poner en práctica cuando llegue a casa?
- ¿Cuáles prácticas serán difíciles de hacer en casa?

LECCIÓN

TRANSPORTE Y FAENAMIENTO HUMANITARIOS DE CAPRINOS

INTRODUCCIÓN

Es importante saber cómo sacrificar los animales para el consumo familiar. El faenamiento de cualquier animal debe hacerse de manera humanitaria y la persona que hace lo debe tener la capacitación respectiva.

El cuerpo caprino contiene huesos, músculos y grasa. El músculo es principalmente proteína (compuesta de aminoácidos) y agua. Se dice que la proteína de la carne de chivo es de "alta calidad," con cantidades sustanciales de los aminoácidos esenciales, en relaciones apropiadas, para las necesidades nutricionales humanas. La composición de la grasa caprina es considerablemente diferente a la grasa de la carne de res, cerdo o borrego. Estas diferencias explican parte de las variaciones de sabor entre la carne de chivo, de res y de borrego. Como fuente de energía en la dieta humana, la grasa de cabra es equivalente a la grasa de res o de cerdo; y en cuanto al grado de saturación es aproximadamente igual a la carne de res.

SELECCIÓN DE CAPRINOS PARA EL FAENAMIENTO

En una empresa de chivos para carne, se crían los animales por su carne y se les sacrificará a la edad apropiada para satisfacer las necesidades de la familia y las exigencias del mercado.

En una empresa caprina lechera, podrán darse de baja los chivitos, las cabras que no producen mucha leche, los reproductores que no hacen falta, y los animales de más edad.

ADVERTENCIA
Los caprinos con enfermedades infecciosas como brucelosis, tuberculosis y ántrax nunca deben despostarse para consumo humano.

Cuando sea insuficiente el alimento para los animales por la sequía u otras circunstancias ambientales, se les sacrificará para aportar al alimento humano. A veces también se eliminarán los animales con defectos genéticos. Si son evidentes las condiciones anormales, es conveniente que un veterinario/a o promotor/a lo inspeccione más detenidamente.

TRANSPORTAR A LOS ANIMALES

- Siempre hay que verificar la seguridad e idoneidad de los vehículos usados para este transporte
- Los vehículos deben estar limpios
- Normalmente deben ayunar los caprinos durante 12 horas antes de morir, pero deben seguir recibiendo agua limpia

- Se recomienda que, cuando sea posible, los animales sean transportado hasta el lugar del faenamiento para ayunar allá
- Debe darse el espacio adecuado durante el transporte para permitir que los animales se paren libremente y en una postura normal
- Segregue a los animales según sus diferentes tamaños y edades
- Debe considerarse el tiempo en tránsito. Si el viaje es más de varias horas, debe preverse tiempo para que se descarguen del vehículo, para descansar, hacer ejercicio, alimentarse y tomar agua.
- Los animales deben transportarse a una hora del día que no haga calor
- Si los animales llegan al mercado a pie para venderlos o a un lugar para faenarlos, debe considerarse su necesidad de descansar, alimentarse y tomar agua
- Siempre hay que tratar a los animales amablemente

MANEJO DE LOS CAPRINOS ANTES DE FAENARLOS

El faenamiento debe estar a cargo de una persona con la capacitación respectiva. Que tenga los equipos en buen estado de funcionamiento. Complete el sacrificio lo más ágilmente que sea posible en términos prácticos, para minimizar la ansiedad del animal. Sólo los animales saludables deben despostarse para el consumo. Ningún animal que murió por causas desconocidas debe usarse para consumo humano. Asegúrese de que el tiempo de espera de todos los medicamentos se haya cumplido. Proporcione bastante agua limpia para tomar. Ponga a los animales en un lugar limpio con un amplio lecho de paja en el piso. No deje que los animales se exciten antes de matarlos. No aplaste la piel ni le pegue al animal con un palo, porque no sólo se estresa el animal sino que se daña la carne y se descompondrá más rápidamente. Haga este trabajo en las horas de menos calor. Si no se consumirá la carne del animal dentro de 24 horas y usted no dispone de refrigeración, querrá preservar la carne salándola o secándola.

Equipos
- Trabaje en un área limpia, preferiblemente con piso de cemento, usando una mesa o un caballete de desposte
- Haga un palo para colgar la canal o pase una soga entre el tendón de Aquiles y el hueso de la pierna sobre el corvejón
- Construya un caballete de desposte
- Tenga bastante agua fría disponible.
- Alejar todos los perros del área
- El caballete de desposte ayuda a mantenerle llimpio a la canal.

El caballete de desposte debe ser suficientemente grande para un animal maduro, con la posibilidad de adaptarlo con piezas adicionales para un animal más pequeño. La altura debe ser cómoda para el usuario/a.

- 2 baldes llenos de agua limpia
- 1 balde vacío para la sangre
- Martillo o pistola neumática (un instrumento para insensibilizar al animal; no es un arma de fuego).

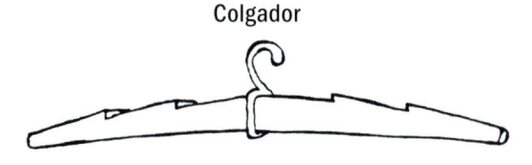

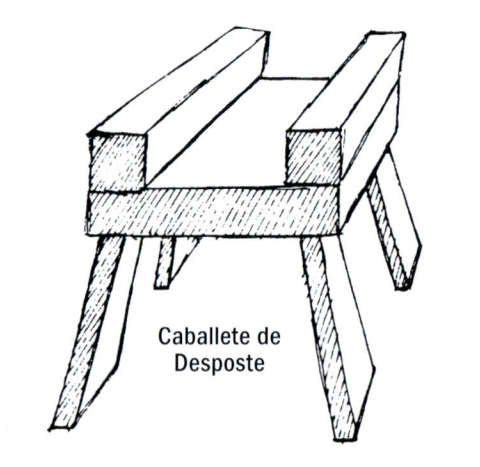

Colgador

Caballete de Desposte

Baldes Limpios

PROCESO DE FAENAMIENTO

1) Ponga la jáquima al animal. Sosténgale a unos dos metros de distancia.

2) Algunas personas prefieren insensibilizar primero al animal. Imagine una X entre los ojos y las orejas. La intersección de las dos líneas es el lugar donde hay que dar el golpe para aturdirle. Use un pequeño instrumento contundente como un martillo o una pistola neumática. El animal probablemente no morirá, sino que sólo perderá la conciencia.

3) Inserte el cuchillo debajo de la oreja y en la base de la mandíbula. Continúe hasta el otro lado del pescuezo. El filo cortante debe estar hacia fuera. La rapidez es importante. Deje fluir libremente toda la sangre. Cuando usted está seguro que el animal terminó de desangrarse, retire la mandíbula hasta poder ver los huesos del pescuezo. Termine de cortarle la cabeza.

4) Déjele desangrar al animal unos minutos hasta que termine de moverse.

5) Ponga el animal sobre el caballete, sobre la espalda, con la cabeza hacia abajo. Espere hasta que todos los reflejos hayan terminado.

6) Corte alrededor de cada pata entre la pezuña y el dedo rudimentario con el cuchillo. Corte con la punta del cuchillo por la parte posterior de cada pierna delantera. En las piernas traseras, corte por toda la pierna hasta el recto. Corte sólo la piel. Al comenzar a quitar la piel, el dedo rudimentario se usará como agarradera.

7) Separe la piel del área de las articulaciones de la pata (falanges). Hale la piel hacia abajo hasta el corvejón, sosteniendo los dedos rudimentarios.

8) Ahora, hale la piel hasta la ingle. Haga ambos lados. Tenga cuidado de no romper el tejido conjuntivo debajo de la piel.

9) Separe el tejido de la línea cortada en la ingle. Deje el tejido del escroto o mamario en la piel. Separe el colgajo de piel desde el recto hasta la pierna.

10) Piernas delanteras: haga lo mismo, halando la piel cuidadosamente para separarla del cuerpo.

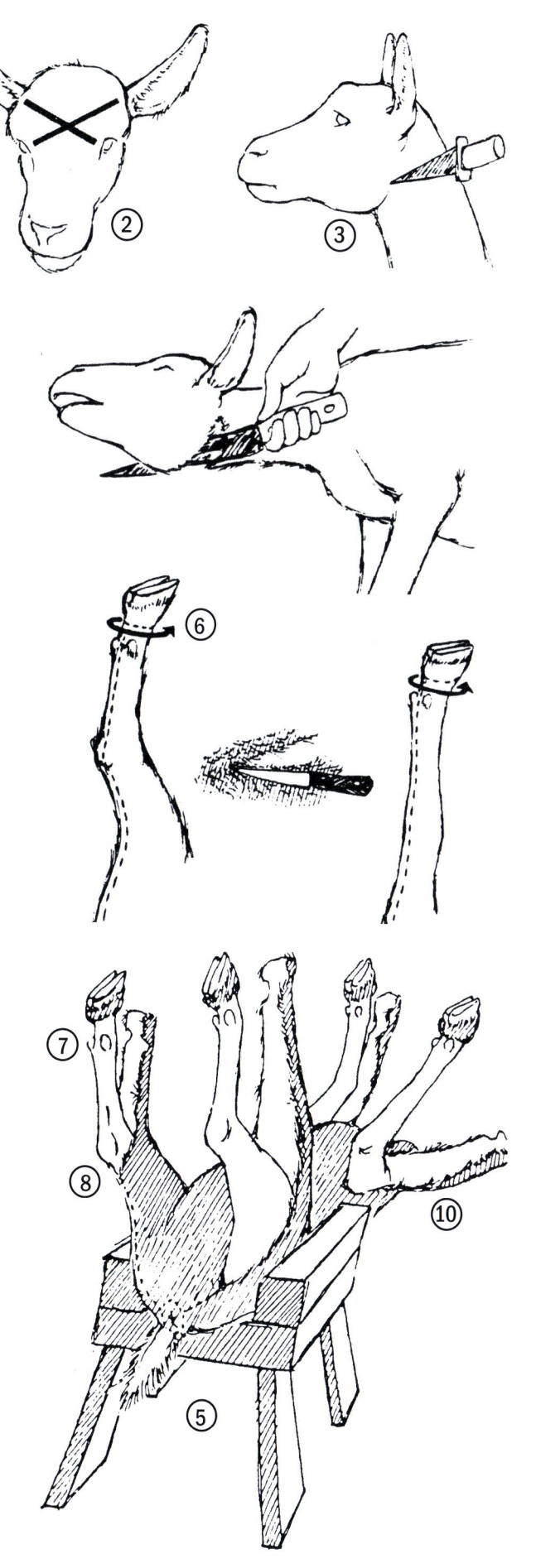

Transporte y faenamiento humanitarios de caprinos **165**

11) Pase el cuchillo sobre el esternón de axila a axila. Pase justo debajo de la piel. No corte la carne. En el punto donde el cuchillo cruza el pecho, corte hasta la garganta y abra ahí. Libere toda la tráquea hasta el esternón.

12) Comience a halar la piel hasta las axilas.

13) Se debe despellejar la parte delantera, exponiendo la garganta, porción delantera de cada hombro y las piernas.

14) Una vez que la piel se haya separado de las piernas en la articulación, corte la pata totalmente de la pierna. (La articulación que facilita este corte está presente únicamente en los animales menores a un año de edad.) En animales mayores, quite la pata cortando en la rótula.

15) Tome el cuchillo y abra la piel desde el esternón hasta la ingle. Al faenar a un animal macho, deje colgar el pene y no lo corte hasta que esté listo para recortar la canal. Esto elimina un depósito de sangre de la ingle.

16) Suelte la piel hacia cada lado usando los dedos y el puño. Trate de conservar la capa delgada de tejido conjuntivo en el canal. Es importante mantenerlo intacto. Ahora toda la panza está expuesta.

17) Pase el palo entre el tendón de Aquiles y el hueso de la pierna sobre el corvejón O pase una soga tras los tendones para que las piernas estén amarradas juntas.

18) Alce el animal del caballete para que esté colgado. Asegúrese de que el canal esté firmemente sujeto.

19) Corte con el cuchillo desde la garganta hasta el esternón. Use un serrucho para cortar el esternón. Esto expone la cavidad torácica.

20) Con las puntas de los dedos y el puño, afloje la piel sobre el trasero. Al acercarse al rabo, agarre la base de la cola y saque la piel.

21) Ahora siga retirando el pellejo con los dedos y nudillos, tratando de conservar todo el tejido conjuntivo sobre la canal, bajando por la columna vertebral. Nuevamente, deje el músculo subcutáneo en el canal y no en la piel. Saque el cuero. Colóquelo sobre un armazón, para trabajar con él más tarde.

22) Pase a la parte delantera del animal. Lave la canal con agua limpia.

23) Inserte el cuchillo en la ingle, con el lado cortante hacia usted. Ponga el dedo tras el lado mocho del cuchillo y empuje el dedo y el cuchillo abajo hacia el ombligo y después al esternón. Las tripas caerán hacia delante.

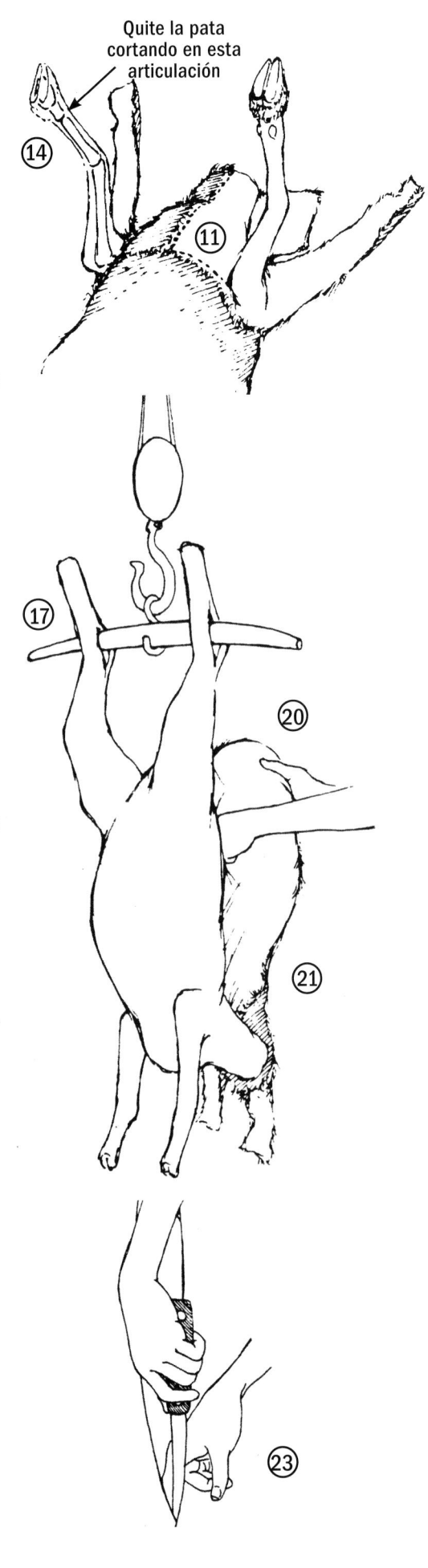

24) Haga un círculo alrededor del recto con el cuchillo. Amárrelo. Ahora hurgue dentro de la ingle y retire el recto a través del arco pélvico.

25) Hale la vejiga hacia fuera, y déjela colgar con las tripas. Deje los riñones y su grasa dentro de la cavidad abdominal.

26) Al acercarse hacia la cavidad abdominal, el bazo estará a la izquierda. Hálelo, suéltelo y descártelo. Ahora el hígado estará visible al lado derecho. Agarre la base de la vesícula biliar y sáquela del hígado, dejando el hígado dentro de la cavidad.

27) La parte inferior del esófago debe estar visible. Amárrelo. Córtelo y las tripas quedarán sueltas y caerán sobre el suelo.

28) Debajo de los riñones y el hígado, localice al diafragma, que es una clara línea roja y blanca. Esta banda separa la cavidad torácica de la cavidad abdominal. Pase el cuchillo por la línea muscular (roja y blanca) y corte hasta el esternón a cada lado. Agárrela por el centro y sepárela del músculo que sostiene al hígado. No la saque.

29) Corazón, pulmones, tráquea y esófago (asadura) – este conjunto estará entre el material que usted está separando. Saque la asadura, abriendo la garganta por todo el largo de la cavidad torácica.

30) Lave la canal completamente por dentro y fuera con agua limpia.

31) Saque la lengua de la cabeza, así como cualquier otra parte de la cabeza que le sea interesante. Se recomienda no usar los sesos ni material de la columna vertebral debido a la preocupación por la Encefalopatía Espongiforme Bovina (EEB), conocida comúnmente como la enfermedad de la Vaca Loca.

32) Guarde la carne en un lugar fresco o échele agua fría periódicamente. Si usted va a dejarla colgada algún tiempo, envuélvala en una tela limpia.

33) Córtela en pedazos como desee. Los subproductos comestibles incluirán el hígado, corazón, lengua y riñones. Cualquier órgano o tejido con aspecto anormal debe desecharse. Si el tejido anormal es extenso, no se debe comer ninguna parte de la canal. Los intestinos delgado y grueso pueden rescatarse para usarlos como la envoltura de embutidos.

34) Todas las vísceras que no sean comestibles deben desecharse de manera sanitaria, enterrándolas en un hueco profundo para que los perros no las alcancen, porque podrían esparcir los platelmintos.

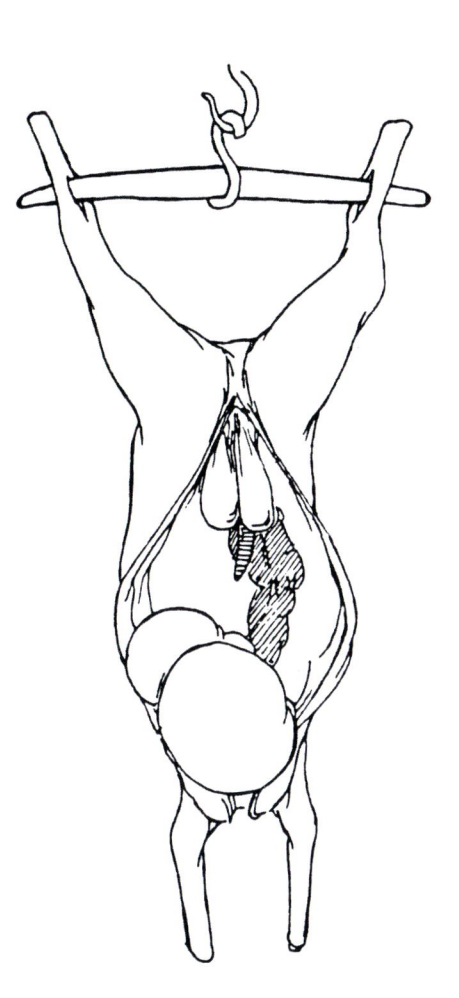

ADVERTENCIA
Tenga un cuidado especial al manejar la columna vertebral o los sesos.

PRESERVAR LA PIEL (CUERO) DE UN CAPRINO

Luego de despostar al caprino, use una herramienta plana para raspar el tejido restante del lado interno de la piel (el lado sin pelo) y asegurar que no haya pedazos de carne pegados en el cuero. Después, ponga sal sobre toda el área que acaba de raspar. Sobe la sal para que entre al cuero. Amarre la piel para que quede estirada y hágala secar al sol o en un cuarto que tenga la misma temperatura como el sol durante unos siete días o hasta que se seque por completo. El cuero se pondrá duro al secarse. Cuando esté seco, flexione el cuero con las manos hasta que esté flexible. Entonces podrá lavarse y flexionarse más.

Estos cueros pueden usarse para ropa, bolsas y tambores.

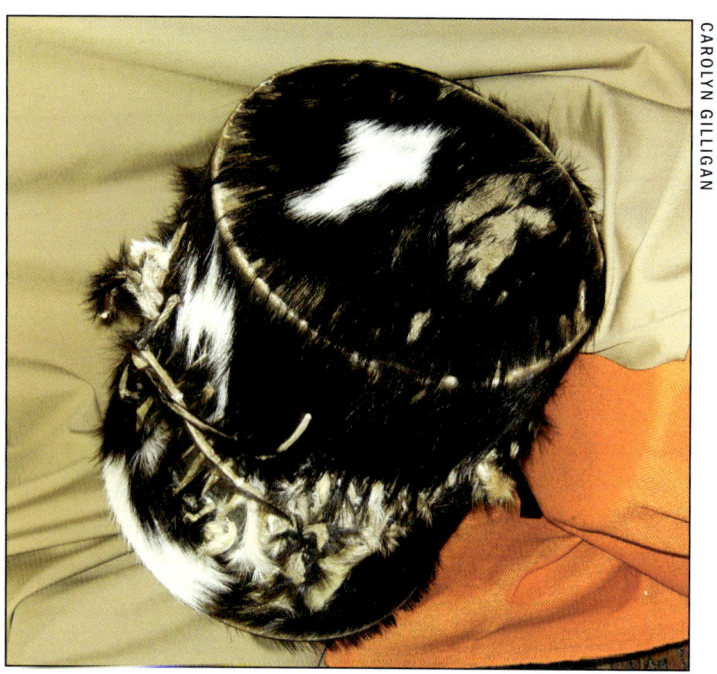

▲ *Tambor con piel de chivo*

HISTORIA DE SUDÁFRICA

Recuperó la Dignidad y Juventud

Joyce Fleki, que tiene 72 años, es miembro del Proyecto Masakhanyise en la Provincia del Cabo Oriental en Sudáfrica. Dice que hace poco, su vida no era muy promisoria. "Antes de unirme a este proyecto yo era indefensa. Nadie me quería. Yo era muy delgada y pobre. Caminaba por toda la aldea, mendigando comida."

Pero su vida ha cambiado dramáticamente. "Ahora soy muy activa," dice. "Ahora tengo dignidad. Soy respetada por mis hijos/as y por la comunidad donde vivo."

▲ *Joyce Fleki*

Antes de comenzar su trabajo con Heifer Sudáfrica, la Sra. Fleki no tuvo ninguna propiedad, ni tenía mucha esperanza. Vivía con sus hijos/as y se veía como una carga para ellos.

En 2004, recibió dos cabras preñadas de la raza Boer, un chivo sudafricano para carne. Ahora ella tiene 18 chivos Boer y ha cumplido con su compromiso haciendo el pase de cadena, dando dos cabras a otra familia, a quienes también ella ayudó con la capacitación.

"El primer caprino que vendí fue un macho. Lo vendí en 800 rand (US$120) y me compré un gabinete para la cocina," dijo con orgullo. "Durante años, mis platos estaban sobre el piso porque nunca pude comprar nada para guardarlos. Ahora me siento como una mujer poderosa porque tengo un mueble para guardar mis tazas y platos."

En la aldea de la Sra. Fleki hay aproximadamente 300 casas, entre las redondas de bahareque (llamadas rondavales) y las casas más seguras de bloques de cemento, con dos a cuatro cuartos. El área es típicamente rural, con una infraestructura muy limitada.

Las familias consiguen el agua de llaves comunales situadas estratégicamente dentro de la aldea. Hace pocos años que tienen electricidad y, por su alto costo sólo se usa para iluminación. Sus vecinas todavía cocinan en fogatas de leña. Hasta el 90 por ciento de las/los residentes de la aldea están sin empleo, y hay poca esperanza para la juventud.

Pero los logros de la Sra. Fleki y el grupo comunitario son una inspiración para sus vecinos/as, que han visto muy pocos proyectos exitosos en sus vidas. La Sra. Fleki dice que el proyecto no sólo le la hecho sentirse exitosa – también le hace sentir joven de nuevo. "Mira mi piel," dice, mostrando los brazos. "¡Ahora soy joven y saludable!" ◆

Historia **169**

REPASO Y CELEBRACIÓN / CERTIFICADO

Comparta entre todos/as los preparativos para una parrillada de chivo, invitando a las familias. Seleccionen a algunos individuos para presentar dramatizaciones sobre lo que han aprendido. Entregue certificados a quienes completaron el curso.

HEIFER INTERNACIONAL

tiene la satisfacción de entregar a

_____

el presente Certificado de Terminación Meritoria, por completar con éxito el

Curso sobre la Cría de Cabras para Leche y Carne.

_____
FIRMA

_____
FECHA

PASS ON THE GIFT

HEIFER® INTERNATIONAL

GLOSARIO

Abierta (no preñada)
Una cabra que no ha concebido.

Abrochamiento
Un macho cabrio joven.

Agroforestería / Desarrollo agroforestal
Un sistema de manejo de los recursos combinando árboles con cultivos de ciclo corto y crianza de animales.

Anestro
Cuando una hembra no entra en celo.

Antihelmíntico
Un fármaco utilizado para matar a parásitos.

Apófisis espinosa
La parte superior del hueso en cada vértebra, que se siente al palpar a través de la piel y carne de la espalda y cuello.

Árboles fijadores de nitrógeno
Árboles leguminosos que toman el nitrógeno del aire y lo fijan en el suelo, poniendo este nitrógeno a disposición de otras plantas. Suelen tener raíces profundas, lo que permite acceder a nutrientes en el subsuelo. El extenso sistema radicular estabiliza el suelo, a la vez que su constante acción de crecer y luego atrofiar agrega materia orgánica al suelo y crea canales de aireación. Hay muchas especies de estos árboles que proporcionan productos y cumplen funciones útiles, incluyendo alimentos, protección del viento, sombra, forraje para los animales, leña, cercas vivas, y madera de construcción.

Arbustos
Plantas con tallos leñosos, como arbustos y pequeños árboles.

Asadura
El corazón, pulmones e hígado que se saca del animal cuando se le faena.

Ayunar
Por motivos médicos o en preparación para el sacrificio, no darle alimento al animal.

Bienestar
Buena calidad de vida.

Biodiversidad
Variedad naturalmente amplia de plantas y animales que interactúan con el ambiente.

Bolsa de agua
La membrana que envuelve al feto (o los fetos) y está llena de líquido amniótico.

Buco, cabrío
Chivo macho entero (sin castrar).

Caballete de desposte
Una estructura de madera hecha para sostener al canal durante el faenamiento.

Cabra Cruzada
Un animal resultante de aparear a individuos de diferentes razas.

Cabrón
Nombre popular para el chivo macho.

Cadena de valor
La cadena de valor es un diagrama de todos los "eslabones" en una cierta actividad económica, como por ejemplo la producción de leche de cabra.

Calostro
Un líquido espeso y amarillento producido por la cabra antes del parto y durante los primeros días de lactancia. El calostro contiene inmunoglobulinas (anticuerpos) para ayudar a proteger al chivito de las enfermedades infecciosas.

Canal
El cuerpo de un animal faenado luego de quitar la piel y los órganos internos.

Caprino
Relacionado con chivos.

Castración
Sacar los testículos o aplastar el conducto espermático para que un animal macho sea sexualmente estéril.

Celulosa
Este importante componente de las membranas de células vegetales es un carbohidrato complejo que no pueden digerir las enzimas humanas. Los microbios dentro del rumen de los animales rumiantes la fermentan para aprovecharla como energía.

Ciclo de vida
El proceso de nacimiento a muerte de un organismo vivo.

Compostaje
Una mezcla de materia orgánica en descomposición que puede incluir el estiércol de los animales. Cuando se lo hace descomponer, se convierte en un abono rico en nutrientes que se utiliza para fertilizar y acondicionar el suelo.

Concentrado
Un alimento altamente digerible preparado con mucha proteína y/o energía y poca fibra.

Condición Corporal (Puntaje)
Herramienta de monitoreo para evaluación de los caprinos, palpando para ayudar a medir la idoneidad de su condición nutricional.

Cordón umbilical
El cordón que contiene los vasos sanguíneos que conectan el feto con la placenta de la madre y permite que los nutrientes pasen de la madre al feto.

Costo
El precio pagado para adquirir, producir, lograr o mantener algo.

Cría / chivito
Un animal menor de los seis meses de edad.

Crianza / manejo
La ciencia, destreza o arte de criar cultivos o animales.

Crianza familiar
Cabras principalmente para el sustento económico de la familia.

Criollo
Para un animal cuando no se sabe la raza de su madre y padre. Un animal de la variedad local.

Cuadro FAMACHA
Un sistema de examen que utiliza un cuadro de colores de la membrana del párpado para determinar el nivel de anemia de la cabra. El color determina la anemia o pérdida de sangre causada por la lombriz Haemonchus contortus (que se alimenta de la sangre del animal).

Cuidado y apoyo personal
La atención que se da en caso de una enfermedad, el parto o un estrés ambiental.

Desarrollo Sostenible
Una actividad que sea social, económica y ambientalmente responsable porque mantiene o restaura los recursos disponibles y es capaz de continuarse independientemente sin recursos externos.

Descornar
La eliminación quirúrgica de cachos en los animales adultos, o la cauterización de los inicios de los cuernos en chivitos tiernos (de 3 días a 2 semanas) para que no crezcan los cuernos.

Deshidratación
Sin suficiente agua y sales en el cuerpo para que funcione normalmente.

Desparasitante
Un fármaco utilizado para matar a parásitos.

Edema de ubre
La ubre se hincha excesivamente o se pone roja.

Energía
El nutriente, obtenido de grasas o carbohidratos, que sirve como combustible para el cuerpo del animal.

Ensilaje
El material vegetal verde que se corta y almacena sin aire para que se fermente. Se vuelve muy ácido y esto permite que se preserve durante largos períodos, para poderlo usar como alimento cuando escasee el forraje.

Espermatozoide
Célula reproductiva masculina que puede fertilizar al óvulo femenino.

Estéril
Libre de organismos vivos y especialmente microbios que podrían causar una infección.

Equidad de género
El principio y la práctica de asignar los recursos, beneficios, trabajo, liderazgo y toma de decisiones con justicia, tanto a mujeres como a hombres.

Estabulado
Un sistema de manejo intensivo mediante el cual se tiene los animales en sus corrales y se les lleva todo su forraje y agua hasta el corral. En este sistema es muy importante que los animales hagan ejercicio y reciban la luz del sol todos los días.

Estro
El período de celo de la cabra: 24 a 72 horas. El ciclo de un estro al siguiente usualmente dura de 18 a 22 días en las cabras.

Eyaculación
La descarga del semen del pene del macho.

Familia
Tradicionalmente se define como un grupo compuesto por padre y madre con los hijos e hijas con otros individuos biológicamente emparentados. Puede definirse más liberalmente como un grupo de individuos, usualmente emparentados genéticamente o por matrimonio, que viven en un mismo lugar y contribuyen al bienestar del hogar.

Fenotipo
La apariencia externa del animal por su genotipo y ambiente.

Fertilizante
Una sustancia (estiércol o una mezcla de químicos) utilizada para hacer más fértil el suelo.

Feto
El animal tierno que se desarrolla dentro del útero de su madre antes del parto.

Fibra
Material vegetal compuesto por carbohidratos complejos (principalmente celulosa, hemicelulosa y lignina) que no pueden ser descompuestos por las enzimas de mamíferos, pero sí pueden ser digeridos (fermentados) por microbios. Los microbios en el rumen de un caprino descomponen la celulosa y hemicelulosa para producir energía.

Fibra Cruda (FC)
Una medida nutricional de la celulosa y material leñoso.

Forbs
Especies de plantas de hoja ancha, herbáceas y no leñosas.

Forraje
Materia vegetal comida por los animales que les proporciona fibra, energía y otros nutrientes. Incluye el pasto y las ramas, hojas, etc. que el animal busca libremente, y los que se cortan para su consumo en el sistema estabulado.

Ganancias
La diferencia entre los costos de la producción y el precio de venta de un producto.

Género
Los roles y responsabilidades socialmente definidos de hombres y mujeres, que no son biológicos sino que cambian según la época y las culturas.

Genotipo
La composición genética del animal, a diferencia de su apariencia física.

Gestación (Preñez)
El tiempo entre la concepción y el parto. Esto usualmente dura 150 días para las cabras.

Gramíneas
Plantas herbáceas con tallos cilíndricos y hojas planas y delgadas antes que anchas.

Heno
Pasto o forraje cosechado y seco para alimento del ganado.

Herbáceo
Relacionado con las características de una hierba – plantas no leñosas.

Huevo / Óvulo
La célula reproductiva producida por la hembra, que después de ser fertilizada por el espermatozoide del macho, puede producir un nuevo individuo.

Humanitario
Caracterizado por la compasión por las personas y animales, tomando acciones para evitar el sufrimiento o estrés.

Infección
Una enfermedad causada por microbios.

Infertilidad
La persistente incapacidad de concebir y producir crías.

Inmunoglobulinas / Anticuerpos
Proteínas que ayudan a un animal a resistir y combatir una enfermedad. Las crías reciben estas proteínas en el calostro de sus madres.

Insecticida
Un fármaco aplicado para destruir parásitos externos como ácaros, moscas y garrapatas.

Inseminación artificial
Preñar a una cabra usando semen recolectado en un recipiente de un semental y luego congelado o transportado directamente en fresco hasta la hembra o las hembras. Esto puede incrementar el número de hembras que avanza a cubrir un semental.

Inyección Intramuscular
La inyección de un fármaco u otra sustancia en el músculo de la pierna o pescuezo.

Inyección Intravenosa
La inyección de un fármaco u otra sustancia en una vena.

Inyección Subcutánea
Debajo de la piel. La inyección de un fármaco u otra sustancia debajo de la piel.

Lactancia
Período cuando las cabras (u otras mamíferos) producen leche.

Leguminosas
Plantas y árboles en la familia de los frijoles. Tienen bacteria en sus raíces que les permite convertir el nitrógeno del aire en proteína lo que produce un forraje o alimento de alta calidad para el ganado.

Loquios
Una descarga de sangre que puede durar hasta 14 días después del parto.

Mastitis
Inflamación de la ubre, usualmente causada por bacterias, como estreptococos o estafilococos.

Mercados
Lugares locales, nacionales o internacionales organizados para comprar y vender productos. Para los caprinos, estos productos serían leche, carne, queso o chivos vivos.

Microbio
Un organismo o partícula tan pequeño (microorganismo) que no se ve a simple vista. Muchas enfermedades son causadas por microbios, los que incluyen bacterias, viruses y protistas. Otros microbios, como los del rumen, ayudan al animal.

Ombligo
Depresión en medio del abdomen que señala el punto donde estuvo conectado el cordón umbilical.

Organofosfarado
Un potente tipo de insecticida y desparasitante químico.

Ovulación
Liberación de un óvulo (huevo) maduro del ovario hacia el conducto que lleva hacia el útero de la hembra, para que lo fertilice el espermatozoide y se desarrolle en embrión.

Palpar
Examinar tocando con la mano, especialmente para dar un puntaje de la condición corporal y diagnosticar la preñez, las deficiencias nutricionales o enfermedades.

Papadas (carúnculas)
Pequeñas partes salientes en el pescuezo e incluso la cabeza de algunos caprinos.

Parásito
Un organismo que se alimenta viviendo en, con, o sobre otro organismo de otra especie, conocida como el hospedero, por lo general en perjuicio del otro organismo.

Parto
Nacimiento de las crías.

Pasteurizar
La parcial esterilización de una sustancia y especialmente un líquido (como la leche) a una temperatura alta y durante un período de exposición que destruye a los organismos dañinos sin alterar la sustancia químicamente. Para pasteurizar la leche, caliéntela hasta los 63°C (145°F) y téngala a esta temperatura durante 30 minutos o "pasteurice rápidamente" la leche calentándola hasta 72°C (161°F) durante 30 segundos.

Pastor/a
Una persona que cuida y maneja el hato de chivos.

Pezón
Una estructura extensa bajo la ubre que contiene el conducto que lleva la leche desde la glándula mamaria hasta la apertura donde sale del cuerpo. Las crías maman la leche de los pezones. Los capricultores/as ordeñan la leche de la cabra a través de los pezones. Las cabras y ovejas tienen dos pezones, mientras que las vacas tienen cuatro.

Piltrafas y vísceras
Las entrañas y demás órganos internos y desechos de un animal faenado.

Placenta
El órgano en el útero de la cabra y otras mamíferas que proporciona al feto en su crecimiento sus nutrientes y oxígeno a través del cordón umbilical. Durante el parto, el cordón se rompe y la placenta se expulsa después del feto. Las cabras y otros animales rumiantes tienen una placenta "cotiledónea" o "tipo botón" que se conecta con el útero en múltiples puntos de contacto, con el aspecto de un botón. Otras mamíferas tienen diferentes tipos de placentas.

Preñez / Gestación
El período desde la concepción hasta el parto cuando la hembra lleva el feto en su útero.

Proceso de Spinous
La parte superior del hueso en cada vértebra, que puede ser sentida por la piel y la carne de la espalda de cuello.

Presupuesto
Documento de planificación financiera.

Producción Extensiva
Un sistema de manejo en el cual el rebaño se pasea libremente, pastando y ramoneando bajo la supervisión de un pastor/a o dentro de un área cercada. Puede incluir corrales para albergue por la noche y durante las lluvias.

Producción intensiva
Un sistema de manejo con corrales donde permanecen los animales y todo su alimento se les da ahí. El manejo estabulado es una forma de sistema intensivo.

Producción semi-intensiva
Un sistema de manejo que combina el pastoreo, los

concentrados y el manejo estabulado según sea necesario.

Proteína
Una compleja molécula que contiene nitrógeno. Es uno de los componentes básicos de los seres vivos que forma sus tejidos y ayuda al animal a resistirse a las enfermedades. La estructura del cuerpo y sus enzimas para la digestión son proteínas.

Proteína cruda (PC)
El porcentaje de proteína en el alimento y forraje.

Raza pura
Cuando se cruzan un macho y una hembra de la misma raza.

Reproducción
El proceso natural mediante el cual se generan nuevos individuos y se perpetúa la especie. Las crías comparten características de su padre y madre.

Resistencia a los fármacos
La capacidad genética en microbios o parásitos de vivir aunque se expongan a un desparasitante o antibiótico.

Rumen
La parte más grande de los cuatro compartimentos de la panza del rumiante, que es un recipiente de fermentación, donde las bacterias y protozoos descomponen el material vegetal fibroso y otros alimentos y sintetizan proteínas y vitaminas esenciales.

Rumiantes
Animales como vacas, cabras y borregos que tienen una panza compleja con cuatro compartimentos y que rumian, lo que les permite digerir la celulosa.

Rumiar
El animal rumiante regresa su alimento de su primera panza al hocico para masticarlo otra vez. Esto le permite asimilar al material fibroso, al que tritura y mezcla con fluidos.

Sanitario
Relacionado con la salud o su protección. Libre de suciedad o patógenos que ponen en riesgo la salud.

Sobrealimentación
Aumentar la alimentación, especialmente con energía y proteína, varias semanas antes de la cubrición para aumentar el número de huevos liberados y la probabilidad de mellizos o trillizos.

Solución para desinfección de pezones
Un líquido para limpiar los pezones de la cabra antes y después de ordeñarla.

Suero
El líquido que queda cuando las proteínas de la leche forman coágulos durante la elaboración de quesos. Contiene valiosos minerales y puede usarse como bebida o para la cocina.

Suplemento Proteico
Los ingredientes que damos a las cabras, como torta de algodón o un concentrado comercial, que proporcionan la proteína requerida para la dieta de la cabra.

Tejido conjuntivo (o conectivo)
Entre muchas formas de tejido, hay una delgada y fuerte membrana que cubre al canal, directamente debajo del cuero.

Tiempo de espera
Un período de suspensión obligatoria después del uso de un medicamento en un animal antes de poder usar su leche o carne para el consumo humano sin peligros.

Total de Nutrientes Digeribles (TND)
Un sistema antiguo para medir la energía disponible en los alimentos y los requisitos energéticos de los animales. Los valores del TND usualmente se dan como porcentajes para los alimentos y como cantidades diarias para los requisitos de los animales. Los valores usualmente se calculan en los informes de análisis de alimentos. La fórmula más sencilla y común para estimarlo es: TND = Calorías ED/0,044. Un kilogramo de TND es equivalente a 44 calorías de Energía Digerible.

Trauma
Daño físico o mental severo.

Tremátodo (duela, gusano del hígado)
Un tipo de parásito que invade al hígado.

Ubre
Una estructura en forma de bolsa bajo el abdomen que contiene la glándula mamaria, y un reservorio de leche, y característica de ciertas mamíferas como las vacas, ovejas y cabras. En las cabras, la ubre tiene dos pezones.

Útero
Un órgano en forma de Y donde se desarrolla el embrión.

Vacunar
Administrar un agente biológico, usualmente por inyección, que causa que el animal tenga inmunidad a ciertas enfermedades.

Verriondez
Una excitación repetida que se observa en el macho cuando está listo para cubrir a la hembra.

Vigor híbrido
Un resultado positivo del cruce de razas, que hace que las crías sean más productivas que ninguno de sus progenitores.

Vísceras
Las tripas o entrañas (órganos internos) del animal faenado.

Zoonótico (o zoonósico)
Se dice de una enfermedad que sea contagiosa de animales a humanos bajo condiciones naturales.

ANEXO A – UN SURTIDO DE RAZAS CAPRINAS

Características Físicas y Ambientes Idóneos

Existen aproximadamente 500 razas y tipos de cabras en el mundo. En su vasta mayoría son animales de propósito múltiple, pero usualmente un rasgo es predominante (carne, leche, producción de fibra o supervivencia bajo condiciones difíciles). Hay ciertas razas que son especialmente buenas para recuperación de terrenos degradados.

La elección de la raza caprina dependerá de:

Disponibilidad de pie de cría
- Tamaño de la finca
- Disponibilidad de corrales para los animales
- Necesidades de leche, carne e ingresos para la familia
- Derechos locales para pastoreo y ramoneo
- El ambiente
- La cultura
- Mercados disponibles
- Mano de obra disponible
- Acceso a la atención para la salud y a concentrados suplementarios.

Cualquier persona que haya viajado por las zonas rurales (e incluso en algunas ciudades del mundo en vías de desarrollo) está consciente del gran número de cabras que ramonean al lado de las carreteras y hurgando desechos alimenticios. Estos buscadores de alimentos proporcionan una fuente importante de comida y sustento para las poblaciones locales. Los caprinos locales suelen acomodarse mejor con su ambiente y son más resistentes a las enfermedades.

Consulte con su extensionista local para que le ayude a seleccionar la raza de cabras que mejor le conviene para su necesidad específica. También será valioso conversar con un capricultor exitoso/a en su área.

RAZAS LECHERAS NO EUROPEAS
Barbari
- Lactancia media 100 a 130 kg (220 a 290 lbs) en 200 a 250 días.

Esta raza de porte pequeño se encuentra principalmente en el norte de India y Pakistán. Crecen bien en condiciones intensivas y generalmente se manejan con el sistema estabulado. Tienen orejas cortas, erguidas y 'tubulares' con pequeños cachos puntones. Su pelo suele ser corto, de color blanco con pequeños parches habanos o rojizo-marrones; o pueden ser totalmente marrones. Parece venado, con una cabeza pequeña y elegante y ojos algo prominentes. Los machos tienen barba. El pescuezo es largo y delgado, tiene hombros bien desarrollados y piernas rectas y robustas. La ubre está bien desarrollada, con pezones de longitud mediana. Las hembras adultas pesan 27 a 36 kg (60 a 80 lb). El intervalo reproductivo es anual y los mellizos y hasta trillizos son comunes.

Beetal

■ Lactancia media es 140 a 230 kg (310 a 510 lb) en 150 a 225 días. El rendimiento máximo reportado para una Beetal es de 590 kg (1.300 lb) en 177 días.

Ésta es otra raza importante, derivada de la raza Jamnapari y una de las mejores razas lecheras en India y Pakistán. La Beetal es una cabra grande negra con manchas, orejas largas, planas, curvas y caídas, nariz aguileña y papadas usualmente a ambos lados del pescuezo, hacia abajo. Es predominantemente negra, roja o marrón y a menudo con parches y manchas blancos. El cuerpo es compacto y bien desarrollado, con una conformación lechera en forma de cuña. La cabeza maciza y ancha tiene un perfil convexo. Los cachos son bastante largos y algo torcidos en el macho, más cortos en la hembra. Las piernas son largas y robustas. La ubre está bien desarrollada, con pezones largos y cónicos. El intervalo reproductivo normal es anual. Son comunes los mellizos, con trillizos ocasionalmente e incluso cuatro crías. Con su ventaja del porte, la Beetal está en demanda por sus cualidades para la producción de carne: crece rápidamente y la calidad de la carne es excelente.

Damascus (Shami, Aleppo)

■ Lactancia media es 500 a 550 kg (1.100 a 1.210 lb) en 260 días. La leche contiene un 3,8 por ciento de grasa.

La Damascus es una raza lechera sobresaliente en el Medio Oriente y es muy prolífica. Grande, alta, nariz aguileña, orejas largas y dobladas – puede tener cachos o no. Los cachos pueden ser curvos en la hembra, pero son torcidos y abiertos en el macho. El pelaje es largo e irregular y los colores usualmente son rojizo-marrones, a veces con manchas blancas en la cara, piernas y panza. Algunas son pintadas de varios colores, o de color gris. Se encuentra en Chipre, Siria, Irak, Jordania, Israel y el Líbano. La producción lechera usualmente es más alta durante su sexta lactancia. En promedio, hasta la edad del destete, produce 1,68 crías; si come bien, se la puede cruzar a los 8-10 meses de edad.

Jamnapari

■ Lactancia media 60 a 200 kg (130 a 440 lbs) en 210 a 240 días. Su rendimiento lechero máximo es 540 kg (1.200 lb) en 250 días.

Originaria del Norte de la India, la Jamnapari es una raza de doble propósito, seleccionada para la producción lechera y es una de las cabras lecheras más populares de la India. Es una de las razas más grandes y ha sido utilizado extensamente para mejorar las razas locales (en los países vecinos también). Hay una considerable variedad en los colores de su pelaje pero a menudo es blanco con parches de habano o negro en la cabeza. Es un caprino alto, delgado y normalmente con cuernos (rectos y en muchos casos torcidos). Tiene una cara grande y convexa, con orejas grandes y colgadas. La raza es parecida a la Nubia excepto que tiene pelo más largo en las piernas traseras. La ubre es redonda y muy bien desarrollada, y en muchos casos no séle ve desde atrás porque la ocultan las 'plumas' de pelo en sus ancas. Los mellizos son bastante comunes y ocasionalmente paren trillizos, aunque usualmente paren una sola cría. Se alimentan de las ramas de árboles, el rastrojo de los cultivos, y las vainas de semillas de Acacias.

Enana Nigeriana
- La lactancia media es de 250 a 300 kg (550 a 660 lb) durante 300 días. La leche tiene del seis al 10 por ciento de grasa.

Tienen un mayor contenido proteico que la mayoría de las razas lecheras. Las cabras Enanas pueden reproducirse todo el año. En la mayoría de sus aspectos, la raza Enana de Nigeria es robusta y rara vez tiene problemas de parto. Los chivitos nuevos pesan unas dos libras al nacer y crecen rápidamente. Las hembras pueden cubrirse de los siete a ocho meses de edad. Las Enanas pueden parir múltiples crías, siendo comunes tres y cuatro a la vez. Las Enanas generalmente son madres excelentes. Las cabras Enanas son resistentes a la Tripanosomiasis. Tienen huesos finos, con un pescuezo largo y refinado y un perfil recto o algo cóncavo. Las orejas son erguidas y ambos sexos tienen cuernos. El pelaje es corto y fino, con una amplia gama de colores, incluyendo café, negro y dorado, en muchos casos con marcas blancas.

Zaraibi (Nubia Egipcia, Theban)
- La lactancia media es de 250 a 300 kg (551 a 661 lb) durante un ciclo de seis meses. Una buena productora dará hasta 500 kg (1.102 lb).

El nombre se traduce como "tipo establo", lo que indica que fueron manejadas en espacios cerrados o amarradas cerca de las viviendas. La Zaraibi es la más rara de las tres antepasadas de la raza Anglo-Nubia y se encuentra en números crecientes en Egipto y Sudán. Es una cabra mediana de piernas largas. Su rasgo más prominente es su nariz aguileña. Su coloración es crema, roja o marrón claro, con manchas oscuras, o negra con manchas. Nace sin cuernos más veces que con cuernos. Tiene piernas largas, un cuerpo largo y profundo, y orejas anchas, largas y caídas que se doblan en las puntas, especialmente en los chivitos pequeños. La cara es convexa, en muchos casos con la mandíbula inferior subdesarrollada. La Zaraibi del África sub-Saharana también es alta y delgada, pero con el cuerpo más profundo. En promedio, produce 1,5 crías.

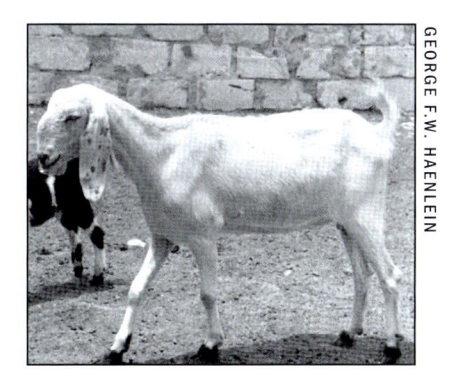

RAZAS LECHERAS EUROPEAS / SUIZAS

Las razas europeas fueron introducidas a los Estados Unidos y otras áreas como el medio más rápido de aumentar la producción lechera. Estas razas generalmente son más grandes que la media. Las hembras maduras pesan de 45 a 55 kg (100 a 120 lb) y los machos de 60 a 75 kg (130 a 165 lb). Si se cumplen con buenas normas nutricionales, la producción de leche va de 350 a 900 kg (770 a 1.980 lb) en 300 días de lactancia. En este curso se mencionan las razas Nubia, Saanen, Alpina y Toggenburg. Se les puede considerar como productoras de raza pura y por su potencial para el cruce con los animales locales.

Alpina

- Lactancia media 600 a 900 kg (1.320 a 2.000 lbs) en 250 a 305 días.

La Alpina es una raza lechera altamente desarrollada, originaria de los Alpes suizos y austríacos. Son de tamaño mediano a grande. Estos animales resistentes y hábiles para adaptarse prosperan en muchos diferentes climas. Tienen la cara recta o ligeramente cóncava con una frente amplia, ojos de color castaño claro, una expresión suave, orejas erguidas de longitud mediana en forma de trompeta, cuerpo largo y panza bien desarrollada. Su pelaje es corto, exceptuándose una franja de pelo más largo por la espalda y en los muslos; los machos tienen pelo más largo que las hembras, y más tupido, cubriendo buena parte delante del animal. Las coloraciones pueden variar, con diferentes matices en un mismo animal; marcas fuertes de rayas o partes decoloradas en todas las tonalidades de negro, gris, castaño, habano e incluso malva; pescuezo blanco, marcas grises en la cabeza, miembros delanteros blanco hueso o negro, o negro con detalles blancos como en la panza y cara, con lunares o moteado. Por los muchos años de selección intensiva, la raza tiene una excelente conformación lechera y buena fertilidad. Crece rápidamente, llegando a unos 90 cm (35 pulgadas) en la hembra y hasta 1 m (40 pulgadas) en el macho, con pesos hasta 90 kg (200 lb).

Nubia / Anglo Nubia

- La lactancia media es de 700 a 900 kg (1.540 a 1.980 lb) en 275 a 300 días, con 5 por ciento de grasa.

La raza Nubia se originó en África Oriental. Sus características distintivas muestran su ancestro de Jamnapari y Chitral de la India, raza nativa británica y Zaraibi. La Nubia es una cabra lechera relativamente grande y grácil. Su rasgo distintivo es la cabeza. El perfil entre los ojos y el hocico es fuertemente convexo, lo que crea una nariz aguileña. La cabeza es corta y sin papadas. Las orejas son largas, anchas y péndulas. Se pegan a la cabeza a la altura de la sien y luego se abren suavemente hacia fuera y delante. Las Nubias generalmente tienen cuerpos y piernas largos. El pelaje es fino, corto y brilloso. Los colores varían grandemente, predominando el negro, habano o rojo, muchas veces con lunares o con manchas redondas. Muchas Nubias se acostumbran fácilmente al calor extremo. Las Anglo-Nubias tienen gran potencial lechera y reproductiva. La Nubia se usa en el Medio Oriente, Sudamérica y el Caribe para mejorar el rendimiento de las cabras nativas en leche y carne.

Saanen

- Lactancia media 800 a 900 kg (1.760 a 2.000 lbs) en 275 a 300 días.

La raza Saanen es grande, con huesos fuertes. Originaria en Suiza, es la raza suiza más grande, con un peso corporal promedio de 50-75 kg (110 a 165 lb). Es un animal blanco o color crema. La cara es recta, con orejas erguidas y alertas. El pelaje es corto y fino. Puede tener papadas o no. Los machos pueden tener un pelaje más largo por la espalda y en las piernas, a veces con una "falda" o "montura" de pelo más largo y barba. Las Saanen son animales vigorosos, bien adaptados a los sistemas intensivos y renombrados por su alta producción de leche y excelentes ubres. Sin embargo, las Saanen no prosperan en el fuerte sol tropical, donde deben tener acceso a la sombra en todo momento. Da mucho menos leche en las áreas tropicales. Las Saanen han sido introducidas en todos los continentes y por todo el trópico; es la raza mejorada más ampliamente distribuida.

Toggenburg
- Lactancia media es 600 a 900 kg (1.320 a 1.980 lb) en 275 a 305 días.

La Toggenburg es una raza suiza oriunda del Valle Toggenburg en Suiza. Se conoce como la raza más antigua de Suiza y fue una de las primeras importadas a los Estados Unidos. Es mediana y de apariencia robusta. El pelaje es usualmente corto a mediano y es fino y suave; sin embargo, algunos individuos tienen un pelaje más pesado. El color varía de castaño a habano, con matices de gris y casi plateado. Las marcas blancas distintivas son dos rayas blancas por la cara, desde arriba de cada ojo hasta el hocico; las patas posteriores son blancas desde los corvejones hasta las pezuñas; las piernas delanteras son blancas desde las rodillas hacia abajo, aunque es aceptable que tengan color oscuro bajo las rodillas; un triángulo blanco en ambos lados de la cola; una mancha blanca puede aparecer a la base de las papadas o por esa zona del cuello inferior si no hay papadas allí. Las orejas son erguidas y apuntan hacia delante. La nariz es recta o algo cóncava. Puede tener cuernos o no, papadas o no.

RAZAS PARA CARNE
Barki
También llamaba Arábica o Beduina, es la raza del desierto de Somalia, Siria, Israel, Egipto y Jordania. Las poblaciones pastorales usan sus Barkis para carne, leche, pelo y regalos. Tienen pelo largo, negro y grueso, con cuernos largos y torcidos en forma de cimitarra y orejas largas y caídas hacia los lados. Su perfil es más o menos recto, con un ligero arco. El cuerpo del adulto pesa de 15 a 22 kg (33 a 50 lb). Son bien adaptadas a las duras condiciones del desierto, y pueden tomar agua sólo una vez cada dos a cuatro días. Pueden producir un promedio de 2 kg (4,4 lb) de leche diaria, cuando tienen suficiente alimento. Es común en ellas parir mellizos. La mayoría son negras, en muchos casos con manchas blancas en la cabeza y piernas. Tanto los machos como la mayoría de las hembras tienen cuernos. Las orejas son de longitud mediana. En promedio paren 1,2 crías a la vez.

Boer
También conocida como la raza Afrikáner, o la Cabra Común Sudafricana, la Boer es una raza indígena mejorada, con alguna infusión europea. El nombre viene de la palabra holandesa "Boer" que significa agricultor. La raza Boer es primordialmente para carne y tiene mucho músculo y vigor. Tiene cuernos, orejas caídas y una variedad de coloraciones, con un perfil convexo. El pelaje es suave, liso

y brilloso, con pelos de longitud mediano y sin lanas más espesas debajo. La cabeza es fuerte, con nariz aguileña y ojos grandes. Los cuernos prominentes y redondos son oscuros y separados, con una curva gradual hacia atrás. Las orejas anchas y caídas son de longitud mediana. Los hombros son amplios y carnudos, el pecho es ancho y profundo, las costillas bien repartidas, y la crucera ancha y llena. En las hembras, la ubre y los pezones son bien desarrollados. Es una raza dócil y fácil de manejar, que produce un índice anual de aumento en crías destetadas superior al 160 por ciento. El macho Boer maduro pesa entre 110 y 135 kg (240 a 300 lb) y las hembras entre 90 y 100 kg (200 a 220 lb). Es común un índice del 200 por ciento en los partos de esta raza. La Boer también tiene una temporada reproductiva larga, lo que permite tres partos cada dos años.

Nanjiang Amarilla

La cabra amarilla de Nanjiang se desarrolló en China entre 1960 y 1990 como raza Sichuan de carne en base al cruce de sementales Chengdu Marrón y Nubios con las cabras locales. La raza amarilla de Nanjiang es una de las mejores para la carne en China. Se creó exitosamente en base a cuatro razas y durante 40 años de trabajo en las zonas montañosas en el Condado de Nanjiang y sus alrededores, Provincia de Sichuan, China. Su pelaje es corto de color marrón sin brillo; las orejas son medianas y erguidas. Su peso promedio al nacer es 2,2 kg (5,0 lb) para machos y 2,0 kg (4,4 lb) para hembras. El peso de destete a los dos meses es 11 kg (24 lb) y 10 kg (22 lb); el peso a los 12 meses es 38 kg (80 lb) y 31 kg (68 lb); el peso adulto es 67 kg (150 lb) y 46 kg (101 lb) respectivamente. El peso de la carne aprovechable al faenarlo a los 12 meses es aproximadamente el 50 por ciento.

Española

Originalmente de España, la cabra Española llegó a los Estados Unidos a través de México. La raza Española tiene la capacidad de reproducirse fuera de temporada y es un excelente animal para el campo libre, por su ubre y pezones pequeños. Además, usualmente se caracterizan como robustas, capaces de sobrevivir bien bajo condiciones adversas con limitados insumos y manejo. Dentro del grupo general de las cabras españolas, las hay de raza puramente española, mientras que otras representan una mezcla de todos los genotipos introducidos al área. Son obvios los aportes de razas Angora y lechera en muchos hatos de Españolas, pero no se ha hecho ningún intento organizado de utilizarlas para producir leche o fibra. Hasta hace poco, estas cabras tenían la función principal de desbrozar y eliminar especies indeseables de pastizales. En los años recientes, la demanda creciente de carne de chivo y un mayor interés en producir fibra cachemira han enfocado más atención en la raza Española.

Enana de África Occidental

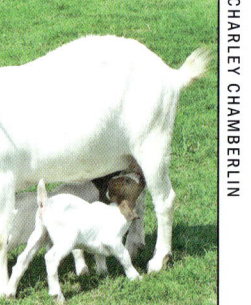

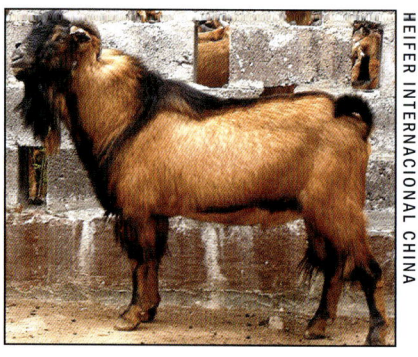

La raza Enana de África Occidental mide unos 40 a 50 cm (16" a 20") de altura y pesa 20 a 30 kg (40 a 66 lb). Sus piernas son disproporcionalmente cortas, con una cabeza corta y ancha y un cuerpo rechoncho. Las orejas son cortas a medianas y erguidas u horizontales, y los cachos son muy cortos (anchos en la base para el macho, más delgados en la hembra); algunas nacen sin cachos. Su pelaje es relativamente corto, pero el macho suele tener pelos más gruesos y largos por la espalda, y barba. Los colores varían de habano a marrón, con una raya negra en la espalda, panza y rabo negros, o una mezcla de negro, marrón, gris y blanco o tricolor, incluyendo blanco y amarillo. Su madurez sexual es precoz y puede ser muy fértil y prolífico; produce mellizos y ocasionalmente trillizos o cuatro crías por parto. Crecen muy lento y dan muy poca leche, pero pueden reproducirse en cualquier época del año. Se usan casi exclusivamente para producir carne. Una de sus características más importantes es que son resistentes a la enfermedad Tripanosomiasis que se trasmite por la mosca Tsetse, de modo que pueden vivir tranquilamente sin extensas medidas de protección.

RAZAS DE PROPÓSITO MÚLTIPLE

La mayoría de las razas podrían clasificarse como multi-propósito, ya que dan leche y/o carne, cueros, estiércol etc. pero las siguientes razas se clasifican especialmente como propósito múltiple.

Baladi (significa "rústica" en árabe)

Ésta es la raza nativa del Medio Oriente, y se encuentra desde Marruecos hasta Siria. Son prolíficas y se reproducen en cualquier época. Hay mucha demanda de su carne y también producen leche y fibra. Son pequeñas y delgadas, con un perfil de rostro recto o algo convexo. Probablemente se originaron en el valle y la delta del Río Nilo. Su apariencia varía, aunque usualmente tienen pelo largo y una cabeza relativamente pequeña, con perfil recto y orejas caídas medianas a grandes. Es común que tengan papadas, pero sólo los machos tienen barba. Los machos tienen cuernos pequeños que se curvan hacia atrás y luego hacia abajo; la mayoría de las hembras nacen sin cachos. Los animales maduros pesan de 30 a 35 kg (66 a 80 lb). Son prolíficas, y suelen parir mellizos y trillizos. El pelaje usualmente es negro pero también puede ser blanco, rojo, gris o una mezcla de colores, incluyendo manchas varias.

Negra de Bengala

La Negra de Bengala tiene varias características sobresalientes. Tienen una amplia distribución a través de Bengala, India y la parte norteña de Pakistán Oriental. La raza es económicamente importante porque, además de producir carne de gran calidad, también produce un cuero muy cotizado. Se usa el cuero extensamente para hacer zapatos finos.

Kiko

La raza Kiko para carne de la Isla Sur de Nueva Zelanda tiene la propensión genética de buscar su alimento muy eficazmente. La Kiko se ha criado bajo variadas condiciones climáticas y en terreno accidentado. Las principales características para la selección de esta raza son su supervivencia en las empinadas colinas, con crías

Anexo A – Un Surtido de Razas Caprinas 183

que pueden nacer en el campo y crecer pese a malas condiciones nutricionales. Los primeros pies de cría Kiko llegaron a los Estados Unidos a principios de los años 1990. Actualmente, la raza Kiko es de estructura grande y se madura pronto. Su principal característica es su resistencia: su capacidad de ganar bastante peso comiendo sólo lo que halla en el forraje natural sin alimentación suplementaria. Las crías Kiko crecen rápidamente, en promedio hasta los 32 kg a 41 kg (70 a 90 lb) a los ocho meses.

Aunque la raza Kiko tiene todos los colores, el blanco es dominante. Las hembras rara vez requieren ayuda para el parto y la mayoría de las crías nacen en el campo. Aunque no se criaron para la producción lechera, las cabras Kiko pueden usarse para producir leche y después de destetar a mellizos pueden dar hasta 3 litros diarios durante un período de tres meses de lactancia sin suplementos alimenticios.

Fibra y Cueros

Cachemira, Angora, Pashmina, y Sokoto Rojo son ejemplos de razas caprinas utilizadas para su fibra y cuero. Aunque este libro no trata extensamente sobre la producción de fibra, estas cabras cumplen un rol importante en las economías campesinas. La mayoría de los capricultores/as encontrarán usos para las pieles: tambores, ropa u otros artículos especializados.

ANEXO B – HOJA DE REGISTRO – CABRA LECHERA

HOJA DE REGISTRO – CABRA LECHERA

Raza:	Reg #:	Nació:
Nombre:	Tatuaje #:	Descornada:

Color:

Izquierda   Derecha

Padre:	Reg #:
Madre:	Reg #:

Padre:	Reg #:
Madre:	Reg #:
Padre:	Reg #:
Madre:	Reg #:

LACTANCIAS

Edad de Cubrición	Total de Días	Lb. Leche	Grasa	%

ORIGEN

Finca que la crió:

Comprada de:

Fecha:

Costo:

Fecha que murió:

PARTO						
Cubrición	Fecha prevista	Parió	No. de crías	Macho	Comentarios

SALUD		
Fecha	Condición	Tratamiento

HOJA INDIVIDUAL DE REGISTRO DIARIO DE LECHE

Nombre de la Cabra: _____ No: _____ Año: _____

Pese la leche y registre en kilos o libras. Si no hay báscula, mida después del filtrado y registro en litros o cuartos.

DÍA	ENE am	ENE pm	FEB am	FEB pm	MAR am	MAR pm	ABR am	ABR pm	MAY am	MAY pm	JUN am	JUN pm	JUL am	JUL pm	AGO am	AGO pm	SEP am	SEP pm	OCT am	OCT pm	NOV am	NOV pm	DIC am	DIC pm	TOTAL
1																									
2																									
3																									
4																									
5																									
6																									
7																									
8																									
9																									
10																									
11																									
12																									
13																									
14																									
15																									
16																									
17																									
18																									
19																									
20																									
21																									
22																									
23																									
24																									
25																									
26																									
27																									
28																									
29																									
30																									
31																									
TOTAL																									

Anexo B – Hoja de Registro

HOJA INDIVIDUAL DE REGISTRO DIARIO DE LECHE

Nombre de la Cabra: _____ No: _____ Año: _____

Pese la leche y registre en kilos o libras. Si no hay báscula, mida después del filtrado y registro en litros o cuartos.

DÍA	ENE am	ENE pm	FEB am	FEB pm	MAR am	MAR pm	ABR am	ABR pm	MAY am	MAY pm	JUN am	JUN pm	JUL am	JUL pm	AGO am	AGO pm	SEP am	SEP pm	OCT am	OCT pm	NOV am	NOV pm	DIC am	DIC pm	TOTAL
1																									
2																									
3																									
4																									
5																									
6																									
7																									
8																									
9																									
10																									
11																									
12																									
13																									
14																									
15																									
16																									
17																									
18																									
19																									
20																									
21																									
22																									
23																									
24																									
25																									
26																									
27																									
28																									
29																									
30																									
31																									
TOTAL																									

Anexo B – Hoja de Registro

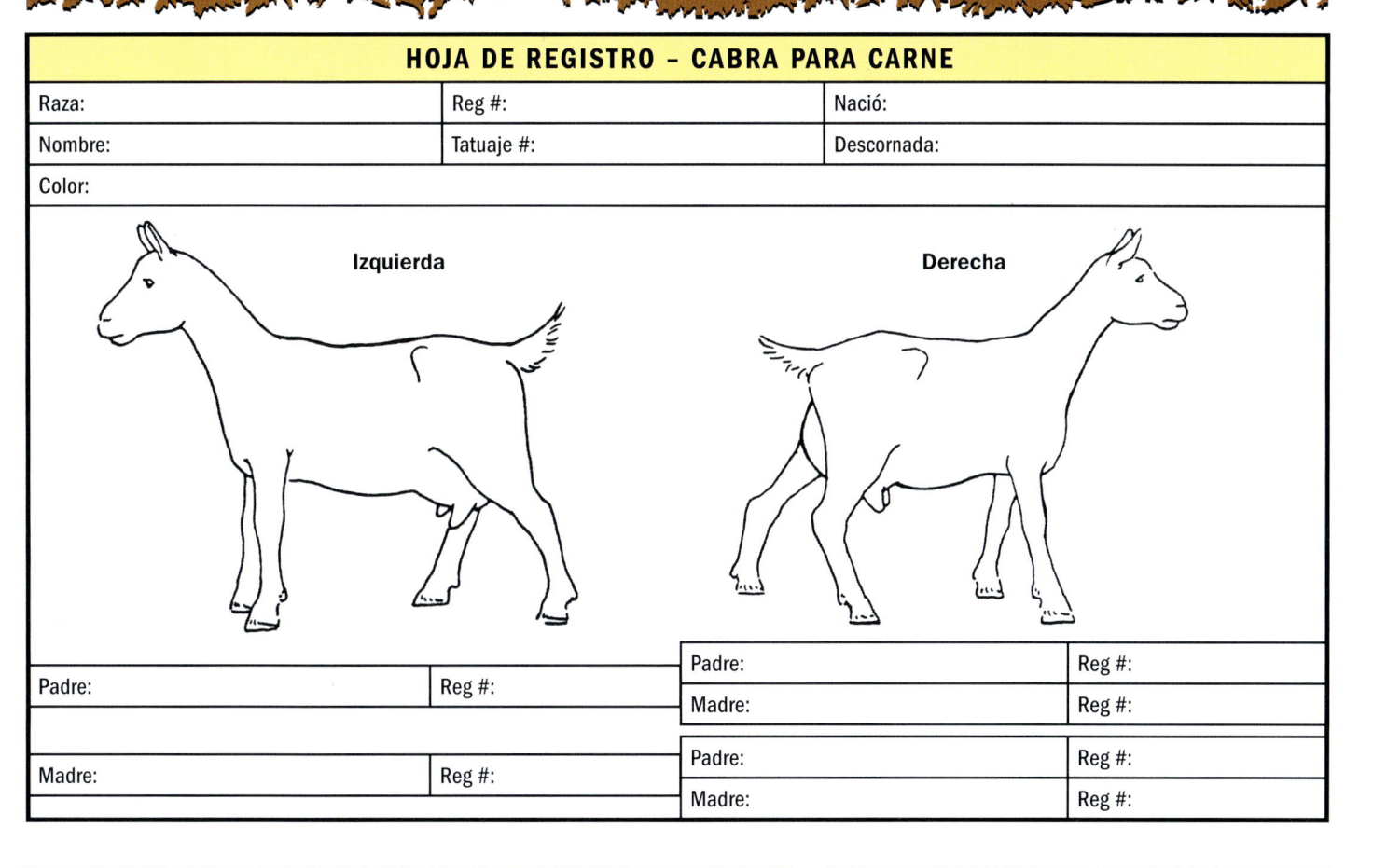

HOJA DE REGISTRO – CABRA PARA CARNE

HOJA DE REGISTRO – CABRA PARA CARNE

Raza:	Reg #:	Nació:
Nombre:	Tatuaje #:	Descornada:
Color:		

Izquierda — Derecha

Padre:	Reg #:
Madre:	Reg #:

Padre:	Reg #:
Madre:	Reg #:

Padre:	Reg #:
Madre:	Reg #:

Padre:	Reg #:
Madre:	Reg #:

Fecha	Condición Corporal (puntaje)	Puntaje FAMACHA

ORIGEN

Finca que la crió:

Comprada de:

Fecha:

Costo:

Fecha en que murió:

CONDICIÓN CORPORAL (PUNTAJE)

Delgada	1-3
Moderada	4-6
Gorda	7-9

Anexo B – Hoja de Registro

PARTO

Fecha de Cubrición	ID Macho	Fecha prevista	Fecha parto	ID cría	Sexo	Peso nacimiento	Peso destete

SALUD

Fecha	Condición	Tratamiento

HOJA DE REGISTRO DEL MACHO

HOJA DE REGISTRO DEL MACHO		
Raza:	Reg #:	Nació:
Nombre:	Tatuaje #:	Descornado:
Color:		

Padre:		Padre:	Reg #:
	Reg #:	Madre:	Reg #:
Madre:	Reg #:	Padre:	Reg #:
		Madre:	Reg #:

ORIGEN
Finca que lo crió:
Comprado de:
Fecha:
Costo:
Fecha en que murió:

Anexo B – Hoja de Registro

MONTAS	
Fecha	Hembra

MONTAS	
Fecha	Hembra

SALUD		
Fecha	Condicíon	Tratamiento

ANEXO C – PRESUPUESTO

CÓMO HACER UN PRESUPUESTO

Primero, enumere los objetivos generales de su emprendimiento con las cabras. Entonces, use el cuadro para enumerar sus recursos, de dónde los conseguirá, y a qué costo. La segunda columna es para los beneficios, como el precio en el que usted podrá vender cada litro de leche El valor para el hogar es el monto que habrían gastado por comprar la leche que consumieron, más otros beneficios "intangibles" como por ejemplo niños/as más saludables porque su nutrición es mejor. Hay que incluir todos los beneficios que producen las cabras, incluyendo su estiércol y la venta de los chivitos.

PRESUPUESTO ANNUAL PARA LA EMPRESA DE CABRAS				
Concepto	**En donde está disponible**	**A qué costo (Gastos)**	**Con qué beneficio**	**Valor para el hogar (Ingresos)**
Cabras - ¿cuántas?				
Unidad estabulada y cercos				
Forrajes				
Alimentos concentrados y sales minerales				
Equipos para el ordeño				
Cuidados médicos				
Venta de la leche y productos lácteos				
Venta de la carne y productos cárnicos				
Venta de chivitos				
Trueque de leche y estiércol por trabajo				
Estiércol para el huerto				
Leche y carne para la familia				
Mano de obra contratada				

Concepto	En donde está disponible	A qué costo (Gastos)	Con qué beneficio	Valor para el hogar (Ingresos)

PRESUPUESTO ANNUAL PARA LA EMPRESA DE CABRAS

ANEXO D – TABLAS DE CONVERSIONES

TEMPERATURA		
Para convertir grados Centígrado / Celsius (°C) a grados Fahrenheit (°F)		
36,0°C	=	96,8°F
39,8°C	=	103,6°F
36,5°C	=	97,7°F
37,0°C	=	98,6°F
37,5°C	=	99,5°F
38,0°C	=	100,4°F
38,2°C	=	100,8°F
38,4°C	=	101,1°F
38,6°C	=	101,5°F
38,8°C	=	101,8°F
39,0°C	=	102,2°F
39,2°C	=	102,6°F
39,4°C	=	102,9°F
39,6°C	=	103,3°F
40,0°C	=	104,0°F
40,2°C	=	104,4°F
40,4°C	=	104,7°F
40,6°C	=	105,1°F
40,8°C	=	105,4°F
41,0°C	=	105,8°F
41,2°C	=	106,2°F
41,4°C	=	106,5°F
41,6°C	=	106,8°F
41,8°C	=	107,1°F
42,0°C	=	107,5°F

Nota: Para cambiar los grados F en grados C, primero reste 32, y luego multiplique por 5/9 (0,55). Para cambiar los grados C en grados F, primero multiplique por 9/5 (1,4) y luego sume 32.

1 mililitro (ml)	=	1000 microlitos
1 liter (l)	=	1000 ml

Para convertir litros (L) en onzas (oz), pintas (pt), cuartos (qt), y galones (gal)		
¼ L	=	8 ½ oz
½ L	=	1 pt 1 oz
1 L	=	1 qt 2 oz
4 L	=	1 gal 7 oz
10 L	=	2 ¾ gal
25 L	=	6 ¾ gal
50 L	=	13 ¾ gal
100 L	=	26 ½ gal

Para convertir onzas (oz), pintas (pt), cuartos (qt), y galones (gal) en mililitros (ml) y litros (L)		
29, 6 mL	=	1 oz
59,2 mL	=	2 oz
88,8 mL	=	3 oz
118,4 mL	=	4 oz
148 mL	=	5 oz
177,5 mL	=	6 oz
207 mL	=	7 oz
236,6 mL	=	8 oz
473,2 mL	=	1 pt
946 mL (or 0,946 L)	=	1 qt
1,893 L	=	2 qt
2,830 L	=	3 qt
3,785 L	=	4 qt

TABLAS DE CONVERSIONES

PESOS		
1 micra	=	1 microgramo (mcg)
1.000 mcg	=	1 milligramo (mg)
1.000 mg	=	1 gramo (g)
1.000 gm	=	1 kilogramo (kg)
1.000 gm	=	1 kg = 2,2 lb

Para convertir onzas (oz) y libras (lb) en gramos (gm) y kilogramos (kg)		
28,3 g	=	1 oz
56,7 g	=	2 oz
85,0 g	=	3 oz
113,3 g	=	4 oz
141,6 g	=	5 oz
170,0 g	=	6 oz
198,3 g	=	7 oz
226,6 g	=	8 oz
255 g	=	9 oz
283,5 g	=	10 oz
311,8 g	=	11 oz
340 g	=	12 oz
368,3 g	=	13 oz
396,6 g	=	14 oz
425 g	=	15 oz
453,6 g	=	16 oz (1 lb)
453,6 g	=	1 lb
907,2 g	=	2 lb
1,4 kg	=	3 lb
1,8 kg	=	4 lb
2,3 kg	=	5 lb
4,5 kg	=	10 lb
22,7 kg	=	50 lb
45,4 kg	=	100 lb

MEDIDAS LINEALES		
1 milímetro (mm)	=	0,04 pulgada (in)
1 centímetro (cm)	=	0,4 in
1 decímetro	=	4 in
2,54 cm	=	1 in
30,48 cm	=	1 pie (ft)
91,44 cm	=	1 yarda (yd)
1 cm	=	10 mm
100 cm	=	1 meter (m)
1 kilómetro(km)	=	1000 m

Para convertir milímetros (mm) y centímetros (cm) en pulgadas (in)		
3 mm	=	1/8 in
6 mm	=	1/4 in
11 mm	=	1/2 in
18 mm	=	2/3 in
2,5 cm	=	1 in
5,0 cm	=	2 in
7,5 cm	=	3 in
10 cm	=	4 in
12,5 cm	=	5 in
15,0 cm	=	6 in
17,5 cm	=	7 in
20,0 cm	=	8 in
22,5 cm	=	9 in
25,0 cm	=	10 in
27,5 cm	=	11 in
30,0 cm	=	12 in

ANEXO E – ORGANIZACIONES CAPRINAS Y AFINES

American Association of Small Ruminant Practitioners (AASRP)
2413 Nashville Rd
Suite 112; MS-C13
Bowling Green, KY 42101 USA
www.aasrp.org

American Boer Goat Association
1207 S. Bryant Blvd, Suite C
San Angelo, TX 76903 USA
Phone: (325) 486-2242
Fax: (325) 486-2637
E-mail: info@abga.org
www.abga.org

American Dairy Goat Association
209 West Main Street - PO Box 865
Spindale, NC 28160 USA
Phone: (828) 286-3801
Fax: (828) 287-0476
E-mail: info@adga.org
www.adga.org

American Livestock Breeds Conservancy
PO Box 477
Pittsboro, NC 27312 USA
Phone: (919) 542-5704
www.albc-usa.org

American Meat Goat Association
PO Box 676
Sonora, TX 76950 USA
Phone: (915) 835-2605
www.meatgoats.com

Domestic Animal Diversity Information System DAD-IS
Food and Agricultural Organization of the United Nations
www.fao.org/dad-is

E. (Kika) de la Garza Institute for Goat Research
Langston University
Agricultural Research and Extension Programs
P.O. Box 730, Langston, OK 73050 USA
Phone: (405) 466-3836
www2.luresext.edu/goats/index.htm

FARM-Africa
Clifford's Inn
Fetter Lane
London
EC4A IBZ
UK
Phone: 44 (0) 20-7430-0440
E-mail: farmafrica@farmafrica.org.uk
www.farmafrica.org.uk

Heifer Internacional
1 World Avenue
Little Rock, AR 72202 USA
Phone: (501) 907-2600
www.heifer.org

Asociación Caprina Internacional
1 World Avenue
Little Rock, AR 72202 USA
Phone: (501) 454-1641
E-mail: goats@heifer.org
www.iga-goatworld.org

International Livestock Research Institute (ILRI)
PO Box 30709
Nairobi, 00100 Kenya, Africa
E-mail: ILRI-kenya@cgiar.org
www.ilri.org

Oxfam International
Oxfam House
John Smith Drive
Cowley
Oxford
OX4 2JY
UK
www.oxfam.org

Wool and Wattles
AASRP Newsletter
Cornell University
Ithaca, NY 14853 USA
www.aasrp.org

World Neighbors
4127 NW 122nd Street
Oklahoma City, OK 73120 USA
E-mail: info@wn.org
www.wn.org

ANEXO F - RECETAS DE COCINA

Estas recetas para productos lácteos y cárnicos se han recopilado de mi experiencia personal, de amistades y de materiales publicados. Al elaborar cualquier producto alimenticio, hágalo en un ambiente fresco y limpio. Siempre lávese las manos a conciencia con agua y jabón y enjuáguelas antes de manipular alimentos.

PRODUCTOS LÁCTEOS

Elaboración de Queso y Yogurt: Para comenzar

Siempre use leche de buena calidad para hacer queso. Debe evitarse la leche rancia, con el sabor raro, mastítica o contaminada con antibióticos. El queso es la proteína de la leche (caseína) y grasa coaguladas al agregar ácido. Tradicionalmente se hacen los quesos requesón casero, romano y parmesano con leche desnatada, pero la mayoría de los demás quesos se hacen de leche entera.

El ácido puede agregarse en forma de vinagre, jugo de limón o ácido cítrico a la leche o inoculando la leche con bacterias que consumen lactosa (el azúcar de la leche), que digiere la lactosa y produce ácido láctico, lo que acidifica la leche. Si planea inocular la leche con un cultivo bacteriano para producir queso, pasteurice la leche primero para matar las bacterias existentes que podrían competir con el cultivo que va a introducir. Para pasteurizar la leche, caliéntela hasta los 63°C (145°F) y téngala a esta temperatura durante 30 minutos o "pasteurice rápidamente" la leche calentándola hasta 72°C (161°F) durante 30 segundos. Rápidamente, enfríe la leche inmediatamente después de la pasteurización. Esto se puede hacer colocando el recipiente en agua fría.

El cuajo se usa para formar un coágulo (el queso) firme y uniforme. Es especialmente importante para hacer quesos duros. El cuajo de origen vegetal viene de un moho, Mucor meihei. El cuajo de origen animal viene del interior de la panza principal de los terneros de vacas y crías caprinas antes de destetarlos. Ambas formas de cuajo pueden comprarse en forma de tabletas o líquido y necesitan diluirse en agua fría antes de agregarles a la leche. Una pequeña cantidad de cuajo hace mucho, y una vez que desarrolle su cultivo, se lo puede guardar de un lote anterior.

Equipos

Es preferible usar recipientes de acero inoxidable, vidrio o enlozados para hacer queso y yogurt. Esto es porque los equipos de aluminio y hierro colado pueden reaccionar con el ácido y contaminar la leche con ácidos metálicos, produciendo variaciones en su sabor y color.

También es importante contar con una tela porosa (hay tela especial para hacer queso) para filtrarlo, colando lo cuajado del suero. Aunque se venden moldes para el queso comercialmente, se puede hacer un molde de cualquier recipiente redondo con huecos o incluso de una tela porosa. Cualquier molde debería contener al menos medio kilo de leche cuajada.

Para ciertos quesos prensados, puede ser necesario ponerles algo pesado para exprimir el exceso de suero o agua. Haga una prensa de un frasco lleno de agua, un ladrillo envuelto en una tela limpia, o cualquier otra pesa que entre encima del molde. Debe pesar de 1 a 2 kg dependiendo del tamaño del queso.

Todos los equipos deben lavarse y esterilizarse antes de cada uso. Una solución esterilizadora puede hacerse poniendo una cucharada de blanqueador de cloro en un galón de agua. Pueden esterilizarse las telas filtrantes y otras haciéndoles hervir en agua antes de usarlas.

Equipos Básicos
- Olla de acero inoxidable
- Cuchara grande
- Coladores (cernidores) pequeño y grande
- Tela para hacer queso (estopilla de algodón)
- Cuchillo filudo
- Cuchillo pequeño
- Limas, vinagre o limones
- Termómetro de cocina
- Taza de medidas
- Cuajo en pastillas o líquido
- Yogurt
- Pimienta negra y sal
- Condimentos
- Agua limpia y fresca
- Fogata o cocina
- Pequeños moldes para queso (al fondo de la foto a la derecha)
- Dos tazones grandes de acero inoxidable o vidrio (2 a 4 litros ó ½ a 1 galón)
- Un lugar limpio y sin moscas para colgar el queso para drenar

Queso fresco

Ésta es una manera maravillosa de comenzar. El queso es dulce, suave y delicioso. Se requiere aproximadamente una hora.

Ingredientes
- 2 litros (unas 8 tazas) de leche de cabra
- ½ taza de jugo de limón o vinagre
- Sal
- Pimienta negra
- Condimentos

Instrucciones

Pique los condimentos y téngalos a un lado. Exprima ½ taza de jugo de limón o mida ½ taza de vinagre.

Coloque una capa doble de la tela (estopilla) en el colador. Coloque el colador dentro del tazón grande.

Ponga la leche de cabra en la olla y caliéntela sobre una llama mediana. Caliéntela hasta que casi hierva, mezclándola para que no se queme ni se pegue a la olla. Saque la olla de la llama, siga moviéndola, y agregue la ½ taza de jugo de limón o vinagre. La acidez del vinagre o jugo de limón determinará cuánto agregar. Si no se coagula, agregue un poco más. Cuando se corte, cuélela en seguida por la doble capa de estopilla u otra tela porosa. (En la foto, se pusieron los condimentos en el colador antes de poner la leche cortada, pero también se pueden agregar después.)

Alce la tela y amárrela con una cuerda. Cuélguela sobre el tazón durante unos 15 minutos hasta que se haya drenado todo el suero al tazón. Aplástelo un poco para reducir el líquido. Ponga el suero en un recipiente para usarlo después, como bebida o para cocinar. Ponga el queso en un tazón, raspando la tela con un cuchillo para que no quede pegado el queso. Tendrá como ½ litro de queso por cada 2 litros de leche.

Mezcle con una cuchara. Agregue una pizca de sal, pimienta negra al gusto y condimentos bien picados. (Algunos buenos son eneldo, romero, albahaca, tomillo, sabia y cebollín – todos dan buenos resultados, y pueden combinarse.) Mezcle la sal, pimienta y condimentos con el queso y forme un disco circular plano de aproximadamente 5 cm (2 pulgadas) de alto. Fórmelo bien con la cuchara hasta que esté firme. Cúbralo con la tela (estopilla) húmeda o con plástico. Tenga en un lugar fresco. Disfrútelo con pan, galletas de sal o tajadas de fruta.

Use el suero (que sobró después de drenar el cuajado) como bebida o para cocinar. El suero contiene varias vitaminas y minerales y puede usarse en lugar de otros líquidos para hacer pan o cocinar frijoles, maíz o papas para aumentar su valor nutritivo.

Queso de Cabra de "Neshaminy Acres"

Equipos
- Utensilios limpios de acero inoxidable
- 2 ollas de acero inoxidable con capacidad para 6 litros (1½ gal) de leche (1 para calentar la leche; 1 para drenar)
- Colador o cernidor
- Tela para hacer queso (estopilla de algodón) de porosidad fina
- Un peso limpio de 1,1 kg (½ lb) (para un queso más duro)

Instrucciones
Pasteurice (caliente) la leche a 74ºC (165ºF) durante 15 segundos. Colóquela en agua fría en el fregadero o en una olla más grande para que se enfríe. Cambie de agua fría una o dos veces, o agregue hielo para acelerar el enfriamiento. Cuando se haya enfriado a menos de 30ºC (86ºF) agregue el cultivo "Fromage Blanc Direct Set" de la empresa New England Cheesemaking Supply Co. Agregue el cultivo a razón de 1 paquete por cada 4 a 5 litros de leche (en el paquete dice que es para 1 galón). Luego de mezclar el cultivo, tape la olla con un mantel de cocina limpio y colóquela en un lugar caliente durante 12 a 16 horas o hasta que aparezca suero encima (a veces hay bastante, a veces muy poco). Inserte un cuchillo en el centro del queso: debe permanecer el corte, y debe ser visible un poco de suero. Déjelo cuajar durante hasta 24 horas. La leche de principios de la lactancia demora un poco más en ponerse firme.

Cubra el colador / cernidor con la tela filtrante (la del tipo usado para la mantequilla es mejor que la del supermercado que parece gasa, pero cualquiera de las dos funcionará) y póngalo sobre una olla que recogerá el suero drenado. Use un cuchillo largo y corte el cuajado en cuadrados de ½ pulgada (1,2 cm). Suavemente, alce los cubos con el cucharón y colóquelos en el colador que tiene la tela porosa para que se drenen. El cuajado debe estar más arriba del suero líquido. Use una espátula limpia para raspar el queso de los lados de la tela porosa. Déjelo a temperatura ambiente hasta que salga la mayor parte del suero. Eso puede llevar de dos a tres horas. Colóquelo en la refrigeradora o un lugar muy fresco y déjelo drenar durante 24 horas o más. Para un queso suave pero firme, agregue un peso encima.

Nota: Puede obtener el cultivo "Fromage Blanc Direct Set Culture" de www.cheesemaking.com. Como alternativa, puede usar cualquier cultivo mesofílico y agregar cuajo.

Queso Prensado

Use 7,5 litros (2 gal) de leche. Caliente hasta 63°C (145°F). Enfríe inmediatamente poniendo la olla en agua fría, hasta que la leche esté tibia. Agregue ¼ de taza de yogurt o suero de manteca. Mezcle bien. Disuelva 1/8 tableta de cuajo en ¼ taza de agua fría, o use varias gotas del cuajo líquido. Agregue a la leche y mezcle bien. Déjele cuajar hasta que esté firme o hasta que, al insertar un cuchillo, salga limpio.

Corte el cuajado en tiras de ¼ pulgada (6 mm) en un sentido y luego en sentido perpendicular hasta que sean pedacitos pequeños. Déjelo reposar hasta que todo el suero se haya separado del cuajado—al menos ½ hora a una hora. Mezcle y cierna a través de una estopilla u otra tela porosa. Oprima para sacar toda la humedad posible y deje en la prensa hasta la mañana siguiente. Se puede poner un frasco grande lleno de agua o un ladrillo envuelto en una tela limpia encima del queso para exprimir el agua. Tenga en un lugar fresco.

Queso de Cabra Semi-duro

(Lleva 2 horas.) En una olla de 8 litros (2 galones), ponga 6 litros (= 1,5 galones) de leche de cabra recién ordeñada. (No deje que la leche se enfríe – eso le daría una textura cauchoso al queso.) Agregue 1 taza de yogurt o suero de manteca y mezcle. Disuelva ½ de una pastilla de cuajo en ¼ taza de agua fría, y aplástela con una cuchara. Agregue la solución de cuajo a la leche caliente y mezcle durante un minuto.

Déjelo reposar en un lugar abrigado hasta que forme un cuajado firme (unos 45 minutos). Use un cuchillo largo para cortar el cuajado en cubos (primero en tiras y luego en sentido perpendicular). Caliéntelo lentamente, durante 20 minutos (sobre una llama muy baja) hasta 42°C (110°F), moviendo frecuentemente con la cuchara para que no se peguen entre sí los cubos de cuajado.

Ponga el cuajado y suero en un colador con la tela puesta. Hágalos drenar. Agregue 1 cucharadita de sal y mezcle con las manos. Agregue los condimentos que desee. Saque el suero torciendo la estopilla u otra tela porosa. Cuando esté firme, sáquelo de la tela y envuélvalo en plástico. Ya está listo para comerlo.

Queso Feta de Esther Kinsey

El queso Feta es una buena opción en el trópico porque fácilmente puede guardarse en salmuera sin refrigeración durante varios meses. También hay un buen mercado para el queso feta.

Haga un queso semi-duro (la recete anterior). Déjelo reposar durante 12 horas en la tela, para que se drene más. Córtelo en cuñas que no tengan más de 10 cm (unas 4 pulgadas) en ninguna dimensión. Frote todas las superficies con sal. Vuelva dejarlo reposar en un lugar fresco durante 6-12 horas antes de cortarlo y meterlo en el balde de salmuera.

Mezclar la salmuera es todo un arte. Use 750 gramos (1,6 lb) de sal por 10 litros de agua (un litro es 33,8 onzas; un cuarto tiene 32 onzas). Siga mezclando y agregue más sal. Cuando un huevo crudo flota sobre la superficie del agua, exponiendo unos 2 cm (casi una pulgada), está correcta la densidad. Tenga las cuñas sumergidas en la salmuera en un balde, usando un plato del mismo diámetro como el balde. Verifique de vez en cuando para quitar alguna costra que se forme en la superficie. En seis semanas el queso feta estará listo. Para que no esté tan salado el feta, puede remojarlo por dos horas en leche.

Queso Ricotta

El suero extra de la elaboración de otros quesos puede usarse, para hacer el queso ricotta. Es fácil. Caliente 2 litros (½ gal) de suero hasta que suba una nata cremosa. Agregue tres tazas de leche hasta que esté casi hirviendo. Luego, agregue 3½ cucharadas de vinagre o jugo de limón, mezclándolos. Siga mezclando hasta que flote el cuajado, manteniéndolo muy caliente pero sin hervir. Saque el cuajado con una cuchara grande a medida que flote sobre la superficie. Colóquelo en un colador con tela porosa. Hágalo drenar durante 7 a 8 horas a temperatura ambiente. Añada sal al gusto y colóquelo en un lugar fresco. El queso Ricotta puede usarse con varios platos, incluyendo lasaña.

Queso Brousse
Fuente, de la empresa New England Cheesemaking Supply Co., Ashfield, MA 01330, EE.UU.

Caliente un galón de leche de cabra hasta 29ºC (85ºF) en una olla esterilizada de acero inoxidable o enlozada, dentro de una olla más grande de agua, como baño de María. Introduzca, mezclando bien, una cucharada de cultivo de queso (ó 1 cucharada de suero de manteca o yogurt). Cubra la olla y déjela durante 30 minutos a la misma temperatura. Disuelva ¼ de tableta de cuajo en ¼ de taza de agua esterilizada y enfriada y agréguelo a la leche, (o ponga 5 gotas de cuajo líquido en una cucharada de agua) por litro. Mézclelo durante un minuto. Tape la olla de nuevo y déjela a la misma temperatura sin tocarla durante una hora hasta que esté firmemente coagulado.

Corte el cuajado cuidadosamente en cubos de 1 cm y déjelo reposar durante 10 minutos. Lentamente aumente la temperatura a 49ºC (120ºF) en el transcurso de una hora. Suavemente mezcle el cuajado con una cuchara de acero inoxidable (o con las manos limpias) subiendo los cubos del fondo y cortando con cuidado los que tengan más de 1 cm. Los cubos gradualmente perderán su forma de cubos, al soltar su suero. Cuando finalmente parece un requesón casero de bolitas grandes, use el cucharón para colocarlos sobre una tela porosa en un colador puesto sobre un tazón grande.

Tome las esquinas de la tela y cuelgue el queso para que drene el suero en el tazón durante una o dos horas. Vacíe el cuajado de la tela en un tazón limpio y seco, y rómpalo en pedacitos pequeños, incorporando dos cucharaditas de sal gruesa.

Ponga el cuajado salado en el molde brousse esterilizado (tipo canasto), aplastándolo firmemente con la cuchara o cucharón de acero inoxidable. Cubra el queso con un círculo de tela porosa y ponga el molde sobre un tazón boca abajo dentro de otro tazón más grande, para recoger el suero. Luego de una hora, llene un frasco con un litro de agua y colóquelo encima del queso para prensarlo.

En dos horas, saque el queso suavemente del molde y vuélvalo a poner, con lo de abajo hacia arriba, dentro del propio molde. Vuelva a poner el peso y continúe prensándolo. Déle la vuelta al queso una y otra vez, varias horas al un lado, varias horas al otro lado, hasta que haya tomado la forma nítida y simétrica del molde. Séquelo con una tela limpia y colóquelo sobre una toalla limpia doblada, a temperatura ambiente, para que se seque y forme una corteza. Vírelo ocasionalmente para que se seque uniformemente. Después de 24 horas, se puede poner el queso en un lugar fresco de tres a cinco días para añejar antes de cortarlo.

CÓMO HACER SU PROPIO CUAJO

El cuajo es un extracto hecho del interior de la panza de un animal rumiante. Se usa para hacer quesos. Se necesita el cuajo para poder hacer el queso duro.

Método Uno

Vaya al matadero y pida la cuarta panza (abomaso) de un ternero o un chivito pequeño. Limpie y sale la panza, y cuélguela a secar en un lugar fresco. Cuídela del polvo y los insectos. El día antes de hacer queso, rompa un pedazo pequeño de la panza seca (aproximadamente del tamaño de su mano). Póngalo en un pequeño recipiente y cúbralo con agua esterilizada y enfriada. Déjelo durante al menos tres horas. Agregue ¼ de taza de esta solución a la leche cuando esté listo para cuajar la leche. Guarde la solución sobrante en un lugar fresco. Use dentro de tres días.

Nota: Se puede esterilizar el agua haciéndola hervir durante 15 minutos y enfriándola.

Método Dos

Si se sacrifica o muere un ternero o un chivito de menos de dos días de edad, su panza contendrá calostro. Saque el calostro y guárdelo. Limpie la panza cuidadosamente. Devuelva el calostro a la panza limpiada. Amarre su apertura. Cuélguela en un lugar fresco para que añeje. Cuando el contenido es como mantequilla o margarina, está listo para usarlo. Téngalo lo más fresco posible. Mezcle el calostro en ¼ de taza de agua fresca. Use ½ cucharadita para cuajar 8 litros (2 galones) de leche.

Método Tres

Use los abomasos de las crías que fueron alimentadas exclusivamente con leche (es decir que fueron sacrificadas aproximadamente a 1 mes de edad). Al recibir al abomaso, limpie las partes externas, quite el exceso de grasa, y cierre una de las dos aperturas del abomaso con un nudo bien apretado. Inserte una pipeta o popote (sorbete) al otro extremo e ínflelo como globo. Amarre el extremo para que el abomaso siga inflado. Séquelo en un lugar seco con buena ventilación de dos a tres días. Una vez que los abomasos se hayan secado, los puede guardar durante varios meses.

- 2 abomasos, secos según la explicación.
- Corte los abomasos en tiras de 5 mm (¼ pulgada) de ancho.
- Agregue 500 ml de agua, 45 ml de sal gruesa, y una pizca de ácido bórico.
- Déjelo reposar durante 5 días a aproximadamente 12°C (55°F). Mézclelo dos o tres veces durante este tiempo. Déjelo tapado.
- Agregue 250 ml de agua y 15 ml de sal gruesa.
- Filtre primero por un colador normal, y luego por la tela porosa.
- Ahora, filtre por una capa triple de la tela estopilla. Repita el último filtrado.

Yogurt

Caliente un litro (4 tazas) de leche hasta casi el punto de ebullición durante un minuto. Esto destruye las bacterias. Enfríe la leche hasta un poco más de la temperatura corporal. Probándola sobre el pulso, la leche debe sentirse caliente pero sin quemarla.

Ponga dos cucharadas de yogurt fresco sin sabor o de yogurt seco en la leche tibia. Deben ser cucharadas generosas, colmadas. Mezcle suavemente pero bien con la leche. Tape o aísle la olla o ponga la leche mezclada con yogurt en uno o más frascos limpios. Tápela. Meta estos frascos o la olla en una olla más grande, y tape la olla grande. Envuelva la olla grande con toallas gruesas o una cobija y póngala donde no haya corrientes de aire, o déjela en el sol. Déjela reposar de cuatro a ocho horas. Cuando el yogurt esté listo, póngalo en un lugar fresco.

CARNE

Principios y Prácticas para Cocinar la Carne de Chivo

Por su contenido muy bajo de grasa, la carne de chivo puede secarse y hacerse dura rápidamente durante las altas temperaturas de la cocción. Para que esté suave, jugosa y sabrosa, hay que observar dos reglas básicas: cocinarla lentamente, e irle poniendo salsa, especialmente si la cocina sobre una fogata de leña o carbón.

Carne de chivo al ají

- 2 cucharadas de aceite de cocina
- 2 tazas de cebolla picada
- 1 cucharadas de orégano molido
- 2 cucharadas de comino molido
- 1 cucharadita de ajo en polvo, 1 cucharada de sal
- 1,3 kg (3 lb) de carne molida de chivo, sin grasa
- ½ taza más 2 cucharadas de ají seco molido
- ½ taza de harina, 1 lata grande de tomates picados
- 8 tazas de agua hirviendo

En una olla gruesa, freir las cebollas en el aceite de cocina, agregue el orégano, comino, ajo en polvo y sal. Mezcle y dore hasta que la cebolla esté casi transparente, y luego agregue la carne molida y cocine y mezcle hasta que no tenga grumos y esté casi gris. Agregue el ají en polvo y luego la harina, mezclando vigorosamente hasta que se mezcle bien. Finalmente, agregue el agua hirviendo y los tomates, hervir toda la mezcla. Téngala a fuego lento por una hora, máximo. Ahora se puede agregar más pimienta picante o ají, según los gustos individuales. Esta receta hace aproximadamente 14 tazas de carne al ají. No se recomienda agregar frijoles a esta receta, ni antes ni después de cocinarla; mejor, sirva los frijoles como otro plato aparte.

Arroz Mexicano con Carne de Chivo

Prepare 1 taza de arroz (la medida del arroz antes de cocinarlo) según las instrucciones. Mientras se cocine el arroz, prepare los siguientes ingredientes:

- ½ kg (1 lb) de carne molida de chivo, sin grasa
- 1 pimiento mediano, sin las semillas, picado
- 1 cebolla mediana, pelada y picada
- 1 lata (8 onzas) de pasta de tomate
- 1 cucharada colmada de ají en polvo
- ½ cucharadita de sal
- ¼ de cucharadita de orégano
- ½ cucharadita de comino (en polvo o semillas)

Freír la cebolla y el pimiento en 1 cucharada de aceite; luego agregue carne molida y cocine hasta que esté casi cocinada, mezclando y rompiendo los grumos con una cuchara de madera. Agregue los condimentos, mezcle bien y luego agregue la pasta de tomate - mezcle todo vigorosamente. Agregue el arroz cocinado (drenando el agua si no está seco) y mezcle bien todo. Déjelo reposar 15 minutos y sírvalo.

Cacerola de Enchilada con Carne de Chivo

- 1 kg (2 lb) de carne molida de chivo, sin grasa
- 1 cebolla grande, picada
- 1 lata (4 onzas) de ajíes verdes, picados, ó 3 ajíes grandes, sin las semillas y picados
- 1 lata de sopa de crema de pollo
- 1 lata de sopa de champiñones
- 1 lata de salsa picante para enchiladas
- 12 tortillas de maíz (aproximadamente 5-6" / 12-15 cm en diámetro)
- 220 g (½ lb) de queso cheddar, rallado

Freir las cebollas en 2 cucharadas soperas de aceite en una sartén grande. Agregue la carne y cocínela hasta que esté de color café, rompiendo los grumos con una cuchara. Agregue los ajíes, las sopas y la salsa para enchiladas, mezcle todo bien, y cocine hasta que todo esté caliente. Corte cada tortilla en 8 pedazos y cubra el fondo de un plato para el horno con la mitad de las tortillas. El plato debe medir 13 x 9 x 2 pulgadas (33 x 23 cm por 5 cm de profundidad). Cubra las tortillas con una capa de la mezcla con la carne. Espolvoree la mitad del queso rallado encima de la carne. Repita con una segunda capa. Hornee a 350°F (bastante caliente) durante 35-45 minutos. Hace ocho porciones generosas.

Carne de Chivo al Curry

- ½ kg (1 lb) de carne de chivo
- 85 gm (3 onzas) de mantequilla
- 2 cucharadas de cebolla picada
- 2 cucharadas de apio picado
- 2 cucharadas de manzanas picadas
- 1 cucharada de harina
- 1 cucharada de curry en polvo
- 2 tomates, maduros, cocinados en agua y desaguados
- 1½ tazas de agua
- Sal al gusto.

Corte la carne en cuadrados de una pulgada (2-3 cm), sal al gusto y freírlos en la mantequilla. Agregue la cebolla, apio y manzana; fríalos bien. Espolvoree esta mezcla con la harina y el curry en polvo, y cocínela hasta que se dore la harina. Agregue los tomates y el agua, tape la olla y cocine lentamente hasta que esté listo. Sirva con arroz cocinado al vapor.

Carne de Chivo Horneada en Olla

- 2,25 kg (5 lb) de hombro de chivo
- 2 tazas de agua
- 1 cebolla grande, picada
- 3 dientes de ajo
- Salsa inglesa (Worcestershire)
- Sal
- Pimienta
- 5 papas medianas

Coloque la carne de chivo en una olla grande y con agua. Sal, pimienta y salsa inglesa. Agregue la cebolla y ajo. Cocine sobre la llama más baja de su cocina. Cocinela cinco horas. Agregue las papas ½ hora antes de servirla.

Carne de chivo al Curry

- 1,3 kg (3 lb) de carne de chivo
- 2 pepas de cardamomo
- 2-3 clavos de olor

- 2-3 palitos de canela
- 3-4 hojas de laurel
- 1 cucharadita de pimienta negra en grano
- ¼ taza de aceite
- 4 cebollas picadas
- 2 tomates picados
- 2 cucharadas de puré de tomate
- 1 cucharada de pasta de ajo
- 1 cucharada de pasta de jengibre
- 2 cucharadas de cilantro picado
- 1 cucharada de ají rojo en polvo
- 1 cucharada de cilantro en polvo
- 1 cucharadita de cúrcuma en polvo
- 1 cucharada de garam masala
- Sal al gusto.
- Agua para que se haga jugo (curry)

Caliente el aceite en la sartén, agregue el cardamomo, clavo de olor, canela, laurel, las pepas de pimienta negra y freírlos durante unos segundos. Agregue las cebollas y fríalas hasta que se doren, agregue la pasta de ajo y de jengibre, los tomates, el puré de tomates, el cilantro en polvo, ají rojo, cúrcuma, masala y sal al gusto. Cuando la masala esté totalmente frita y asoma el aceite, agregue los pedazos de carne de chivo y fríalas hasta que estén color café. Luego agregue agua, cubra la sartén y téngale a fuego lento hasta que se termine de cocinar la carne. Decore con el cilantro fresco picado y más garam masala para un sabor delicioso. Sirva con roti o naan (pan).

SALCHICHAS DE CARNE DE CHIVO

La gente come embutidos por la comodidad, variedad, economía y valor nutricional. Si un capricultor/a quiere hacer salchichas de sus animales excedentes, puede faenarlos, quitar los huesos, y moler el resultante músculo y grasa utilizable, o picarlo en cubitos. Puede hacerlo uno mismo o contratar a otras personas para hacer todo o parte del trabajo. Para hacer lotes de tamaño familiar de embutidos de chivo, no se requiere mucho equipo: un molino de carne manual, un embutidor, cuchillos y una olla para mezclar. Los condimentos, los químicos preservantes y los cultivos se usan en muy pequeñas cantidades y podrán comprarse cada vez, o se puede comprar en mayores cantidades y guardarlos indefinidamente bajo condiciones apropiadas. Es opcional ahumar los embutidos, y el ahumador puede comprarse o hacerlo uno mismo/a.

Hay tres requisitos importantes para el éxito con los embutidos:
- La calidad de los ingredientes originales dictarán en gran medida la calidad del producto terminado.
- El saneamiento es crucial para evitar sabores desagradables y posible toxicidad. Esto incluye manos limpias o usar guantes limpios desechables de caucho.
- La carne que se molerá y embutirá debe estar muy fría y manejarse lo más rápida y cuidadosamente posible durante los pasos del procesamiento.

Moler

El típico molino de carne manual que se usa en este paso, tiene tres partes principales: tornillo, cuchillo y plato. El diámetro de los huecos del plato y el grosor del plato determina el tamaño de las partículas de la carne molida. Ciertas salchichas son tradicionalmente de partículas gruesas, y otras de granularidad mediana o fina. Generalmente, mientras más pequeña la partícula, más fácil será conseguir una masa homogénea durante la mezcla posterior. La grasa y la carne magra pueden molerse simultáneamente para promover la mezcla. Si la carne tiene considerable tejido conjuntivo, será necesario despejar el cuchillo y plato a intervalos mientras se muele.

Mezclar

Es necesario mezclar la carne molida completamente para lograr una buena combinación de la carne magra con la grasa y para distribuir los condimentos y químicos preservantes de manera uniforme. Si no se mezcla bien, se perjudicará notablemente la calidad del producto final. Se puede mezclar manualmente o usando mezcladoras / batidoras de cocina. Es bueno mezclar mucho tiempo para asegurar la uniformidad, pero esto no es conveniente para mantener la temperatura fría - como en muchas cosas de la vida, hay que buscar el punto medio. Para algunos embutidos, puede ser interesante moler la carne en pedazos grandes (1 cm o más) para luego mezclarla y volverla a moler más fino (5 mm ó menos). Esto mejorará la homogeneidad considerablemente.

Embutir

La embutidora manual típica utilizada en este paso consta de: cañón, pistón (émbolo) y embudo. Para los lotes más grandes, se usa una prensa tipo tornillo, pero tendrá los mismos componentes. Obviamente, el tamaño y forma del embudo utilizado determinará las dimensiones de los productos. Nuevamente, los aspectos prácticos y/o la tradición dictarán el tamaño apropiado del embudo para varios tipos de embutido.

Se embuten las mezclas de carne dentro de muchos tipos y tamaños de tripas. Originalmente, se utilizaban los intestinos de los animales, pero ahora son más comunes los tubos celulósicos. Hay para la venta cuatro tipos básicos de tripas: de animales, colágeno regenerado, tela y celulósica. Cada tipo tiene ventajas y desventajas y cada uno se usa para productos específicos. Para hacer embutidos en casa, el tipo sintético de colágeno, aunque sea más caro, puede ser el más conveniente. También se puede formar la salchicha en forma de tortillas sin ninguna envoltura.

Añejar

Originalmente se añejaba la carne como una manera de preservarla indefinidamente. Ahora que hay refrigeradoras, es mucho menos necesario añejar la carne. Actualmente, los productos cárnicos añejados generalmente requieren refrigeración porque el añejamiento es parcial.

La sal es esencial para toda mezcla de añejamiento, y de hecho es el único ingrediente necesario para la preservación. Sin embargo, sólo la sal haría que el producto sea seco y desagradable, y la carne tomaría un color indeseable. En su favor, la sal tiene propiedades beneficiosas, al secar y aglutinar el producto firmemente. Los porcentajes de sal varían ampliamente según el producto, siendo común un 1½ por ciento al 2 por ciento. Se agrega manteca, principalmente por el sabor, pero también por su efecto ablandador y para que se doren los embutidos al cocinarlos. Comúnmente se agrega azúcar a las mezclas, a razón de 0,25 a 2% por peso, según el producto.

Quizá lo más importante que hay que considerar al usar la carne de chivo para embutidos es que su contenido típicamente bajo de grasa puede requerir aumentar grasa adicional para lograr las características organolépticas deseadas de sabor, jugosidad y aroma, así como la textura y consistencia. Si falta la grasa, puede ser difícil procesar bien los embutidos, y pueden salir menos aceptables. La grasa agregada puede ser de chivos mismos o de cerdo o res. Es común usar los hombros y cachetes de cerdos gordos como fuentes de grasa para hacer salchichas. Se sugiere que la salchicha casera debe tener un 20 a 25 por ciento de grasa. Una relación de 1,3 kg (3 lb) de carne de chivo magra para ½ kg (1 lb) de grasa de cerdo o chivo normalmente daría esta proporción. Como alternativa, 1,3 kg (3 lb) de carne de chivo magra y 900 g (2 lb) de hombro de chancho sería satisfactorio.

Receta Fácil para Embutidos de Chivo

- ½ kg (1 lb) de carne de chivo
- 1 cucharadita de salvia
- ¼ de cucharadita de pimienta negra
- ½ cucharadita de pimienta roja
- Sal al gusto.

Mezcle bien y haga tortillas. Fríalas hasta que esté color café. No las cocine demás. Sirva con huevos y papas.

REFERENCIAS

PUBLICACIONES

American Sheep Industry Association. (2004). Edición especial: Predation. *Sheep and Goat Research Journal*, 19 [Número especial].

Bayer, W. y Waters-Bayer, A. (1998). *Forage Husbandry*. Londres: MacMillan.

Belanger, J. D. (1975). *Raising Milk Goats the Modern Way*. Charlotte, VT: Garden Way Pub. Co.

Burrows, G. E., y Tyrl, R. J. (2001). *Toxic Plants of North America*. Ames: Iowa State University Press.

Campbell, L., (Ed.). (1981). *The Whole Goat Catalog*. Louisa, VA.: Gerard Publishing.

Devendra, C., Burns, M. (1983). *Goat Production in the Tropics*. Farnham Royal: Commonwealth Agricultural Bureaux.

Charlton, J. F. L. (2003). *Using Trees on Farms*. Wellington, N. Z.: New Zealand Grassland Association y New Zealand Farm Forestry Association.

Church, D. C. (1996). *Basic Animal Nutrition & Feeding*. Nueva York: Wiley & Sons.

Dunn, P. (1982). *The Goatkeepers Veterinary Book*. Suffolk, Inglaterra: Farming Press Limited.

Gall, C., (Ed.). (1981). *Goat Production*. Nueva York: Academic Press.

Gall, C. (1996). *Goat Breeds of the World*. Weikersheim, Alemania: Margraf.

Garrett, P. D. (1983-1985). *Guide to Dissection of the Goat*. Opelika, AL: Para el autor (Rt. 3, Box 309, Opelika, AL 36801)

Grace, N.D. (1983). *The Mineral Requirements of Grazing Ruminants*. Hamilton, NZ: New Zealand Society of Animal Production.

Grandin, T. (1993). *Livestock Handling and Transport*. Wallingford, Reino Unido: CAB International.

Haenlein, G. & D. L. Ace (1984-). *Extension Goat Handbook*. Washington D.C.: Extension Service, Departamento EEUU de Agricultura.

Humphreys, L. R. (1978). *Tropical Pastures and Fodder Crops*. Londres: Longman Group.

Luttman, G. (1986). *Raising Milk Goats Successfully*. Charlotte, VT: Williamson Publishing.

Hill, H. J. (1985). *The International Goat Gourmet*. Olathe, KS: Cookbook Publishers.

MacKenzie, D. (1980). *Goat Husbandry*. Londres: Faber & Faber.

Matthews, J. G. (1999). *Diseases of the Goat*. Ames: Iowa State University Press.

McBrier, P. y L. Lohstoeter. (2001). *Beatrice's Goat*, Nueva York: Atheneum Books for Young Readers.

McDowell, L. R. (1985) *Nutrition of Grazing Ruminants in Warm Climates*. Orlando, FL: Academic Press.

Mollison, B. (1988). *Permaculture – A Designers' Manual*. Tyalgum, Australia: Tagari Publications.

National Research Council (U.S.). (2007). *Nutrient Requirements of Small Ruminants*. Washington D. C.: The National Academies Press.

Naude, R. T. y H. S. Hofmeyer. (1981). *Meat Production in Goat Production*. Nueva York: Academic Press.

Nelson-Henrich, S. (1980). *The Complete Book of Yogurt*. Nueva York: Macmillan.

Park, Y. W. y Haenlein, G. F.W. (2006). *Handbook of Milk of Non-Bovine Mammals*. Nueva York: Blackwell Publishing.

Peischel, A. (Ed.). (2007). *Master Meat Goat Producer*. Nashville: Cooperative Extension Program, Tennessee State University.

Peacock, C. P. (1996). *Improving Goat Production in the Tropics*. Oxford: Oxfam in association with FARM-Africa.

Pinkerton, F., Scarfe, D. & B. Pinkerton (1991). *Meat Goat Production and Marketing No. M-01*. E. (Kika) de la Garza Institute for Goat Research, Langston University. Consultado el 7 de septiembre del 2007 en www2.luresext.edu/goats/library/fact_sheets/m01.htm

Plucknett, D. (1979). *Managing Pastures and Cattle under Coconuts*. Boulder, CO: Westview Press.

Pugh, D.G. (2002). *Sheep and Goat Medicine.* Filadelfia: Saunders.

Porter, V. (1996). *Goats of the World*. Ipswich, Reino Unido: Farming Press.

Rubino, R., Morand-Fehr, P. y L. Sepe. (2004). *Atlas of Goat Products*. Potenza, Italia: La biblioteca di Caseus.

Savory, A. (1998). *Holistic Resource Management Washington*. D.C.: Island Press.

Sivaraj, S., Agamuthu, P. & Mukherjee, T.K. (1992) *Advances in Sustainable Small Ruminant-Tree Cropping Integrated Systems*. Kuala Lumpur: Organising Secretariat IPT/ IDRC (Centro Internacional de Investigación sobre el Desarrollo) Taller sobre el Desarrollo de los Sistemas Productivos con Árboles Frutales y Pequeños Rumiantes.

Smith, M. y D. Sherman. (1994). *Goat Medicine*. Filadelfia, PA: Lea & Febiger.

Stanton, T. (sin fecha) *Goat Management*. Departamento de Zootecnia, Universidad Cornell. Consultado el 7 de septiembre del 2007 en www.ansci.cornell.edu/goats/resources_list.html

Stewart. S. (1998). *Learning Together, The Agricultural Worker's Participatory Sourcebook*. Little Rock, AR: Heifer Internacional; Seattle WA: Christian Veterinary Mission.

Vanderhoof, R. A., (1990). *Raising Healthy Goats Under Primitive Conditions*. Seattle, WA: Christian Veterinary Mission.

Vella, Jane. (1995). *Training Through Dialogue: Promoting Effective Learning and Change with Adults*. Jossy-Bass Inc. San Francisco, CA.

Yerex, D. (1986). *The Farming of Goats*. Carterton, Nueva Zelanda: Ampersand Publishing Association.

SITIOS EN INTERNET

CAPRICULTURA - GENERAL

ATTRA - National Sustainable Agriculture Information
Lista de Servicios sobre Recursos para Pequeños Rumiantes
http://attra.ncat.org/attra-pub/small_ruminant_resources.html

Razas: Oklahoma State University Livestock Breeds Online Guide
www.ansi.okstate.edu/breeds/goats

Machos y sus Hábitos Reproductivos
Fias Co. Farm Guide To Bucks and Breeding Habits
www.fi ascofarm.com/goats/buck-wether-info.htm

Equipos y Suministros: Caprine Supply
www.caprinesupply.com

Guía para el Manejo Caprino, Departamento de Zootecnia de la Universidad de Cornell
www.ansci.cornell.edu/goats

Página de Pequeños Rumiantes de Maryland
www.sheepandgoat.com

Crianza de Cabras para Leche y Carne
Para más información sobre este libro: www.heifer.org/programinfo

Investigación y Extensión sobre Cabras, Universidad de Langston
www2.luresext.edu/goats/research/currentresearchprojects.htm

CAPRICULTRA – CABRAS DE LECHE Y PRODUCTOS LÁCTEOS

Elaboración de Quesos: New England Cheesemaking Supply Company
www.cheesemaking.com
info@cheesemaking.com

Guía sobre Cabras Lecheras, Washington State University
cru.cahe.wsu.edu/CEPublications/em4894/em4894.pdf

Composición de la Leche de Cabra
www.goatworld.com/articles/goatmilkcomposition.shtml

Guía a la Leche y los Productos Lácteos, ONU, FAO, División de Producción y Salud Animales
www.fao.org/ag/againfo/subjects/en/dairy/home.html

Comprender la Producción con Cabras Lecheras
www.goatworld.com/articles/udgp.shtml

CAPRICULTURA – CHIVOS DE CARNE

Servicio de Extensión Agropecuaria, Universidad de Tennessee
www.utextension.utk.edu

Calificación de la Condición Corporal
www.cals.ncsu.edu/an_sci/extension/animal/meatgoat/MG-BCS.htm

Manual de Producción y Comercialización de Chivos de Carne, Universidad de Clemson
www.clemson.edu/agrononomy/goats/handbook/toc.html

Chivos de Carne, Univerisdad Estatal de Carolina del Norte, Facultad de Agricultura y Ciencias Biológicas
www.cals.ncsu.edu/an_sci/extension/animal/meatgoat/ahgoats_index.html

SALUD CAPRINA

Recursos sobre la Salud Animal: ONU, FAO, División de Producción y Salud Animales
www.fao.org/ag/againfo/subjects/en/health/default.html

Biología de la Cabra
www.imagecyte.com/goats.html

Red Etnoveterinaria
www.ethnovetweb.com

Parásitos (incluyendo información sobre Famacha):
Consorcio Austral para el Control de Parásitos de Pequeños Rumiantes
www.scsrpc.org
famacha@vet.uga.edu

Plantas Venenosas: Base de Datos de Cornell con Información sobre las Plantas Venenosas
www.ansci.cornell.edu/plants/alphalist.html

Trabajadores/as de Atención Primaria a la Salud Animal,
Repositorio de Documentos de la FAO
www.fao.org/documents (Buscar "animal health")
www.fao.org/docrep/T0690E/T0690E00.htm

NUTRICIÓN AND PRODUCCIÓN DE FORRAJE

Yuca – Catálogo de Productos e Información del Vivero Daleys de Árboles Frutales
www.daleysfruit.com.au/fruit%20pages/cassava.htm

Revista Internacional Electrónica Overstory de la Agroforestería
www.agroforestry.net/overstory/osprev.html

Forrajes Tropicales: Herramienta Interactiva de Selección
www.tropicalforages.info

CABRA

Pequeña Criatura
Tú vienes al mundo
Y te paras para enfrentarte a
La oportunidad,
Tomando leche, saltando,
Explorando la Vida.

Pequeña Compañera
Te unes a nuestra familia,
Casi como una risa
Con alegría
Amiga animal
Persiguiendo a la vida.

Pequeña Recolectora
Tú consumes la vegetación
Te trepas las montañas
Buscando forraje,
Parada muy alta
Protegiendo la vida.

Pequeña Proveedora
Tú nos das leche y carne
Compartiendo la buena salud
Creciendo
Dando alimento
Nutriendo la vida.

Pequeña Maravilla
Tú soportas la carga
De la ignorancia y la soberbia
Enfocada
Siempre hacia fuera
Compartiendo la vida.

Pequeña Cabra
Tú creces a tu porte
Tus regalos no tienen igual
Buscando
Pidiendo la oportunidad
¡De dar de comer al mundo!

—*Rosalee Sinn*

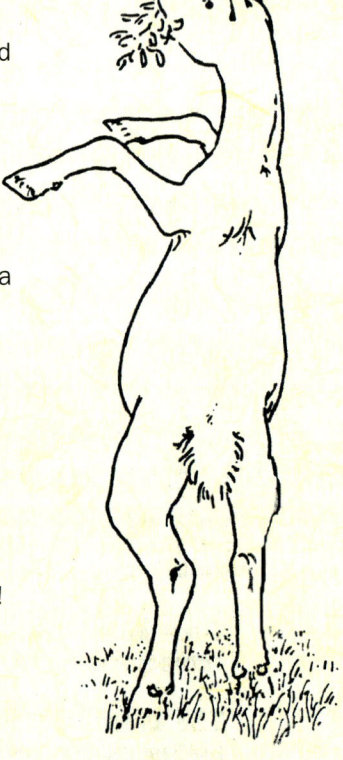

NOTAS

NOTAS